零点起飞学编程

零点起飞学
iPhone开发

胡超 等编著

清华大学出版社
北京

内 容 简 介

本书结合大量实例，由浅入深、循序渐进地介绍了 iPhone 移动开发技术。本书讲解详细，示例丰富，每一个知识点都配备了具体的示例和运行结果图，可以让读者轻松上手，建立 iPhone 技术的思想框架，并对 iPhone 开发过程有个初步了解。**本书特意提供了典型习题及教学 PPT 以方便教学。**另外，配书光盘中提供了大量的配套教学视频及本书涉及的源代码，便于读者更加高效地学习。

本书共 14 章，分为 3 篇。第 1 篇为 iPhone 开发基础，主要介绍了 iPhone 开发环境的搭建和 Objective-C 语法基础；第 2 篇为 iPhone 界面开发，主要介绍了视图及视图控制器、操作文本内容、提醒用户的操作、图形图像处理、使用网页、表的操作、使用地图服务、使用选择器、动画等；第 3 篇为 iPhone 应用开发，主要介绍了如何操作地址簿和电子邮件、多媒体、手势等。

本书适合 iPhone 移动开发入门与提高的人员阅读，也可作为大中专院校及职业院校移动开发类课程的教材。另外，本书还可供从事移动开发的程序员和编程爱好者作为实际工作中的参考书籍。

本书封面贴有清华大学出版社防伪标签，无标签者不得销售。
版权所有，侵权必究。侵权举报电话：010-62782989　13701121933

图书在版编目（CIP）数据

零点起飞学 iPhone 开发/胡超等编著. —北京：清华大学出版社，2013.8（2016.8 重印）
（零点起飞学编程）
ISBN 978-7-302-32267-2

Ⅰ. ①零…　Ⅱ. ①胡…　Ⅲ. ①移动电话机–应用程序–程序设计　Ⅳ. ①TN929.53

中国版本图书馆 CIP 数据核字（2013）第 091863 号

责任编辑：夏兆彦
封面设计：欧振旭
责任校对：徐俊伟
责任印制：刘海龙

出版发行：清华大学出版社
　　网　　　址：http://www.tup.com.cn, http://www.wqbook.com
　　地　　　址：北京清华大学学研大厦 A 座　　邮　　编：100084
　　社　总　机：010-62770175　　邮　　购：010-62786544
　　投稿与读者服务：010-62776969，c-service@tup.tsinghua.edu.cn
　　质　量　反　馈：010-62772015，zhiliang@tup.tsinghua.edu.cn

印 装 者：虎彩印艺股份有限公司
经　　销：全国新华书店
开　　本：185mm×260mm　　印　张：21.5　　字　数：540 千字
　　　　　附光盘 1 张
版　　次：2013 年 8 月第 1 版　　印　次：2016 年 8 月第 3 次印刷
印　　数：4121～4335
定　　价：49.80 元

产品编号：052479-01

前　　言

2007年，第一代iPhone手机推出，开创了智能手机的先河。由于iPhone全新的界面设计、极高的用户体验度以及丰富的软件，成为最受欢迎的智能手机设备。同时，苹果的App Store模式，也被程序员广泛了解。越来越多的公司和个人开发人员加入到iPhone开发的阵营。

大量的软件公司和个人从iPhone应用开发中获利。但对于新手来说，进行iPhone开发却困难重重。第一，普通用户缺少苹果开发的相应系统环境和硬件设备；第二，iPhone应用开发采用了冷僻的Objective-C语言；第三，智能手机开发模式与普通PC程序有较大差异；第四，苹果官方提供的开发资料均为英文。诸多原因，造成国内iPhone开发属于少数人士的专利。

为了让广大的读者也可以比较容易进入iPhone开发领域，笔者专门编写了本书。本书将带领各位读者不用购买专门设备就可以进行开发，不需要有Objective-C语言基础也可以拿起本书进行学习，不需要手机程序开发经验就可以编写相应的程序，不需要好的英语基础也可以掌握iPhone开发技术。

本书是一本iPhone开发入门读物。考虑新手入门的特点，本书用通俗易懂的语言，有针对性地结合了大量示例，帮助读者尽可能好而快地掌握每项技术。同时为了方便读者可以高效而直观地掌握iPhone开发技术，本书提供了全程多媒体教学视频，以辅助读者学习本书所讲解的内容。学习完本书内容后，读者可以建立起iPhone技术的思想框架，熟悉iPhone开发的核心技术，并对iPhone的实际应用开发有个初步的感受，为进一步深入学习打好基础。

本书有何特色

1. 配多媒体教学视频

由于iPhone开发中有较多的界面操作，用文字比较难以清晰表达，所以本书提供了配套的全程多媒体教学视频辅助读者学习。通过这些视频，读者可以更好地理解本书所讲解的内容，从而快速掌握iPhone开发。

2. 门槛低，没有Objective-C基础，也可以学习

本书针对读者缺少Objective-C基础知识的特点，在第2章较为详细地讲解了相应的语法知识，在后面章节针对iPhone开发中的Objective-C难点也进行了重点分析。这样，即便读者以前没有Objective-C的任何基础，也可以借助本书顺利学习。

3．无须购买相应设备，降低学习成本

由于 iPhone 开发必须基于苹果操作系统进行，所以读者进行开发往往需要购买相应的苹果计算机。而本书另辟蹊径，讲解如何在虚拟机中搭建相应的开发环境，给读者节省了大量的设备购买费用。

4．大量示例讲解，图文并茂

本书采用"一个知识点一个示例"的模式进行讲解。大量的示例可以帮助读者快速掌握 iPhone 各项常见的开发技术。为了避免文字的枯燥，本书配以大量的结构图和程序运行结果图，帮助读者更好地理解各项知识点。

5．写作细致，处处为读者着想

本书内容编排、概念表述、语法讲解、示例讲解、源代码注释等都很细致，作者讲解时不厌其烦、细致入微，将问题讲解得很清楚，扫清了读者的学习障碍。

6．贯穿大量的开发技巧和注意事项

本书在讲解知识点时使用了大量短小精悍的典型实例，并在这些典型实例讲解中为大家提供了很多开发技巧和注意事项，以使读者迅速提高开发水平。

7．提供教学 PPT，方便老师教学

本书适合作为大中专院校和职业学校的教学用书。同时，本书专门提供了相应的教学 PPT，以方便各院校的老师教学时使用。

本书内容安排

第 1 篇　iPhone 开发基础（第 1、2 章）

本篇主要内容包括：编写第一个 iPhone 开发程序、Objective-C 语言基础。本篇主要是让读者先从概念上认识 iPhone 开发的环境，并具备基本的 iPhone 程序写作能力，为后面的学习打下基础。

第 2 篇　iPhone 界面开发（第 3~11 章）

本篇主要内容包括：视图及视图控制器、操作文本内容、提醒用户的操作、图形图像处理、使用网页、表的操作、地图服务、选择器以及动画。通过对本篇内容的学习，读者可以设计出各种常见的 iPhone 应用程序。

第 3 篇　iPhone 应用开发（第 12~14 章）

本篇主要内容包括：操作地址簿和电子邮件、多媒体以及手势。通过对本篇内容的学习，读者可以结合 iPhone 手机的各种功能，使应用程序更完善。

本书光盘内容

- 本书配套多媒体教学视频；
- 本书实例涉及的源代码。

本书读者对象

- iPhone 开发初学者；
- iPhone 开发爱好者；
- iPhone 开发培训班学员；
- 大中专院校的学生。

本书阅读建议

- 建议没有基础的读者，从前到后顺次阅读，尽量不要跳跃。如果读者已经具备良好的 Objective-C 基础，可以跳过第 2 章。
- 书中的实例和示例建议读者都要亲自上机动手实践，以使学习效果更好。
- 课后习题都动手做一做，以检查自己对本章内容的掌握程度。如果不能顺利完成，建议回过头来重新学习一下本章内容。
- 学习每章内容时，建议读者先仔细阅读书中的讲解，然后再结合本章教学视频，学习效果更佳。

本书作者

本书由胡超主笔编写。其他参与编写的人员有毕梦飞、蔡成立、陈涛、陈晓莉、陈燕、崔栋栋、冯国良、高岱明、黄成、黄会、纪奎秀、江莹、靳华、李凌、李胜君、李雅娟、刘大林、刘惠萍、刘水珍、马月桂、闵智和、秦兰、汪文君、文龙、陈冠军、张昆。

阅读本书的过程中，若有任何疑问，可以发邮件到 book@wanjuanchina.net 或 bookservice2008@163.com，或者到 www.wanjuanchina.net 的图书论坛上留言，以获得帮助。

编者

目 录

第1篇 iPhone 开发基础

第1章 第一个 iPhone 程序（教学视频：82 分钟） ... 2

1.1 iPhone 简介 ... 2
    1.1.1 iPhone 的发展 ... 2
    1.1.2 iPhone 的技术构成 ... 2
1.2 iPhone 的开发环境 ... 3
    1.2.1 构建 iPhone 开发环境 ... 3
    1.2.2 VMware Workstation 的下载及安装 ... 4
    1.2.3 创建虚拟机 ... 8
    1.2.4 设置虚拟机 ... 12
    1.2.5 安装 Mac OS X 操作系统 ... 15
    1.2.6 进入界面 ... 18
    1.2.7 开发者账号的注册 ... 21
    1.2.8 下载和安装 Xcode ... 24
    1.2.9 安装系统组件 ... 27
    1.2.10 更新安装的数据 ... 27
1.3 编写第一个 iPhone 程序 ... 29
    1.3.1 创建项目 ... 29
    1.3.2 编译、连接及运行 ... 30
    1.3.3 iPhone Simulator 模拟器 ... 32
    1.3.4 Interface Builder ... 36
    1.3.5 编写程序 ... 37
1.4 分析程序 ... 39
    1.4.1 标识符 ... 40
    1.4.2 表达式、语句和间隔符 ... 41
    1.4.3 文件的构成 ... 41
1.5 小结 ... 42
1.6 习题 ... 42

第 2 章 Objective-C 语言基础（教学视频：156 分钟） 43

- 2.1 数据类型 43
  - 2.1.1 常用的数据类型 43
  - 2.1.2 常用数据类型的输出 46
  - 2.1.3 Objective-C 专用的数据类型 46
- 2.2 变量和常量 47
  - 2.2.1 变量 47
  - 2.2.2 常量 50
- 2.3 运算符 51
  - 2.3.1 算术运算符 51
  - 2.3.2 自增、自减运算符 52
  - 2.3.3 赋值运算 53
  - 2.3.4 位运算符 55
  - 2.3.5 关系运算符 57
  - 2.3.6 逻辑运算符 57
  - 2.3.7 求字节运算符 58
  - 2.3.8 特殊的运算符 59
  - 2.3.9 运算符的优先级 59
  - 2.3.10 类型转换 61
- 2.4 程序控制结构 62
  - 2.4.1 顺序结构 63
  - 2.4.2 选择结构 63
  - 2.4.3 循环结构 67
  - 2.4.4 特殊的转折语句 69
- 2.5 函数 71
  - 2.5.1 函数简介 71
  - 2.5.2 无参函数的使用 72
  - 2.5.3 有参函数的使用 72
  - 2.5.4 函数的返回值 73
  - 2.5.5 函数的嵌套和递归 75
- 2.6 小结 76
- 2.7 习题 77

第 2 篇　iPhone 界面开发

第 3 章 视图及视图控制器（教学视频：48 分钟） 80

- 3.1 视图的创建 80
  - 3.1.1 Objects 窗口介绍 80

		3.1.2 静态创建视图	81
		3.1.3 动态创建视图	82
	3.2	视图控制器	83
		3.2.1 类	83
		3.2.2 添加视图控制器	83
		3.2.3 创建视图控制器	85
		3.2.4 视图的切换	86
		3.2.5 视图的旋转	89
	3.3	小结	93
	3.4	习题	94
第4章	操作文本内容（教学视频：84分钟）		95
	4.1	Label 视图	95
		4.1.1 创建 Label 视图	95
		4.1.2 Label 视图常用属性	96
		4.1.3 应用 Lable 视图	97
	4.2	TextField 视图和键盘	98
		4.2.1 创建 TextField 视图	98
		4.2.2 TextField 视图的属性介绍	98
		4.2.3 键盘的打开	99
		4.2.4 设定键盘的类型	100
		4.2.5 关闭键盘	103
		4.2.6 TextField 视图和键盘的应用	106
	4.3	Text View 视图	109
		4.3.1 创建 Text View 视图	109
		4.3.2 Text View 视图的属性介绍	110
		4.3.3 Text View 视图的应用	110
	4.4	小结	114
	4.5	习题	114
第5章	提醒用户的操作（教学视频：63分钟）		116
	5.1	警告视图	116
		5.1.1 创建警告视图	116
		5.1.2 警告视图的显示	116
		5.1.3 警告视图的 4 种显示形式	117
		5.1.4 响应警告视图	121
	5.2	动作表单	123
		5.2.1 动作表单的创建	123
		5.2.2 动作表单的显示	123
		5.2.3 响应动作表单	124

5.2.4　动作表单的显示形式 126
　5.3　小结 128
　5.4　习题 128

第 6 章　图形图像处理（ 教学视频：111 分钟） 130

　6.1　创建图像视图 130
　　　6.1.1　静态创建 130
　　　6.1.2　动态创建 131
　6.2　图像视图的使用 133
　　　6.2.1　设置显示类型 133
　　　6.2.2　改变位置 134
　　　6.2.3　改变大小 136
　　　6.2.4　旋转 137
　　　6.2.5　缩放 138
　6.3　图像的应用 139
　　　6.3.1　变量的属性 140
　　　6.3.2　图片浏览器 140
　6.4　绘制图片的基础知识 143
　　　6.4.1　图形上下文 143
　　　6.4.2　绘制图片中常用到的数据类型 144
　6.5　绘制图片的操作 144
　　　6.5.1　绘制路径 144
　　　6.5.2　绘制位图 148
　　　6.5.3　绘制字体 150
　　　6.5.2　添加阴影 153
　6.6　小结 154
　6.7　习题 154

第 7 章　使用网页（ 教学视频：57 分钟） 156

　7.1　创建网页视图 156
　7.2　网页视图的使用 157
　　　7.2.1　加载网页视图 157
　　　7.2.2　自动缩放页面 159
　　　7.2.3　自动识别网页中的内容 160
　7.3　网页视图的应用 163
　　　7.3.1　导航动作 163
　　　7.3.2　协议 164
　　　7.3.3　加载中常用到的函数 167
　　　7.3.4　网页浏览器 167
　7.4　小结 170

7.5 习题 170

第8章 表的操作（教学视频：113分钟）............................. 172

8.1 表视图的创建 172
- 8.1.1 静态创建 172
- 8.1.2 动态创建 172

8.2 表视图的使用 173
- 8.2.1 表单元 174
- 8.2.2 添加内容 174
- 8.2.3 添加选取标记 179
- 8.2.4 删除表单元 181
- 8.2.5 插入表单元 183
- 8.2.6 移动表单元 186
- 8.2.7 缩进 187
- 8.2.8 响应 189

8.3 分组表视图的创建 190
- 8.3.1 静态创建分组表视图 190
- 8.3.2 动态创建分组表视图 191

8.4 分组表视图的使用 191
- 8.4.1 分组表视图的内容填充 191
- 8.4.2 UITableViewStylePlain 风格的表视图填充 194
- 8.4.3 添加索引 196

8.5 表视图的应用 198
- 8.5.1 导航控制器 198
- 8.5.2 标签栏控制器 201
- 8.5.3 表视图控制器 205
- 8.5.4 应用 205

8.6 小结 212
8.7 习题 213

第9章 使用地图服务（教学视频：56分钟）............................ 214

9.1 获取位置信息 214
- 9.1.1 显示位置数据 214
- 9.1.2 管理和提供位置服务 214
- 9.1.3 显示位置方向 217

9.2 创建地图 218
9.3 地图的使用 219
- 9.3.1 设置显示类型 219
- 9.3.2 获取/指定位置 221
- 9.3.3 标记 224

	9.3.4	标记上显示位置	226
	9.3.5	标注	227
	9.3.6	应用地图	228
9.4	小结		231
9.5	习题		231

第10章 使用选择器（教学视频：49分钟） ... 233

- 10.1 创建日期选择器 ... 233
  - 10.1.1 静态创建日期选择器 ... 233
  - 10.1.2 动态创建日期选择器 ... 233
- 10.2 日期选择器的使用 ... 234
  - 10.2.1 设置显示类型 ... 234
  - 10.2.2 设置日期选择器所属位置 ... 235
  - 10.2.3 设置日期选择器的时间间隔 ... 236
- 10.3 应用日期选择器 ... 236
  - 10.3.1 字符串和日期的相互转换 ... 236
  - 10.3.2 时间设置器 ... 237
- 10.4 创建自定义选择器 ... 239
  - 10.4.1 静态创建自定义选择器 ... 239
  - 10.4.2 动态创建自定义选择器 ... 239
- 10.5 自定义选择器的使用流程 ... 240
  - 10.5.1 填充内容 ... 240
  - 10.5.2 分栏显示自定义选择器 ... 242
  - 10.5.3 应用自定义选择器 ... 244
- 10.6 小结 ... 247
- 10.7 习题 ... 247

第11章 动画（教学视频：42分钟） ... 249

- 11.1 动画的使用设置 ... 249
  - 11.1.1 开始准备动画 ... 249
  - 11.1.2 设置动画的持续时间 ... 249
  - 11.1.3 设置动画的相对速度 ... 249
  - 11.1.4 结束动画 ... 250
- 11.2 使用过渡动画 ... 251
  - 11.2.1 翻页动画 ... 251
  - 11.2.2 旋转动画 ... 254
- 11.3 时间定时器 ... 256
  - 11.3.1 创建时间定时器 ... 256
  - 11.3.2 使用时间定时器 ... 257
- 11.4 小结 ... 262

11.5 习题 262

第 3 篇　iPhone 应用开发

第 12 章　操作地址簿和电子邮件（教学视频：43 分钟） 264

12.1 使用地址簿 264
12.1.1 显示地址簿 264
12.1.2 添加联系人 265
12.1.3 显示并编辑个人信息 268
12.1.4 完善联系人信息 271
12.1.5 应用地址簿 273

12.2 使用电子邮件 278
12.2.1 显示系统邮件 278
12.2.2 发送电子邮件 280

12.3 小结 282
12.4 习题 282

第 13 章　多媒体（教学视频：75 分钟） 285

13.1 操作照片 285
13.1.1 添加照片 285
13.1.2 删除照片 286
13.1.3 设置照片的过渡动画 286

13.2 照片的使用 287
13.2.1 访问照片 287
13.2.2 设置照片的来源 288
13.2.3 设置照片的可编辑性 289
13.2.4 设置拍摄照片 290
13.2.5 应用照片 294

13.3 使用音频 296
13.3.1 系统声音 296
13.3.2 声音播放器 298
13.3.3 录音 303
13.3.4 访问音乐库 305

13.4 使用视频 309
13.4.1 视频播放器的创建 309
13.4.2 视频的使用 310

13.5 小结 312
13.6 习题 312

第14章　手势（教学视频：34分钟）..314
　14.1　iPhone中常用的手势...314
　　14.1.1　手势的简介..314
　　14.1.2　轻拍..314
　　14.1.3　捏..317
　　14.1.4　滑动..319
　　14.1.5　旋转..320
　　14.1.6　移动..322
　　14.1.7　长按..323
　14.2　自定义的手势...325
　　14.2.1　触摸的常用方法..325
　　14.2.2　应用自定义手势..326
　14.3　小结..328
　14.4　习题..328

第 1 篇　iPhone 开发基础

▶▶ 第 1 章　第一个 iPhone 程序

▶▶ 第 2 章　Objective-C 语言基础

第 1 章　第一个 iPhone 程序

所谓程序，就是用来实现某一特定的功能而用计算机语言编写的命令序列的集合。苹果的操作系统需要使用程序来实现各种丰富的功能。本章将主要讲解 iPhone 的发展和技术构成、iPhone 的开发创建、iPhone Simulator 模拟器和用户设置界面、编写第一个 iPhone 程序以及程序分析和文件的构成。

1.1　iPhone 简介

2007 年 1 月 9 日，iPhone 由苹果公司推出。它是一款结合了照相手机、个人数码助理、媒体播放器以及无线通信设备的掌上设备。本节将主要讲解 iPhone 的发展、iPhone 的不同之处以及 iPhone 的技术构成。

1.1.1　iPhone 的发展

iPhone 在 2007 年被推出到现在已有 6 年的历史了。在这期间，iPhone 的技术一直在被提升，所以苹果公司才有了在 2012 年 12 月份在中国上市的手机 iPhone 5。iPhone 的发展创造了一个又一个的奇迹，将手机行业推到了一个顶端，如表 1-1 所示。

表 1-1　iPhone 的发展

时间	事件	时间	事件
2007 年 1 月	iPhone 被推出	2011 年 1 月	iPhone 4 发表
2007 年 6 月	iPhone 上市	2011 年 10 月	iPhone 4S 上市
2008 年 6 月	iPhone 3G 上市	2012 年 9 月	iPhone 5 上市
2009 年 6 月	iPhone 3GS 发布		

1.1.2　iPhone 的技术构成

iPhone 采用自己独有的操作系统 Mac OS。在开发的时候，只能用基于 Mac OS 平台的 Xcode 编辑器。该编辑器可以对 Objective-C 语言的 iPhone 应用程序进行编辑。iPhone 的技术构成如图 1.1 所示。

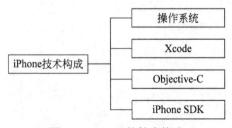

图 1.1　iPhone 的技术构成

1.2 iPhone 的开发环境

软件开发环境（Software Development Environment）是为了支持系统软件和应用软件工程化开发和维护的一组软件，它通常简称为 SDE。在 iPhone SDK 包中包含了多个 iPhone 的开发工具，这些开发工具可以分为两类：图形化开发工具和命令行开发工具。因为命令行工具不如图形化开发工具方便，所以在本书中，我们使用图形化开发工具 Xcode。

1.2.1 构建 iPhone 开发环境

我们要做 iPhone 开发，当然是使用 Mac OS 开发环境比较好。但是，大多数的人使用的都是 Windows。所以，我们就来为大家讲解如何在 Windows 下搭建一个 iPhone 开发的环境。

首先我们要使用 VMware Workstation 来创建一个虚拟机，然后我们在虚拟机中建立一个苹果操作系统 Mac OS X。系统创建好以后，我们再下载一个 Xcode 开发工具，我们就可以通过 Objective-C 语言开发 iPhone 程序了。iPhone 开发环境的构建如图 1.2 所示。

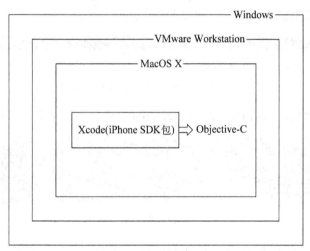

图 1.2　构建开发环境

在安装 iPhone 开发环境时，并不是所有的计算机都适合。如果你的计算机硬件达不到安装 iPhone 开发环境的功能，那么就要为你的计算机安装一些新的设备。安装 iPhone 开发环境的硬件要求以及需要下载的文件，如表 1-2 所示。

表 1-2　iPhone 开发环境的安装需求

硬 件 要 求	
设　　备	要　　求
CPU	支持虚拟技术的 64 位处理器
内存	4G 以上
硬盘	40G 以上

续表

需要下载的文件	
安装的文件	名称
虚拟机	VMware Workstation 9.0
光盘镜像文件	Mac.OSX.Mountain.Lion
系统导入工具	darwin.iso
iPhone 开发工具	Xcode

知道了 iPhone 开发环境需要下载的文件以后，我们就对 iPhone 开发环境的这些文件的下载及安装过程为大家做一个介绍。

1.2.2 VMware Workstation 的下载及安装

VMware Workstation 可以用来在计算机上虚拟出一个新的电脑。我们可以在这个虚拟出来的计算机上实现苹果操作系统 Mac OS X 的安装。VMware Workstation 是一款完全免费的软件，大家可以直接在（https://my.vmware.com/web/vmware/info/slug/desktop_end_user_computing/vmware_workstation/9_0）进行下载，下载过程如下：

（1）从浏览器上输入该网址，如图 1.3 所示。

图 1.3　VMware Workstation 的下载 1

（2）打开该网页，单击 Download Free Trial 按钮，进行下载，如图 1.4 所示。

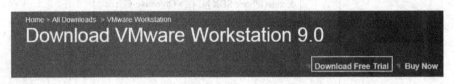

图 1.4　VMware Workstation 的下载 2

（3）单击 Download Free Trial 按钮后，会弹出一个输入账号的对话框。如果有此账号的就输入，如果没有，就单击 Create an Account 链接进行注册，之后再单击 Free Trial 按钮，就可以进行下载了，如图 1.5 所示。

图 1.5　VMware Workstation 的下载 3

在这里需要注意，由于官网会定期更新，用户下载的时候可能版本号不一致。读者可以直接使用最新版本即可。当我们的 VMware Workstation 下载好以后，就可以进行安装了，安装过程如下：

（1）双击打开 VMware Workstation 安装文件，进行安装。

（2）系统读取安装文件后，弹出 Setup Type（安装类型）对话框。单击 Typical 按钮，选择典型安装模式，如图 1.6 所示。单击 Next 按钮，就会弹出欢迎使用 VMware Workstation 以及对 VMware Workstation 介绍的对话框，如图 1.7 所示。

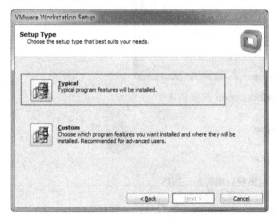
图 1.6　VMware Workstation 的安装 1

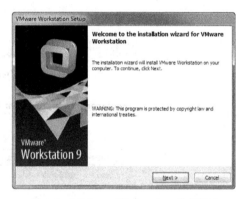
图 1.7　VMware Workstation 的安装 2

（3）单击 Next 按钮以后，就会弹出一个 VMware Workstation 存放的对话框，我们可以单击 Change 按钮，选择它的存放位置，如图 1.8 所示。

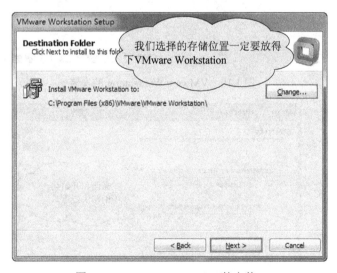
图 1.8　VMware Workstation 的安装 3

（4）单击 Next 按钮，就会弹出软件更新对话框，如图 1.9 所示。

（5）单击 Next 按钮后，就会弹出一个使用帮助改善程序的对话框，如图 1.10 所示。

（6）单击 Next 按钮后，会出现创建快捷方式对话框。勾选两个复选框，以便我们能更快地打开 VMware Workstation，如图 1.11 所示。

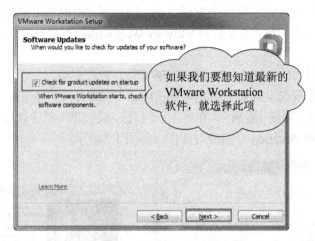

图 1.9　VMware Workstation 的安装 4

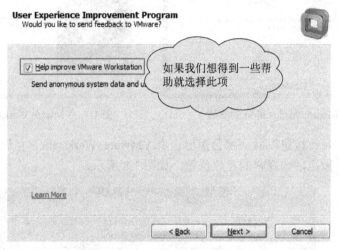

图 1.10　VMware Workstation 的安装 5

图 1.11　VMware Workstation 的安装 6

（7）单击 Next 按钮以后，弹出准备对以上的要求进行操作的对话框，如图 1.12 所示。

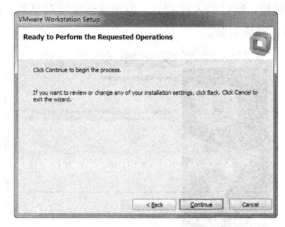

图 1.12　VMware Workstation 的安装 7

（8）单击 Next 按钮以后，开始复制文件，如图 1.13 所示。

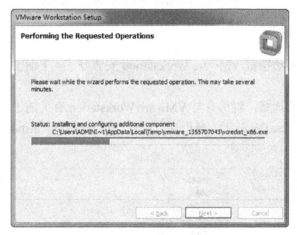

图 1.13　VMware Workstation 的安装 8

（9）复制文件结束后，单击 Next 按钮，弹出输入许可证的密钥对话框，如图 1.14 所示。

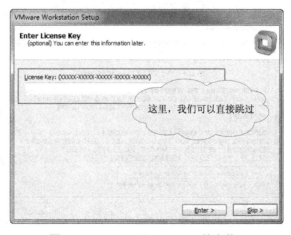

图 1.14　VMware Workstation 的安装 9

（10）单击 Skip 按钮，跳过输入序列号，弹出安装完成对话框，如图 1.15 所示。这时，我们单击 Finish 按钮，完成安装。

图 1.15　VMware Workstation 的安装 10

1.2.3　创建虚拟机

上一小节我们将虚拟机 VMware Workstation 安装好了。下面创建一个虚拟机，具体步骤如下：

（1）打开任务管理器，将所有与 VMware Workstation 有关的进程都关掉。

（2）下载一个 Mac OS 补丁。解压后，以管理员身份运行 install.cmd，如图 1.16 所示。

图 1.16　运行 install

（3）打开 VMware Workstation，这时会出现协议许可对话框，如图 1.17 所示。

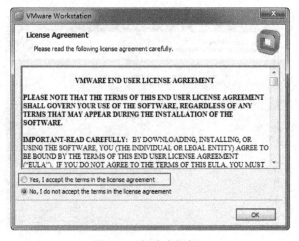

图 1.17　创建虚拟机 1

（4）选择 YES，I accept the terms in the license agreement，单击 OK 按钮，就会运行 VMware Workstation，打开主界面，如图 1.18 所示。

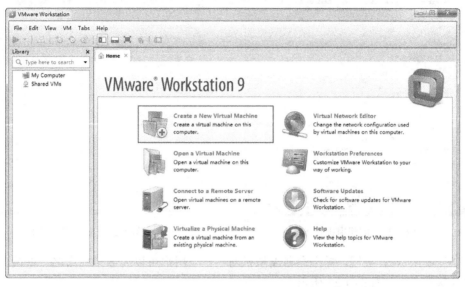

图 1.18　创建虚拟机 2

（5）选择 Create a New Virtual Machine 链接，进入新建虚拟机向导。选择 Custom 模式，如图 1.19 所示。

（6）单击 Next 按钮，出现选择虚拟机硬件兼容性对话框，如图 1.20 所示。

图 1.19　创建虚拟机 3　　　　　　　　图 1.20　创建虚拟机 4

（7）单击 Next 按钮，出现安装客户机操作系统对话框。选择 I will install the operating system later 选项，如图 1.21 所示

（8）单击 Next 按钮，弹出选择客户机操作系统对话框。这里需要注意，因为我们是做 iPhone 开发，所以选择 Apple Mac OS X，如图 1.22 所示。

图 1.21　创建虚拟机 5　　　　　　　图 1.22　创建虚拟机 6

（9）单击 Next 按钮，弹出命名虚拟机对话框。用户可以为虚拟机命名，以及改变虚拟机文件保存位置，如图 1.23 所示。

（10）单击 Next 按钮，弹出处理器配置对话框。我们将处理器的数量设置为 1，将每个处理器内核数设置为 2，如图 1.24 所示。

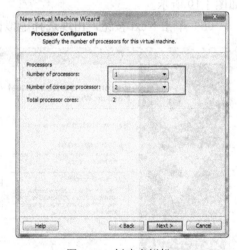

图 1.23　创建虚拟机 7　　　　　　　图 1.24　创建虚拟机 8

（11）单击 Next 按钮，就会弹出虚拟机内存设置对话框。这时，将该虚拟机的内存选项设置为 4096MB，如图 1.25 所示。

（12）单击 Next 按钮进入网络类型对话框，将网络连接设置为使用网络地址转换，如图 1.26 所示。

（13）单击 Next 按钮，进入选择 I/O 控制器类型对话框。将 SCSI 控制器改为 LSI Logic 推荐选项，如图 1.27 所示。

（14）单击 Next 按钮，弹出选择虚拟磁盘对话框。我们选择创建一个新的虚拟磁盘，如图 1.28 所示。

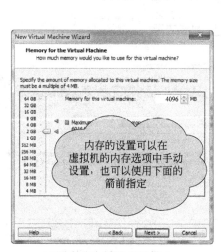

图 1.25　创建虚拟机 9

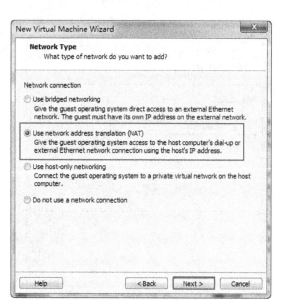

图 1.26　创建虚拟机 10

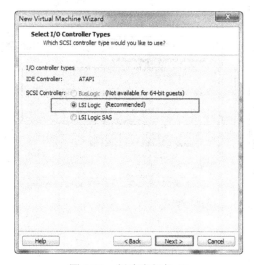

图 1.27　创建虚拟机 11

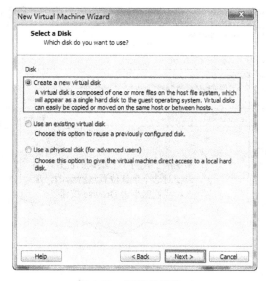

图 1.28　创建虚拟机 12

（15）单击 Next 按钮，弹出磁盘类型选择对话框。我们将虚拟磁盘类型设置为 SCSI，如图 1.29 所示。

（16）单击 Next 按钮，弹出指定磁盘容量对话框，我们将最大磁盘空间设置为 40.0，再选择作为一个单独的文件存储的虚拟磁盘这一项，如图 1.30 所示。

（17）单击 Next 按钮，弹出指定磁盘文件对话框。这时我们选择一个位置来存放磁盘文件，如图 1.31 所示。

（18）单击 Next 按钮，会弹出准备创建虚拟机对话框。当我们单击 Finish 按钮以后就可以安装 Mac OS X 10.7 64-bit 了，如图 1.32 所示。

图 1.29 创建虚拟机 13

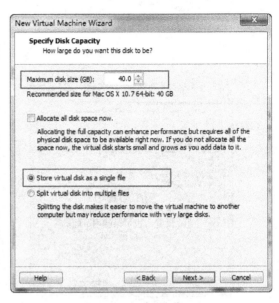
图 1.30 创建虚拟机 14

图 1.31 创建虚拟机 15

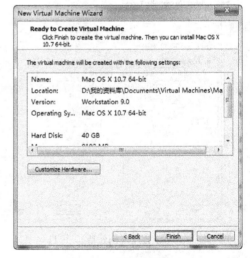
图 1.32 创建虚拟机 16

1.2.4 设置虚拟机

我们在对 Mac OS X 10.7 64-bit 进行安装之前还需要做一些准备工作,那就是对虚拟机进行设置。具体步骤如下：

(1) 当我们单击准备创建虚拟机对话框中的 Finish 按钮后,就会进入 VMware Workstation 的主界面,如图 1.33 所示。

(2) 如果我们在创建虚拟机时,将内存设置得不合适,可以单击 Memory 选项,对内存的大小进行设置,如图 1.34 所示。

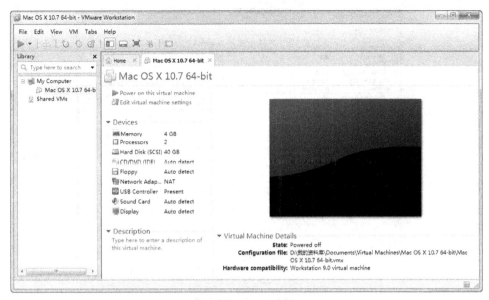

图 1.33　设置虚拟机 1

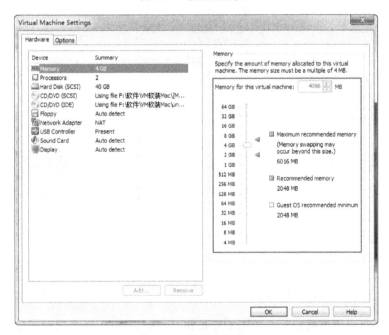

图 1.34　设置虚拟机 2

（3）设置好以后，单击 OK 按钮，就完成了设置。我们单击 Floppy 选项，来设置软盘驱动。这里选择使用物理驱动器选项，然后将其设置为 Auto detect，如图 1.35 所示。

（4）软盘驱动设置好以后，单击 OK 按钮保存设置。单击 CD/DVD 选项，将其中的连接设置为使用 ISO 镜像文件。单击 Browse 按钮，将镜像文件进行设置，如图 1.36 所示。

（5）镜像文件设置好以后，单击 Advanced 按钮，打开 CD/DVD 的高级设置对话框，选择虚拟设置节点中的 SCSI 选项，并将此选项设置为 SCSI 0:0 CD/DVD(SCSI)，如图 1.37 所示。

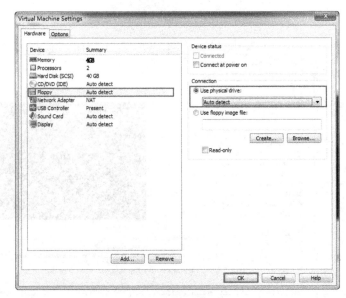

图 1.35　设置虚拟机 3

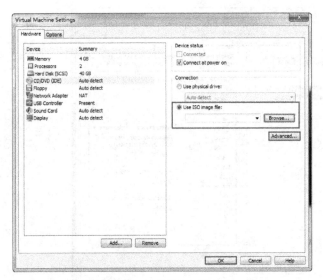

图 1.36　设置虚拟机 4　　　　　　　　图 1.37　设置虚拟机 5

（6）当高级设置完成以后，单击 OK 按钮，回到 CD/DVD 选项设置主界面。单击 OK 按钮，退出 CD/DVD 设置。

（7）单击 CD/DVD 之后，选择 Add 按钮，如图 1.38 所示。

（8）单击 Add 按钮后弹出硬件类型对话框，选择 CD/DVD 为虚拟机再加入一个 CD/DVD，如图 1.39 所示。

（9）单击 Next 按钮，弹出选择一个驱动器连接对话框，这时，我们选择使用 ISO 镜像文件，如图 1.40 所示。

（10）单击 Next 按钮后，弹出选择一个镜像文件对话框，这时，我们单击 Browse 按钮，将我们的镜像文件设置为 darwin.iso 文件，该文件用来模拟苹果计算机硬件设置。单击 OK 按钮，如图 1.41 所示。

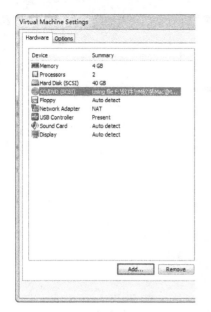

图 1.38　设置虚拟机 6

图 1.39　设置虚拟机 7

图 1.40　设置虚拟机 8

图 1.41　设置虚拟机 9

（11）单击打开第二个 CD/DVD。单击 Advanced 按钮，打开高级设置对话框。选择 IDE 选项，并设置为 IDE 0:0 CD/DVD(IDE)，如图 1.42 所示。

（12）单击 OK 按钮，保存设置。单击 Display 选项，将显示器设置为使用主机显示器设置，如图 1.43 所示。

1.2.5　安装 Mac OS X 操作系统

对虚拟机设置好以后，下面来进行 Mac OS X 的安装，具体的安装步骤如下：

（1）单击主界面中左上角的运行按钮，如图 1.44 所示。

第 1 篇　iPhone 开发基础

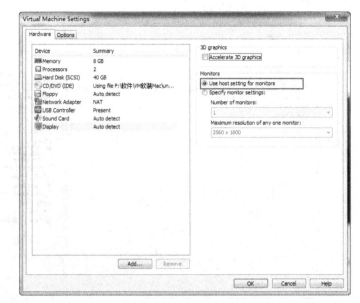

图 1.42　设置虚拟机 10　　　　　　　　图 1.43　设置虚拟机 11

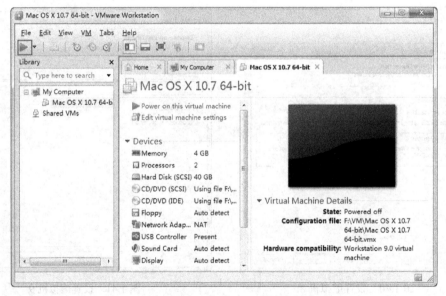

图 1.44　安装 Mac OS X 1

（2）单击运行按钮以后，就进入了启动界面，如图 1.45 所示。

（3）稍等片刻以后，将进行语言的选择。在这里需要注意，要选择很熟悉的语言，这样有利于我们的使用，如图 1.46 所示。

（4）在选择语言之后，就会进入 OS X 实用工具，选择如图 1.47 所示。

（5）单击"继续"按钮以后，就会进入磁盘工具界面。选择磁盘后再选择"抹掉"选项，并指定格式和名称，如图 1.48 所示。

（6）单击"抹掉"按钮，会弹出一个提示信息，单击"抹掉"按钮，就将我们的磁盘格式化了，如图 1.49 所示。

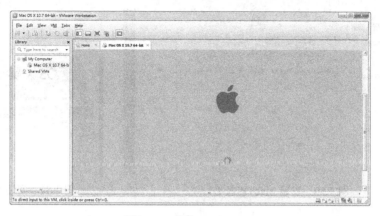

图 1.45 安装 Mac OS X 2

图 1.46 安装 Mac OS X 3

图 1.47 安装 Mac OS X 4

图 1.48 安装 Mac OS X 5

图 1.49 安装 Mac OS X 6

（7）磁盘抹掉后会显示一个 Mac OS 磁盘，如图 1.50 所示。
（8）单击关闭按钮，关掉磁盘工具，选择重新安装 OS X，如图 1.51 所示。
（9）单击"继续"按钮，就会弹出如图 1.52 所示的对话框。
（10）单击"继续"按钮，将出现一个协议对话框，如图 1.53 所示。
（11）单击"同意"按钮，就会出现是否同意协议对话框，如图 1.54 所示。
（12）单击"同意"按钮，弹出确定安装对话框，如图 1.55 所示。

图 1.50　安装 Mac OS X 7　　　　　图 1.51　安装 Mac OS X 8

图 1.52　安装 Mac OS X 9　　　　　图 1.53　安装 Mac OS X 10

图 1.54　安装 Mac OS X 11　　　　　图 1.55　安装 Mac OS X 12

（13）单击"安装"按钮以后，OS X 就进行安装了，如图 1.56 和图 1.57 所示。

1.2.6　进入界面

Mac OS X 系统安装好以后，我们就可以进入界面了，具体步骤如下：

（1）安装好系统以后，弹出"欢迎使用"对话框，如图 1.58 所示。

图 1.56　安装 Mac OS X 13

图 1.57　安装 Mac OS X 14

（2）单击"继续"按钮，弹出"选择您的键盘"对话框，选择"中文-简体"选项，如图 1.59 所示。

图 1.58　进入界面 1

图 1.59　进入界面 2

（3）单击"继续"按钮，弹出"传输信息到这台 Mac"对话框。选择"以后"选项，如图 1.60 所示。

（4）单击"继续"按钮，弹出"启动定位服务"对话框，如图 1.61 所示。

图 1.60　进入界面 3

图 1.61　进入界面 4

（5）单击"继续"按钮，弹出 Apple ID 对话框，如图 1.62 所示。如果读者没有 Apple ID，这里选择跳过。关于 Apple ID 的注册，会在下一小节中进行介绍。

（6）单击"跳过"按钮，弹出确定对话框，如图 1.63 所示。

　　图1.62　进入界面5　　　　　　　　图1.63　进入界面6

（7）单击"跳过"按钮，就会弹出"条款和条件"对话框，如图1.64所示。
（8）单击"继续"按钮，弹出确认OS X软件许可协议的对话框，如图1.65所示。

　　图1.64　进入界面7　　　　　　　　图1.65　进入界面8

（9）单击"同意"按钮，弹出"创建您的账户"对话框。这里，我们填入全名、账户名称、密码等内容，以便于对电脑的管理，如图1.66所示。
（10）单击"继续"按钮，弹出"选择您的时区"对话框。这里选择"北京-中国"选项，如图1.67所示。

　　图1.66　进入界面9　　　　　　　　图1.67　进入界面10

（11）单击"继续"按钮以后，弹出"注册"对话框。这里，暂时不填写任何的内容，如图1.68所示。

（12）单击"跳过"按钮，弹出提示对话框，如图1.69所示。

图1.68　进入界面11　　　　　　　　图1.69　进入界面12

（13）单击"跳过"按钮以后，就会弹出"谢谢您"对话框，如图1.70所示。
（14）单击"开始使用Mac"按钮，就进入了系统界面，如图1.71所示。

图1.70　进入界面13　　　　　　　　图1.71　进入界面14

1.2.7　开发者账号的注册

由于注册了iPhone开发者账号的成员可以直接使用苹果公司的iPhone SDK，所谓iPhone SDK包也就是软件开发包，所以，在iPhone开发中我们要注册开发者账号。在苹果公司注册iPhone开发者账号的成员一共可以分为四种，如表1-3所示。

表1-3　iPhone开发者账号的成员

成员类型	成　　本
在线开发成员	免费
标准iPhone开发成员	$99/年
企业iPhone开发成员	$299/年
大学iPhone开发成员	免费

下面，我们来讲解iPhone开发者账户的注册过程，具体步骤如下：
（1）在Mac OS X界面的工具栏中找到Safari，如图1.72所示。

图 1.72　开发者账号的注册 1

（2）单击打开 Safari，在导航栏中输入网址 http://developer.apple.com/iphone/，如图 1.73 所示。

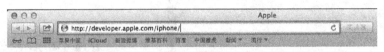

图 1.73　开发者账号的注册 2

（3）输入网址后，按下回车键，就会出现该网页，如图 1.74 所示。

图 1.74　开发者账号的注册 3

（4）单击 Log in 按钮，就会出现对话框要求输入 Apple ID 的账号，如图 1.75 所示。

（5）单击 Register 按钮，进入选择账号的网页，如图 1.76 所示。

图 1.75　开发者账号的注册 4　　　　　　图 1.76　开发者账号的注册 5

（6）单击 Create Apple ID 按钮，进入注册页面开始注册，如图 1.77 所示。

图 1.77　开发者账号的注册 6

(7) 填入相关的信息，单击 Continue 按钮，进入下一步，如图 1.78 所示。

图 1.78　开发者账号的注册 7

(8) 选择对应的开发项目，单击 Continue 按钮，进入下一步，如图 1.79 所示。

图 1.79　开发者账号的注册 8

(9) 在读过此协议后，选择 By checking…选项。单击 I Agree 按钮，进入下一步，如图 1.80 所示。

图 1.80　开发者账号的注册 9

在图 1.80 所示的开发者账号的注册中需要注意，验证码发到了邮箱中。打开邮箱，将验证码输入。

(10) 单击 Continue 按钮，进入下一步，如图 1.81 所示。

这时，单击 Continue 按钮，就会收到一封感谢使用 Apple ID 的信。这时，我们就注册好开发者帐号了。

图 1.81　开发者账号的注册 10

1.2.8　下载和安装 Xcode

要对 iPhone 进行开发，那么就要使用开发工具 Xcode。首先，我们先将 Xcode 进行下载，下载 Xcode 的方式有两种，一种是在 Apple Store 进行下载，一种是在普通的网站进行下载。

1．从 Apple Store 中下载 Xcode

Apple Store 是苹果官方提供的应用商店。只要使用 Apple ID 登录后，我们就可以从中下载各种软件，而 Xcode 就是这些免费软件中的一员。
注意：在 Apple Store 中下载的软件都是自动安装的。下面讲解如何从 Apple Store 中下载 Xcode。

（1）单击界面上的 Apple Store，如图 1.82 所示。

（2）打开 Apple Store 网页，在搜索栏中输入 Xcode，如图 1.83 所示。

图 1.82　Xcode 的下载 1

（3）按下回车键，进入 Xcode 的搜索结果网站，我们选择其中的 Xcode，如图 1.84 所示。

图 1.83　Xcode 的下载 2

图 1.84　Xcode 的下载 3

（4）单击 Xcode 中的"免费"按钮，就会将"免费"按钮变为"安装 APP"按钮，如图 1.85 所示。

（5）单击"安装 APP"按钮后，弹出登录 Apple ID 对话框，输入 Apple ID 和密码，如图 1.86 所示。

图 1.85　Xcode 的下载 4

图 1.86　Xcode 的下载 5

（6）单击"登录"按钮。这时，Xcode 就可以进行下载和安装了。

2．在普通的网站进行下载

要下载 Xcode，也不必都要使用 Apple Store，如果你的 Apple Store 网页没有办法打开，也可以在其他的网站进行下载。这时需要注意，在普通的网站下载的 Xcode 需要手动安装。下面就来为大家讲解在普通网站下载的 Xcode 如何进行安装。

（1）下载完成以后，可以单击菜单栏中的"前往"|"电脑"命令，如图 1.87 所示。

（2）这时，我们会进入电脑，找到下载的 Xcode 软件，如图 1.88 所示。

图 1.87　Xcode 的安装 1

图 1.88　Xcode 的安装 2

（3）选择 Xcode 双击，打开 Xcode 的安装包，如图 1.89 所示。

（4）双击安装包，这时会弹出一个对话框，如图 1.90 所示。

图 1.89　Xcode 的安装 3

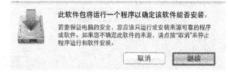

图 1.90　Xcode 的安装 4

（5）单击"继续"按钮，弹出"欢迎使用 Xcode 安装器"对话框，如图 1.91 所示。

（6）单击"继续"按钮，弹出协议对话框，选择 English 选项，如图 1.92 所示。

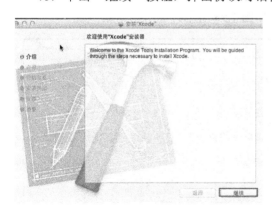 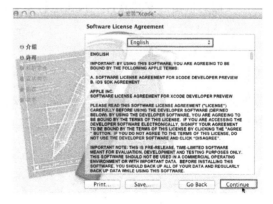

图 1.91　Xcode 的安装 5　　　　　　　图 1.92　Xcode 的安装 6

（7）单击 Continue 按钮，弹出"选择一个目的宗卷"对话框，如图 1.93 所示。

（8）单击"继续"按钮，弹出一个对话框，如图 1.94 所示。

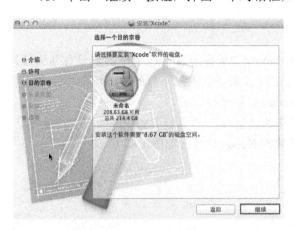
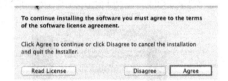

图 1.93　Xcode 的安装 7　　　　　　　图 1.94　Xcode 的安装 8

（9）单击 Agree 按钮，就会弹出自定义安装的对话框，如图 1.95 所示。
（10）单击"继续"按钮，弹出进行标准安装的对话框，如图 1.96 所示。

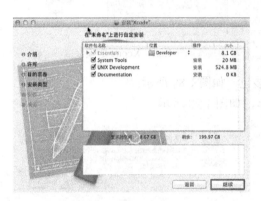

图 1.95　Xcode 的安装 9　　　　　　　图 1.96　Xcode 的安装 10

（11）单击"安装"按钮，弹出一个输入名称和密码的对话框。我们输入名称和密码，如图 1.97 所示。
（12）单击"安装软件"按钮进行安装，如图 1.98 所示。

图 1.97　Xcode 的安装 11　　　　　　　图 1.98　Xcode 的安装 12

1.2.9 安装系统组件

除了安装 Xcode，还需要安装一些必要的系统组件。从 Apple Store 下载安装的 Xcode，默认是没有这些组件的，我们需要通过更新的方式进行安装。如果是直接使用 Xcode 安装文件进行安装的，就可以跳过这个步骤。下面讲解如何通过更新 Xcode 的方式安装必要的系统组件。

（1）单击启动 Xcode，弹出 Xcode 的许可协议，如图 1.99 所示。

（2）单击 Agree 按钮，弹出系统组件安装对话框，如图 1.100 所示。

（3）单击 Install 按钮，弹出输入名称和密码对话框。我们需要输入系统用户名称和密码，如图 1.101 所示。

图 1.100　安装系统组件 2

图 1.99　安装系统组件 1

图 1.101　安装系统组件 3

（4）单击"安装软件"按钮，就开始安装组件，如图 1.102 所示。

（5）安装完成，就会弹出一个对话框提示完成。单击 Start Using Xcode 按钮，就可以使用 Xcode 了，如图 1.103 所示。

图 1.102　安装系统组件 4

图 1.103　安装系统组件 5

1.2.10 更新安装的数据

为了更好地使用 Xcode，我们需要对 Xcode 中的一些组件进行更新。更新过程如下：

（1）选择 Xcode|Preferences 命令，就会进入偏好设置。选择 Downloads 选项，进入下载界面，如图 1.104 所示。

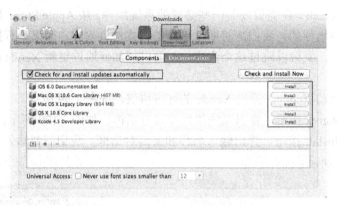

图 1.104　更新安装的数据 1

（2）选择 Documentation 选项卡，并勾选 Check for and install updates automatically 选项。单击 Install 按钮，开始更新 Xcode，如图 1.105 所示。

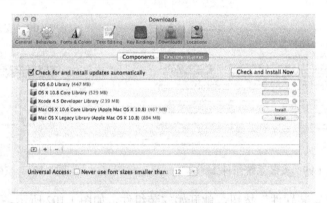

图 1.105　更新安装的数据 2

（3）安装完成以后，每个项目右侧的 Install 就变成了 Installed 形式，如图 1.106 所示。

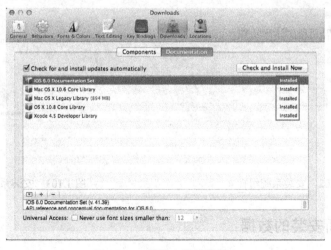

图 1.106　更新安装的数据 3

（4）以同样的方法更新 Components 选项卡中的选项。

1.3 编写第一个 iPhone 程序

完成上一节中所有的操作后，iPhone 开发环境就构建好了。这时，就可以在 Xcode 中编写我们的第一个 iPhone 程序了。本节将主要为大家讲解如何在 Xcode 中创建项目、iPhone Simulator 以及 Interface Builder 的使用。

1.3.1 创建项目

要编写程序，首先要先创建一个项目。这里所说的项目可以帮助用户管理代码文件和资源文件。创建项目的具体步骤如下：

（1）单击 Xcode 开发工具，打开 Xcode，如图 1.107 所示。

图 1.107　创建项目 1

（2）单击 Create a new Xcode project 选项，进入选择项目的模板对话框。我们选择 Single View Application 选项，如图 1.108 所示。

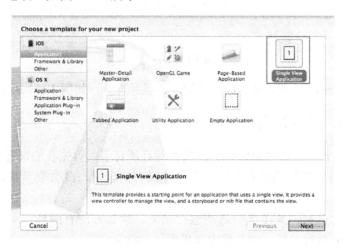

图 1.108　创建项目 2

（3）单击 Next 按钮，进入选择项目操作对话框。在这里填入项目的名称，名称可以任意指定。在这里，我们填入了名称 Hello World。在 Company identifier 文本框中填入公司名，这里我们填入 111。将 Device 列表框设置为 iPhone。最后的三个选项都不进行选择，如图 1.109 所示。

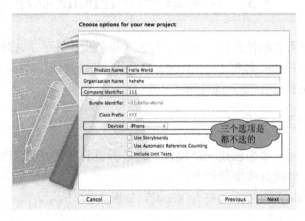

图 1.109　创建项目 3

（4）单击 Next 按钮，弹出项目保存位置对话框。在这里选择的是桌面，如图 1.110 所示。

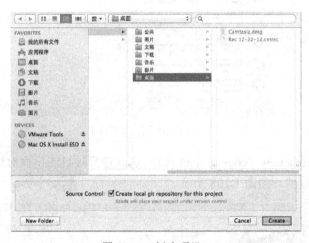

图 1.110　创建项目 4

（5）单击 Create 按钮，Xcode 自动创建项目并打开，如图 1.111 所示。

1.3.2　编译、连接及运行

打开项目文件后，就可以编译、连接及运行项目了。首先我们来看编译和连接，单击 Run 按钮，就可以进行编译和连接。当编译没有问题时，就会显示编译成功的提示，如图 1.112 所示。

当编译成功以后，系统就会自动运行结果。运行方法有两种，第一种是使用模拟器 iPhone Simulator 运行，另一种是使用真机来运行结果。

图 1.111　创建项目 5

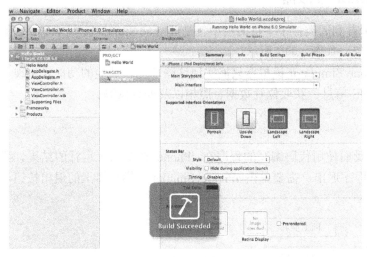

图 1.112　编译和连接的结果

图 1.113　运行结果

1. 使用 iPhone Simulator 模拟器进行运行

iPhone Simulator 是苹果专门为开发者提供的 iPhone 手机模拟器。当调试程序的时候，iPhone 模拟器会自动打开，运行结果如图 1.113 所示。

由于项目文件是一个空项目，所以运行界面为一片空白。

2. 使用真机运行结果

在使用真机测试之前，我们要购买一个 iPhone 开发证书，将证书进行安装。这时就可以进行真机测试了，步骤如下：

（1）在将 iPhone 插到电脑后，系统就自动将运行的模拟器改为了 iPhone 手机，如图 1.114 所示。

（2）在项目中将 Bundle Identifier 中的内容设置为证

图 1.114　运行器的设置

书中自带的取名规则，如图 1.115 所示。

（3）单击 Run 按钮，就可以运行结果了，如图 1.116 所示。

图 1.115 设置 Bundle Identifier

图 1.116 真机运行结果

1.3.3 iPhone Simulator 模拟器

在图 1.113 中，大家所看到的类似于手机的模型就是 iPhone Simulator 模拟器，它的功能是模仿 iPhone 的部分功能，如图 1.117 所示。

如图 1.117 所示，iPhone Simulator 模拟器只能实现这些功能，其他的功能是实现不了的，例如打电话、发送 SMS 信息、获取位置数据、照相以及麦克风等。

1. 退出应用程序

所谓应用程序，就是我们使用代码编写的程序在 iPhone 模拟器上运行的结果。我们要将图 1.113 所示的应用程序退出，需要单击 iPhone Simulator 模拟器上的退出按钮，如图 1.118 所示。

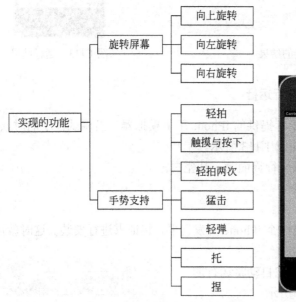

图 1.117 iPhone Simulator 模拟器实现的功能　　　图 1.118 退出应用程序

2. 更改应用程序的图标

在图 1.118 中我们可以看到，退出应用程序后，退出的应用程序的图标为白色的，为了让我们的应用程序看上去更形象，可以更改应用程序的图标，具体步骤如下：

（1）在项目中，选择 Supporting Files 文件夹。右击该文件夹中的任意文件，会弹出一个菜单，如图 1.119 所示。

（2）选择菜单中的 Add Files to "Hello World"…命令，在弹出的对话框中选择图片，如图 1.120 所示。

图 1.119　更改应用程序图标 1

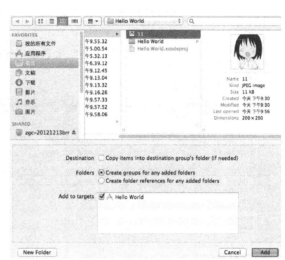

图 1.120　更改应用程序图标 2

（3）选择图片后，单击 Add 按钮，就将图片添加到项目中了，如图 1.121 所示。

（4）添加图片后，我们选择 Hello World-Info.plist 文件，如图 1.122 所示。

图 1.121　更改应用程序图标 3

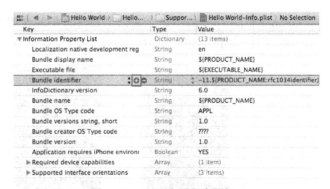

图 1.122　更改应用程序图标 4

（5）选择任意位置，单击 "+" 按钮，添加一个数组项目，命名为 Icon files，如图 1.123 所示。

（6）选择 Icon files 前面的小三角，再添加一项，将它的值设置为图标的名称，以指定将要用作应用程序图标的图像的名称，如图 1.124 所示。

（7）在运行结果后，选择退出应用程序的 "退出" 按钮，就可以看到我们的图标了，如图 1.125 所示。

图 1.123 更改应用程序图标 5

图 1.124 更改应用程序图标 6

图 1.125 更改应用程序图标 7

3. 切换应用程序

iPhone Simulator 模拟器上提供了系统自带的应用程序,按住鼠标向左拖动,就可以看到这些应用程序了,如图 1.126 所示。

图 1.126 切换应用程序

4. 切换语言

可以看到在 iPhone Simulator 模拟器上的应用程序标题都是英文的。有一些读者可能对英文不够熟悉，下面讲解怎样将 iPhone Simulator 模拟器上的语言进行切换，具体步骤如下：

（1）在 iPhoneSimulator 模拟器上找到 Settings 选项，如图 1.127 所示。
（2）单击 Settings 工具，进入设置选项，如图 1.128 所示。
（3）选择 General 选项，进入通用设置，如图 1.129 所示。

图 1.127　切换语言 1　　　　图 1.128　切换语言 2　　　　图 1.129　切换语言 3

（4）选择 International 选项，进入多语言环境设置，如图 1.130 所示。
（5）选择 Language 选项，进入语言选项。选择"简体中文"选项，如图 1.131 所示。
（6）选择语言后，单击 Done 按钮保存设置，如图 1.132 所示。
（7）保存之后，系统自动切换，如图 1.132 所示。切换成功后，效果如图 1.133 所示。

图 1.130　语言切换 4　　图 1.131　切换语言 5　　图 1.132　切换语言 6　　图 1.133　切换语言 7

5. 删除应用程序

当 iPhone Simulator 模拟器上的应用程序很多时，不便于管理，我们可以将不再使用的应用程序删除，具体步骤如下：

（1）长按某一应用程序，在程序的左上角就会出现一个"x"的图标，并且所有的应用程序都在抖动（注意，系统自带的应用程序就不会有"x"的图标），如图 1.134 所示。
（2）单击"x"按钮，就会出现一个提示对话框，如图 1.135 所示。
（3）单击其中的"删除"按钮，我们的应用程序 Hello World 就会被删除，如图 1.136 所示。

图 1.134 删除应用程序 1

图 1.135 删除应用程序 2

图 1.136 删除应用程序 3

1.3.4 Interface Builder

在图 1.113 所示的图中，可以看到 iPhone Simulator 模拟器上是没有任何内容的，那是因为我们还没有对用户的界面进行设置。通过使用 Interface Builder，可以将视图拖放到窗口中，实现我们的用户界面。启动 Interface Builder 的具体步骤如下：

（1）在项目中找到 ViewController.xib 文件，如图 1.137 所示。

（2）单击 ViewController.xib 文件，启动 Interface Builder，如图 1.138 所示。

图 1.137 启动 Interface Builder 1

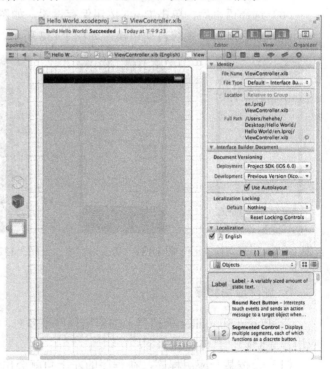
图 1.138 启动 Interface Builder 2

启动 Interface Builder 后，就可以将 Objects 窗口中的视图拖动到用户的设置界面。我们现在要在 iPhone 上显示一个文本框，文本框中的文字为"Hello World！！！"具体步骤及运行结果如下：

（1）将 Objects 窗口中的视图 TextField 控件拖到用户的设置界面，如图 1.139 所示。

图 1.139　步骤 1

（2）双击 TextFiled 视图，在 TextField 视图中写入"Hello World !!!"字符串，如图 1.140 所示。

（3）单击 Run 按钮，就可以运行得到结果了，如图 1.141 所示。

图 1.140　步骤 2

图 1.141　运行结果

1.3.5　编写程序

现在，我们可以编写代码了。在项目文件中，除了 ViewController.xib 文件外，还有四个文件，分别为 AppDelegate.h、AppDelegate.m、ViewController.h 和 ViewController.m。有关这些文件，会在以后为大家介绍，现在我们就在 ViewController.h 和 ViewController.m 文件中编写代码，此代码的功能是在文本框的上面添加一个 Label 视图，并显示"Hello World"字符串。操作过程如下：

（1）在刚才创建的"Hello World"项目中，单击打开 ViewController.xib 文件，将 Objects 窗口中的 Label 视图拖到用户设置界面，如图 1.142 所示。

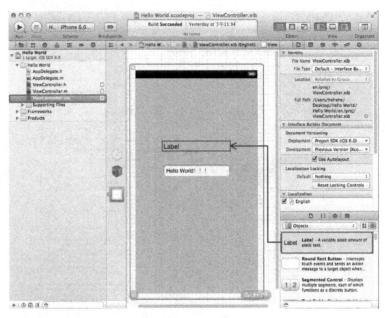

图 1.142 操作步骤 1

（2）单击打开 ViewController.h 文件，声明插座变量。关于插座变量，我们会在以后的学习中为大家做讲解，程序代码如下：

```
01  #import <UIKit/UIKit.h>
02  @interface ViewController : UIViewController{
03      IBOutlet UILabel *label;                    //声明插座变量
04  }
05  @end
```

（3）单击打开 ViewController.xib 文件，使用工具栏中的按钮来调整窗口，如图 1.143 所示。

（4）调整后的窗口如图 1.144 所示。

（5）将用户设置界面的 Label 视图和 ViewController.h 文件中的插座变量进行关联。在关联的时候，需要按住 Ctrl 键，拖动文本框到用插座变量声明的代码上，如图 1.145 所示。

图 1.143 操作步骤 2

（6）单击打开 ViewController.m 文件，编写在 Label 视图中显示 "Hello World" 字符串，程序代码如下：

```
01  #import "ViewController.h"
02  @interface ViewController ()
03  @end
04  @implementation ViewController
05  - (void)viewDidLoad
06  {
07      label.text=@"Hello World";                  //输入字符串
08      [super viewDidLoad];
09      // Do any additional setup after loading the view, typically
            from a nib.
```

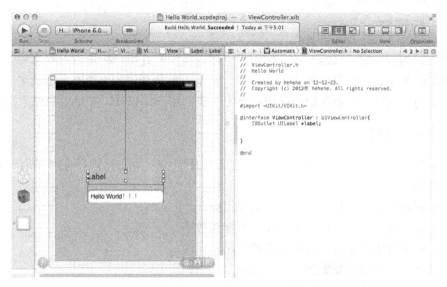

图 1.144　操作步骤 3

```
10  }
11  - (void)didReceiveMemoryWarning
12  {
13      [super didReceiveMemoryWarning];
14      // Dispose of any resources that can be recreated.
15  }
16  @end
```

（7）单击 Run 按钮，就可以运行并得到结果了，如图 1.146 所示。

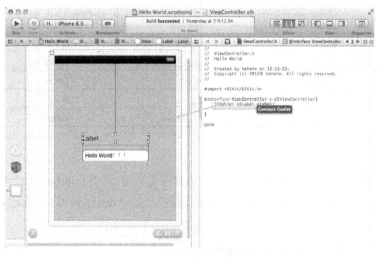

图 1.145　操作步骤 4　　　　　　　　　　图 1.146　运行结果

1.4　分析程序

第一个程序已经编写完了，下面，我们就对上面的程序做一个简单的分析。

1.4.1 标识符

在上面的程序中，*label 就是标识符。所谓标识符是用户编程时对程序中某些东西命名所使用的名字。在计算机语言中，变量、常量、函数和语句块都有自己的名字，我们称这些名字为标识符。一般我们将标识符分为 3 类：用户标识符、关键字和预定义标识符。

1. 用户标示符

所谓用户标识符就是用户根据需要定义的标识符。用户标识符命名是有一定的规则的，其规则如下：
（1）标识符是由字母、数字和下划线组成。
（2）首字符只能是字母和下划线，不能为数字。
（3）标识符中大小写字母表示的意义是不同的。
（4）标识符的命名要做到"见名知意"。
（5）标识符不能使用已定义的关键字和预定义标识符。

2. 关键字

标识符的第二种为关键字。iPhone 开发使用的 Objective-C 语言有 32 个关键字，如表 1-4 所示。

表 1-4 关键字

auto	double	int	struct
break	else	long	switch
case	enum	register	typedef
char	extern	union	const
float	short	unsigned	continue
for	signed	void	default
goto	volatile	do	if
while	static	return	sizeof

3. 预定义标识符

所谓预定义标识符就是标识符在 Object-C 语言中都有特定的含义，Object-C 语法允许把这类标识符另作它用，不过这些标识符会失去系统规定的原意。Objective-C 的预定义标识符如表 1-5 所示。

表 1-5 Objective-C 预定义的标识符

标识符	含 义
_cmd	在方法内自动定义的本地变量，它包含该方法的选择程序
func	在函数或方法内自动定义的本地字符串变量，包含函数名和方法名
BOOL	布尔值，通常以 YES 和 NO 方式使用
Class	类对象类型
id	通用对象类型

续表

标识符	含义
nil	空对象
Nil	空类对象
NO	定义为（BOOL）0
NSObject	在<Foundation/NSObject.h>中定义的所有类的根类
Protocol	存储协议相关信息的类的名称
SEL	已经编译的选择程序
self	在方法内自动定义的本地变量，就是指消息的接收者（简单来说，就是本类）
super	消息接收者的父类
YES	定义为（BOOL）1

1.4.2 表达式、语句和间隔符

在程序中语句和表达式有着密不可分的关系。而间隔符也是在程序中经常用到的。下面将主要为大家讲解表达式、语句和间隔符。

1. 表达式和语句

在我们编写的程序中，就用到了表达式和语句，以 ViewController.h 中的程序为例，程序代码如下：

```
01  #import <UIKit/UIKit.h>
02  @interface ViewController : UIViewController{
03      IBOutlet UILabel *label;                    //声明插座变量
04  }
05  @end
```

在此程序中，声明插座变量这个程序就用到了表达式和语句。所谓表达式，就是由常量、变量、函数和运算符组合在一起的式子。关于常量、变量、函数和运算符我们会在后面的章节为大家讲解到。在此程序中，表达式就是由变量组成的。所谓语句，就是由表达式加";"号组成的。所以我们执行声明插座变量的程序就是语句。如果语句去掉分号，就是表达式。

2. 间隔符

所谓间隔符，就是用来区分 Objective-C 语言中的不同对象的。它是由除字母、下划线及数字以外的字符组成。上面声明插座变量的语句中就用到了空格间隔符，语句如下：

```
IBOutlet UILabel *label;
```

1.4.3 文件的构成

在整个 Hello World 程序运行完以后，会在桌面产生一个"Hello World"的文件夹。接下来我们专门对这对文件夹中的文件为大家做一个简单的介绍，如图 1.147 所示。

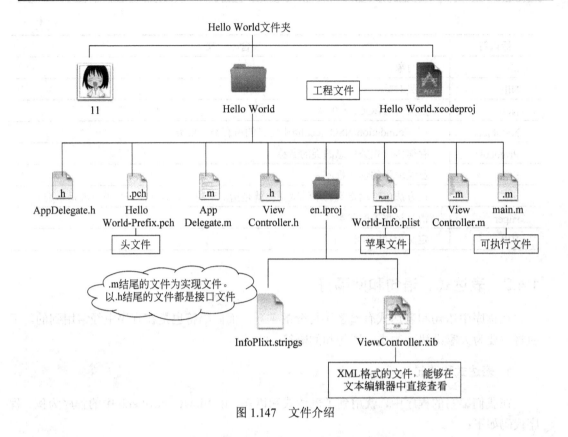

图 1.147　文件介绍

1.5 小　　结

本章主要为大家讲解了 iPhone 的发展、技术构成、iPhone 开发环境的安装、开发者账号的申请、安装系统组件、编写第一个 iPhone 开发程序以及分析程序。本章的重点是项目的创建、iPhone Simulator 模拟器、Interface Builder 及程序的编写。通过本章的学习，希望大家可以学会编写简单的程序。

1.6 习　　题

【习题 1-1】请读者自动构建一个 iPhone 开发环境。

【习题 1-2】请读者注册一个开发者账号（在注册过程中有些选项是必须填写的）。

【习题 1-3】请读者在苹果商店以外的网站下载 Xcode，并安装（在安装时一些选项是必须选择的）。

【习题 1-4】请读者创建项目文件，并命名为"习题 1"。

【习题 1-5】在创建好的项目中编写代码，实现在 iPhone Simulator 模拟器上显示一行"I Love iPhone"字符串，运行结果如图 1.148 所示。

图 1.148　习题 1-5 运行结果

第 2 章　Objective-C 语言基础

在 iPhone 开发中，使用的编程语言是 Objective-C 语言。Objective-C 是一门面向对象的编程语言。它有自己鲜明的特色，主要表现在兼容性、字符串、类、方法、属性、协议和分类等方面。本章将主要为大家讲解 Objective-C 语言的基础知识，其中包括数据类型、变量和常量、运算符、程序控制结构以及函数等方面的内容。

2.1　数　据　类　型

之所以在 Objective-C 语言中有数据类型，是因为在现实生活中数据的形式是多种多样的。但是计算机只能识别使用 0 和 1 表示的数据。为了规范数据的存储和运算方式，编程语言规定了数据类型。Objective-C 编程语言的数据类型，包含常用的数据类型和 Objective-C 特有的数据类型。本节将主要讲解这两种数据类型。

2.1.1　常用的数据类型

在 Objective-C 语言中，常用的数据类型有整数类型、实型和字符型。下面，我们将这些数据类型为大家简单地介绍一下。

1. 整数类型

整数类型是用来表示没有小数部分的数字。整数类型可以分为 4 种，如图 2.1 所示。

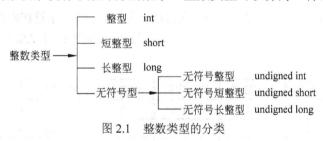

图 2.1　整数类型的分类

我们将这些整数类型在计算机中所占的字节数和范围，为大家做了一个总结，如表 2-1 所示。

表 2-1　整数类型

类型说明符	内存字节	数的范围
short	2	-32768~32767
int	4	-2147483648~2147483647
long	4	-2147483648~2147483647

续表

类型说明符	内存字节	数的范围
undigned short	2	-32768~32767
undigned int	4	-32768~32767
undigned long	4	-2147483648~2147483647

2. 实型

所谓实型，也就是实数，实数也就是大家最熟悉的小数。在 Objective-C 语言中，实型有两种表示形式，一种是小数形式，一种是指数形式。我们将这两种实型的组成和形式为大家做了一个总结，如表 2-2 所示。

表 2-2 实型的形式

名称	组成	形式	示例
小数形式	由数字 0~9 和小数点组成	数字.数字	0.0、25.123
指数形式	由数字、加阶码标志"e"或"E"以及阶码（只能为整数，可以带符号）组成	aEn 其中 a 可以是整数也可以是小数，n 为整数	2.1E5（等于 $2.1*10^5$）、-2.5E-2（等于$-2.5*10^{-2}$）

实型可以分为 3 种数据类型，其中它们的位数、有效数字和数的范围如表 2-3 所示。

表 2-3 实型

类型说明符	位数	有效数字	数的范围
float	32	6~7	10^{-37}~10^{38}
double	64	15~16	10^{-307}~10^{308}
long double	128	18~19	10^{-4931}~10^{4932}

3. 字符型

在 Objective-C 语言中，每一个字符在内存中占一个字节。字符在内存中都是以 0 和 1 的二进制存储的，并且存储的值是其与 ASCII 码表对应的 ASCII 码值。ASCII 码表如表 2-4 所示。

表 2-4 ASCII 码表

ASCII 值	控制字符	ASCII 值	控制字符	ASCII 值	控制字符	ASCII 值	控制字符
0	NUT	10	LF	20	DC4	30	RS
1	SOH	11	VT	21	NAK	31	US
2	STX	12	FF	22	SYN	32	(space)
3	ETX	13	CR	23	TB	33	!
4	EOT	14	SO	24	CAN	34	"
5	ENQ	15	SI	25	EM	35	#
6	ACK	16	DLE	26	SUB	36	$
7	BEL	17	DCI	27	ESC	37	%
8	BS	18	DC2	28	FS	38	&
9	HT	19	DC3	29	GS	39	,

续表

ASCII 值	控制字符	ASCII 值	控制字符	ASCII 值	控制字符	ASCII 值	控制字符
40	(	62	>	84	T	106	j
41	)	63	?	85	U	107	k
42	*	64	@	86	V	108	l
43	+	65	A	87	W	109	m
44	,	66	B	88	X	110	n
45	-	67	C	89	Y	111	o
46	.	68	D	90	Z	112	p
47	/	69	E	91	[	113	q
48	0	70	F	92	/	114	r
49	1	71	G	93	]	115	s
50	2	72	H	94	^	116	t
51	3	73	I	95	—	117	u
52	4	74	J	96	、	118	v
53	5	75	K	97	a	119	w
54	6	76	L	98	b	120	x
55	7	77	M	99	c	121	y
56	8	78	N	100	d	122	z
57	9	79	O	101	e	123	{
58	:	80	P	102	f	124	|
59	;	81	Q	103	g	125	}
60	<	82	R	104	h	126	~
61	=	83	X	105	i	127	DEL

表 2-4 中出现的控制字符在表 2-5 中做个简单说明。

表 2-5 控制字符说明表

NUL 空	VT 垂直制表	SYN 空转同步
SOH 标题开始	FF 走纸控制	ETB 信息组传送结束
STX 正文开始	CR 回车	CAN 作废
ETX 正文结束	SO 移位输出	EM 纸尽
EOY 传输结束	SI 移位输入	SUB 换置
ENQ 询问字符	DLE 空格	ESC 换码
ACK 承认	DC1 设备控制 1	FS 文字分隔符
BEL 报警	DC2 设备控制 2	GS 组分隔符
BS 退一格	DC3 设备控制 3	RS 记录分隔符
HT 横向列表	DC4 设备控制 4	US 单元分隔符
LF 换行	NAK 否定	DEL 删除

在 Objective-C 语言中，还有一种特殊的字符，那就是转义字符，如表 2-6 所示。

表 2-6 常用的转义字符及其含义

转义字符	转义字符的意义	ASCII 代码
\n	换行	10
\t	横向跳到下一制表位置	9
\b	退格	8
\r	回车	13
\f	走纸换页	12
\\	反斜线符 "\"	92
\'	单引号符	39
\"	双引号符	34
\ddd	1~3 位八进制数所代表的字符	
\xhh	1~2 位十六进制数所代表的字符	

2.1.2 常用数据类型的输出

我们将常用数据类型的输出为大家做了一个总结,如表 2-7 所示。

表 2-7 常用数据类型的输出

数据类型		输出格式
整型	十进制数	%i
	八进制数	%o、%#o(带前缀)
	十六进制数	%x、%#x(带前缀)
浮点型		%f
字符型		%c

【示例 2-1】 以下程序用来输出十进制数、八进制数、十六进制、浮点型和字符型数据。程序代码如下:

```
01  #import <UIKit/UIKit.h>
02  #import "AppDelegate.h"
03  int main(int argc, char *argv[])
04  {
05      @autoreleasepool {
06          NSLog(@"%i",10);              //输出十进制
07          NSLog(@"%#o",10);             //输出八进制
08          NSLog(@"%x",10);              //输出十六进制
09          NSLog(@"%f",10.2255);         //输出浮点型
10          NSLog(@"%c",'a');             //输出字符
11      }
12  }
```

运行结果如图 2.2 所示。

2.1.3 Objective-C 专用的数据类型

在 Objective-C 中,还有一些数据类型是在 Objective-C 语言中专用的。我们将这些专

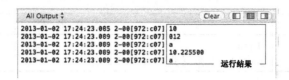

图 2.2　示例 2-1 运行结果

用的数据类型及它们的功能为大家做了一个总结，如表 2-8 所示。

表 2-8　Objective-C 专用的数据类型

数 据 类 型	功　　能
id	id 类型是一个独特的数据类型，可以转换为任何数据类型
BOOL	BOOL 类型的结果有两种，一种是 1，一种是 0
enum	将值一一列出
SEL	选择器的一个类型
Class	类的一个类型
nil 和 Nil	nil 表示一个 Objective-C 对象

表 2-8 中的专用数据类型中，我们在这里只要求大家了解，不做深入的研究。

2.2　变量和常量

在 Objective-C 编程语言中，我们经常使用变量和常量。其中，变量所代表的值在程序中是可以改变的，常量所代表的值在程序中是固定不变的，并且是不可以改变的。本节将主要为大家讲解变量和常量的声明以及定义等相关知识。

2.2.1　变量

在程序代码中，变量是用来指代一个可能变化的数据。在使用每个变量的时候，都需要声明和定义，然后再使用。声明用来说明该标识符被作为一个变量来使用。定义是指定该变量所指代的数据类型。由于变量的声明和定义同时进行，所以将变量的声明和定义合并称为变量的定义。定义变量的语法形式如下：

```
type Variable_list;
```

其中，type 为数据类型，Variable_list 为变量列表。在 Objective-C 中，常见的变量类型有 5 种，我们将常见的变量类型，以及它们定义的形式为大家做了一个总结，如表 2-9 所示。

表 2-9　变量类型及定义形式

变 量 类 型	定　义　形　式
整型变量	int a; 其中 int 为数据类型，a 为变量名
浮点型变量	float a; 其中 float 为数据类型，a 为变量名

续表

变量类型	定义形式
字符型变量	char a; 其中 char 为数据类型，a 为变量名
id 变量	id a; 其中 id 为数据类型，a 为变量名
枚举类型的变量	enum　sex{male,female}; 在定义了一个枚举类型以后，这个枚举类型只能指派 male 和 female 两种值。如果指定其他的值，Objective-C 编译器不会发出警告

【示例 2-2】 以下程序定义了几个变量。变量的类型有整型、浮点型和字符型。程序代码如下：

```
01  #import <UIKit/UIKit.h>
02  #import "AppDelegate.h"
03  int main(int argc, char *argv[])
04  {
05      @autoreleasepool {
06          int a=10;                    //声明并定义整型变量
07          float b=10.12;               //声明并定义浮点型变量
08          char c='a';                  //声明并定义字符型变量
09          NSLog(@"%i\n",a);            //输出整型变量
10          NSLog(@"%f\n",b);            //输出浮点型变量
11          NSLog(@"%c\n",c);            //输出字符型变量
12      }
13  }
```

在此程序中，需要注意，代码是在 main.m 文件中进行编写的。代码编写好以后，单击 Run 按钮，就可以运行结果了，如图 2.3 所示。

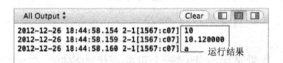

图 2.3　示例 2-2 运行结果

在声明变量的时候需要注意以下几点。

1. 变量名

在声明和定义变量时，变量名只能是用户标识符，不能是关键字。否则，就会出现错误提示。

【示例 2-3】 以下程序定义了一个变量名为关键字的变量，导致程序出现错误。代码如下：

```
01  #import <UIKit/UIKit.h>
02  #import "AppDelegate.h"
03  int main(int argc, char *argv[])
04  {
05      @autoreleasepool {
06          int for;                     //声明变量
07      }
08  }
```

由于我们声明的变量使用了关键字 for，所以就会出现错误提示信息，如图 2.4 所示。

2. 定义多个相同类型的变量

有时为了满足某种要求，我们不得不定义多个相同类型的变量。这时，我们就可以将这相同类型的变量放在一起同时进行定义。

> Expected identifier or '('
>
> 图 2.4　错误信息

【示例 2-4】下面定义 3 个整形变量 a、b 和 c。

```
01  int a;
02  int b;
03  int c;
```

以上 3 个变量的定义可以简化为以下形式：

```
int a,b,c;
```

3. 定义多个不同类型的变量

有时候，可能会定义多个不同类型的变量。变量类型相同时，可定义在一起；变量的类型不同时，分开定义。

【示例 2-5】下面定义了 3 个整型变量 a、b、c 和两个浮点型变量 d、e。

```
01  int a;
02  int b;
03  int c;
04  float d;
05  float e;
```

以上五个变量的定义可以简化为以下形式：

```
int a,b,c;
float d,e;
```

4. 变量要先定义后使用

我们在使用变量之前，必须要先对其进行定义，然后才能使用。如果变量没有定义就使用，那么程序就会出现错误。

【示例 2-6】以下程序没有对变量进行定义就直接使用，所以程序出现错误。程序代码如下：

```
01  #import <UIKit/UIKit.h>
02  #import "AppDelegate.h"
03  int main(int argc, char *argv[])
04  {
05      @autoreleasepool {
06          int a;
07          a=10+b;
08          NSLog(@"%i",a);
09      }
10  }
```

在此程序中，由于变量 b 没有进行定义，所以程序就会出现错误，错误提示信息如图 2.5 所示。

2.2.2 常量

在程序代码中，常量是用来指代一个不能变化的数据。大家以前都学习过常数，并且常数在程序中经常直接出现，例如以下形式：

> Use of undeclared identifier 'b'

图 2.5　错误提示信息

```
123、12.5、'a'
```

常量的声明及定义形式如下：

```
const type variable_list;
```

其中，const 是定义常量的关键字；type 指定常量的数据类型；variable_list 指定常量的名称。常量的类型和变量的类型一样，分为整型常量、浮点型常量、字符型常量、字符串型常量和符号型常量。如果我们要定义一个整型常量 a，它的形式如下：

```
cons tint a;
```

【示例 2-7】 以下程序使用 const 定义了 3 个常量，分别为整型常量、字符常量和字符串常量，并将它们赋值后输出，程序代码如下：

```
01  #import <UIKit/UIKit.h>
02  #import "AppDelegate.h"
03  int main(int argc, char *argv[])
04  {
05      @autoreleasepool {
06          const int a=10;               //声明整型常量
07          const char c='a';             //声明字符常量
08          NSLog(@"%i",a);               //输出整型常量
09          NSLog(@"%c",c);               //输出字符常量
10          NSLog(@"Hello World");        //输出字符串常量
11      }
12  }
```

单击 Run 按钮，就可以运行结果了，如图 2.6 所示。

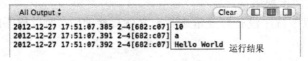

图 2.6　示例 2-7 运行结果

相比于变量的类型，常量的类型中多了一个符号常量。所谓符号常量就是用一个标识符来代表的常量。

【示例 2-8】 以下程序通过使用符号常量来给变量 b 进行赋值，程序代码如下：

```
01  #import <UIKit/UIKit.h>
02  #define a 10                          //符号常量
03  #import "AppDelegate.h"
04  int main(int argc, char *argv[])
05  {
06      @autoreleasepool {
07          int b;                        //定义变量
```

```
08          b=a;                        //赋值
09          NSLog(@"%i",b);             //输出
10      }
11  }
```

在此程序中，所有的 a 都会被 10 取代，运行结果如图 2.7 所示。

图 2.7　示例 2-8 运行结果

在常量中我们需要注意，常量的值在程序中时不能改变的，否则程序或出现错误。

【示例 2-9】　以下程序由于整型常量值的改变而出现错误，程序代码如下：

```
01  #import <UIKit/UIKit.h>
02  #import "AppDelegate.h"
03  int main(int argc, char *argv[])
04  {
05      @autoreleasepool {
06          const int a=10;             //定义常量
07          a=a+1;
08          NSLog(@"%i",a);
09      }
10  }
```

在此程序中，因为 a 是常量，原本是不可以改变值的，但是现在我们将 a 的值改变了，所以出现了错误，如图 2.8 所示。

图 2.8　错误提示

2.3　运　算　符

在 Objective-C 中，提供了丰富的运算符。它们在程序中发挥了重要的作用，其功能是执行运算，会针对一个以上的操作数来进行运算。本节将为大家讲解 Objective-C 中的运算符、运算符的优先级及类型转换。

2.3.1　算术运算符

所谓算术运算符就是我们常用的加、减、乘、除和取余运算。算术运算为双目运算，我们将 Objective-C 中的算术运算符为大家做了一个总结，如表 2-10 所示。

表 2-10　算术运算符

运算符名称	符　号	功　能	结　合　性
加法运算符	+	将两个数相加	左到右
减法运算符	-	将两个数相减	
乘法运算符	*	将两个数相乘	
除法运算符	/	将两个数相除	
取模运算符	%	取两个数相除后的余数	

在表 2-10 中，当我们要进行多个运算时，一定要注意运算的先后顺序即运算的优先级。

算术运算符的优先级别如图 2.9 所示。

图 2.9 优先级

算术运算符构成的表达式称为算术表达式，算术表达式的语法如下：

操作数　算术运算符　操作数

其中，操作数一般是整数和浮点数。操作数不仅可以为整数，还可以为负数。

【示例 2-10】 以下程序通过使用算术运算符来实现表达式。程序代码如下：

```
01  #import <UIKit/UIKit.h>
02  #import "AppDelegate.h"
03  int main(int argc, char *argv[])
04  {
05      @autoreleasepool {
06          int a=10;
07          int b=-2;
08          int c;
09          c=a+b*a-b+a%b-a/b;                  //算术表达式
10          NSLog(@"%i",c);
11      }
12  }
```

在此程序中，需要注意，在运算的时候要遵守算术运算符的优先级。运行结果如图 2.10 所示。

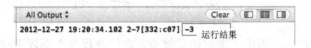

图 2.10 示例 2-10 运行结果

2.3.2 自增、自减运算符

自增、自减运算符其实就是使变量的值自加或自减 1。自增、自减运算符是单目运算。它们的结合行为右结合性。

1. 自增运算符

所谓自增运算符，其实就是使变量的值自加 1，它可以写为"++"。自增表达式的形式有两种，一种是前缀自增，一种是后缀自增。语法形式如下：

++变量名；   //前缀自加
变量名++；   //后缀自加

【示例 2-11】 以下程序通过自增运算符实现运算。程序代码如下：

```
01  #import <UIKit/UIKit.h>
02  #import "AppDelegate.h"
```

```
03    int main(int argc, char *argv[])
04    {
05        @autoreleasepool {
06            int a=9;                    //定义变量并赋值
07            NSLog(@"%i",a++);           //输出 a++的值
08            NSLog(@"%i",++a);           //输出++a 的值
09        }
10    }
```

在此程序中,我们需要注意++a 和 a++所产生的结果是不一样的,++a 是先执行+1,再输出;而 a++则是先输出,后执行+1。a++也可以写为 a=a+1。运行结果如图 2.11 所示。

图 2.11 示例 2-11 运行结果

2. 自减运算符

所谓自减运算符,其实就是使变量的值自减 1,它可以写为 "--"。自增表达式的形式有两种,一种是前缀自减,一种是后缀自减,语法形式如下:

```
--变量名;                               //前缀自减
变量名--;                               //后缀自减
```

【示例 2-12】 以下程序通过使用自减运算符实现运算。程序代码如下:

```
01    #import <UIKit/UIKit.h>
02    #import "AppDelegate.h"
03    int main(int argc, char *argv[])
04    {
05        @autoreleasepool {
06            int a=10;    //定义变量并赋值
07            NSLog(@"%i",a--);           //输出 a--的值
08            NSLog(@"%i",--a);           //输出--a 的值
09        }
10    }
```

在此程序中需要,--a 和 a--的运算结果是不一样的。运行结果如图 2.12 所示。

图 2.12 示例 2-12 运行结果

2.3.3 赋值运算

赋值运算就是给变量进行赋值。在 Objective-C 语言中,赋值运算符分为两种,一种是单一的赋值运算符,一种是复合赋值运算符。

1. 单一的赋值运算符

单一的赋值运算符使用 "=" 来实现的,语法形式如下:

操作数=操作数；

在程序中指定赋值是双目的。

【示例2-13】 以下程序通过赋值运算符实现赋值。程序代码如下：

```
01  #import <UIKit/UIKit.h>
02  #import "AppDelegate.h"
03  int main(int argc, char *argv[])
04  {
05      @autoreleasepool {
06          int a;                  //定义变量
07          a=10;                   //赋值
08          NSLog(@"%i",a);         //输出
09      }
10  }
```

在此程序中，变量定义和赋值是一起进行的，如下：

`int a=10;`

运行结果如图 2.13 所示。

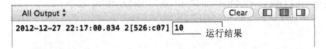

图 2.13　示例 2-13 运行结果

2. 复合赋值运算

有时为了书写方便，可以将赋值的运算合并起来写，如下：

`a=a+5;`

可以写为：

`a+=5;`

大家现在看到的"+="就为复合赋值运算符。我们将 Objective-C 中所用到的复合赋值运算符为大家做了一个总结，如表 2-11 所示。

表 2-11　复合赋值运算符

符　　号	使用方法	等效形式	功　　能
*=	a*=b	a=a*b	乘后赋值
/=	a/=b	a=a/b	除后赋值
%=	a%=b	a=a%b	取余后赋值
+=	a+=b	a=a+b	加后赋值
-=	a-=b	a=a-b	减后赋值
<<=	a<<=b	a=a<<b	左移后赋值
>>=	a>>=b	a=a>>b	右移后赋值
&=	a&=b	a=a&b	按位与后赋值
^=	a^=b	a=a^b	按位异或后赋值
|=	a|=b	a=a|b	按位或后赋值

复合运算符应用的形式如下：

操作数 复合赋值运算符 操作数;

【示例 2-14】 以下程序通过复合赋值运算符为变量进行了赋值。程序代码如下：

```
01  #import <UIKit/UIKit.h>
02  #import "AppDelegate.h"
03  int main(int argc, char *argv[])
04  {
05      @autoreleasepool {
06          int a;                    //定义变量
07          a=5;                      //为变量赋值
08          a+=10;                    //使用复合赋值运算为变量赋值
09          NSLog(@"%i",a);           //输出
10      }
11  }
```

运行结果如图 2.14 所示。

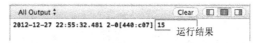
运行结果

图 2.14　示例 2-14 运行结果

2.3.4　位运算符

位是用于描述计算机数据量的最小单位。二进制系统中，每个 0 或 1 就是一个位。位运算是指按二进制进行的运算。Objective-C 的位运算是直接对整型数据的位进行操作，这些数据类型包括有符号或无符号的 char、short、int 和 long 类型。Objective-C 的位运算如表 2-12 所示。

表 2-12　位运算符

位运算符符号	位运算符名称	作　　用	结合性
&	按位与	两个相应的二进制位都为 1，则该位为 1，否则为 0	左到右
|	按位或	两个相应的二进制位中只要有一个为 1，则该位为 1	左到右
^	按位异或	两个相应的二进制位值相同则为 0，否则为 1	左到右
~	取反	将二进制数按位取反，即 0 变 1，1 变 0	右到左
<<	左移	将一个数的各二进制位全部左移 N 位，右补 0	左到右
>>	右移	将一个数的各二进制位全部右移 N 位，对于无符号位，高位补 0	左到右

在表 2-12 所示的运行结果中需要注意几个运算规则。

1．只有都为 1，结果才为 1

这句话是对"&"按位与运算的总结规则。这句话的意思为只要所对应的数都为 1 时，对应数的所得结果也为 1。例如：

1&0 结果为 0
0&1 结果为 0
0&0 结果为 0

1&1 结果为 1

2. 只要有 1，结果就为 1

这句话是对"|"按位或运算的总结规则。这句话的意思为所对应的数只要有一个为 1 时，对应数的所得结果才为 1。例如：

```
1|0 结果为 1
1|1 结果为 1
0|1 结果为 1
0|0 结果为 0
```

3. 相同为 0，不同为 1

这句话是对"^"按位异或运算总结规则。这句话的意思为只要所对应的数不相同，对应数的所得结果就为 1。例如：

```
1^0 结果为 1
1^1 结果为 0
0^1 结果为 1
0^0 结果为 0
```

4. 1 变 0，0 变 1

这句话是对"~"按位异或运算总结规则。这句话的意思是如果运算数的对应位为 1，那么就变为 0；如果运算数的对应位为 0，那么就变为 1。例如：

```
~1 结果为 0
~0 结果为 1
```

【示例 2-15】以下程序通过使用位运算符来实现按位与、按位或、按位异或及取反运算。程序代码如下：

```
01  #import <UIKit/UIKit.h>
02  #import "AppDelegate.h"
03  int main(int argc, char *argv[])
04  {
05      @autoreleasepool {
06          int a=1;
07          int b=2;
08          int c,d,e,f;
09          c=a&b;                    //按位与运算
10          NSLog(@"%i",c);
11          d=a|b;                    //按位或运算
12          NSLog(@"%i",d);
13          e=a^b;                    //按位异或运算
14          NSLog(@"%i",e);
15          f=~a;                     //取反运算
16          NSLog(@"%i",f);
17      }
18  }
```

在此程序中需要注意，在计算时，要将它们转换为二进制数。运行结果如图 2.15 所示。

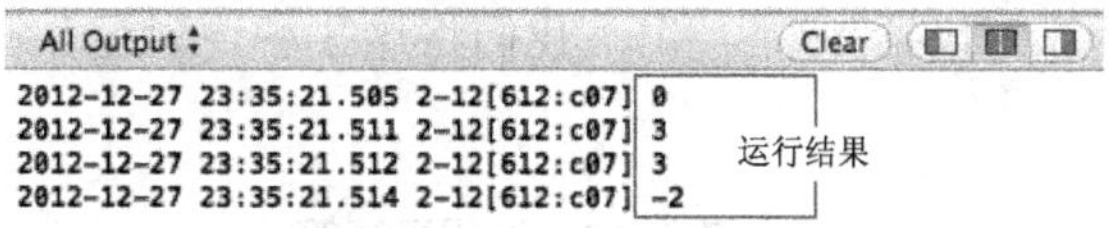

图 2.15　示例 2-15 运行结果

2.3.5　关系运算符

关系运算符用于比较运算，我们将关系运算符为大家做了一个总结，如表 2-13 所示。

表 2-13　关系运算符

运算符	运算符名称	功　　能	实　　例	结　　果
<	小于	若 a<b，结果为 true，否则为 flase	2<3	YES
<=	小于等于	若 a<=b，结果为 true，否则为 flase	7<=3	NO
>	大于	若 a>b，结果为 true，否则为 flase	7>3	YES
>=	大于等于	若 a>=b，结果为 true，否则为 flase	3>=3	YES
==	等于	若 a==b，结果为 true，否则为 flase	7==3	NO
!=	不等于	若 a!=b，结果为 true，否则为 flase	7!=3	YES

在表 2-13 中需要注意，关系运算符是在进行运算时使用顺序的，其中<、<=、>和>= 的优先级高于==和!=。它们运算的结果为 BOOL 类型的数值。当运算符成立，结果就为真（YES 或 1）；当运算符不成立，结果就为假（NO 或 0）。

【示例 2-16】　以下程序使用关系运算符来判断 10 和 5 的关系。程序代码如下：

```
01  #import <UIKit/UIKit.h>
02  #import "AppDelegate.h"
03  int main(int argc, char *argv[])
04  {
05      @autoreleasepool {
06          int a,b,c,d,e;
07          a=10;
08          b=5;
09          c=a<b;              //判断 10<5 的结果是否正确
10          NSLog(@"%i",c);
11          d=a>b;              //判断 10>5 的结果是否正确
12          NSLog(@"%i",d);
13          e=a!=b;             //判断 a!=b 的结果是否正确
14          NSLog(@"%i",e);
15      }
16  }
```

运行结果如图 2.16 所示。

图 2.16　示例 2-16 运行结果

2.3.6　逻辑运算符

在很多的时候，语句要满足多个条件才可以继续向下执行后面的语句，这时，就需要

逻辑运算符。逻辑运算符包括&&、||和!，我们将这3种逻辑运算符为大家做了一个总结，如表2-14所示。

表2-14 逻辑运算符

逻辑运算符	名称	使用形式	功能
&&	逻辑与	(表达式1)&&(表达式2)&&…	参与运算的表达式都为真时，结果才为真
||	逻辑或	(表达式1)||(表达式2)||…	参与运算的表达式中只要有一个表达式为真，结果就为真
!	逻辑非	!表达式	参与运算的表达式为真，结果就为假，表达式为假，结果就为真

【示例2-17】 以下程序使用了逻辑运算符，判断多个表达式。程序代码如下：

```
01  #import <UIKit/UIKit.h>
02  #import "AppDelegate.h"
03  int main(int argc, char *argv[])
04  {
05      @autoreleasepool {
06          NSLog(@"%i",(3<2)&&(10>9));     //输出逻辑与运算后的结果
07          NSLog(@"%i",(3<2)||(10>9));     //输出逻辑或运算后的结果
08          NSLog(@"%i",!(3<2));            //输出逻辑非运算后的结果
09      }
10  }
```

运算结果如图2.17所示。

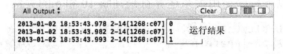

图2.17　示例2-17运行结果

2.3.7 求字节运算符

sizeof是求字节运算符。当我们想要计算数据类型所占的字节数时，就要使用求字节运算符。语法形式如下：

```
sizeof(类型名或表达式);
```

【示例2-18】 以下程序通过使用sizeof来计算整型、浮点型和字符型在计算机中所占的字节数。程序代码如下：

```
01  #import <UIKit/UIKit.h>
02  #import "AppDelegate.h"
03  int main(int argc, char *argv[])
04  {
05      @autoreleasepool {
06          int a,b,c;
07          a=sizeof(int);              //求整型所占的字节数
08          NSLog(@"%i",a);
09          b=sizeof(float);            //求浮点型所占的字节数
10          NSLog(@"%i",b);
11          c=sizeof(char);             //求字符型所占的字节数
12          NSLog(@"%i",c);
```

```
13    }
14  }
```

运行结果如图 2.18 所示。

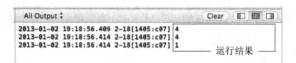

图 2.18　示例 2-18 运行结果

2.3.8　特殊的运算符

在 Objective-C 中还有一些特殊的运算符，如圆括号（()）、下标（[]）、成员（.）、负号（-）等。这几种运算符的符号、名称、使用方式和结合性如表 2-15 所示。

表 2-15　特殊的运算符

运算符	名　　称	使 用 方 式	结 合 方 向
[]	数组下标	数组名[常量表达式]	左到右
()	圆括号	(表达式) 方法名(参数表)	左到右
.	成员选择（对象）	对象名.成员名	左到右
-	负号运算符	-表达式	左到右

在表 2-15 所示的特殊运算符中，我们只要求大家知道圆括号和负号运算符。其他运算符会在以后为大家介绍。

【示例 2-19】　以下程序在进行运算时，使用了特殊的运算符。程序代码如下：

```
01  #import <UIKit/UIKit.h>
02  #import "AppDelegate.h"
03  int main(int argc, char *argv[])
04  {
05      @autoreleasepool {
06          int a=100,b=200,c=300,d;
07          int e=-50;
08          d=(a+b+c)+e-100/b*e;
09          NSLog(@"%i",d);
10      }
11  }
```

运行结果如图 2.19 所示。

图 2.19　示例 2-19 运行结果

2.3.9　运算符的优先级

所谓优先级就是运算时的先后顺序。运算符的优先级共分为 15 级，1 级最高，15 级最低。我们将运算符的优先级以及运算符的表示形式、结合性为大家做了一个总结，如表 2-16 所示。

表 2-16 运算符

优先级	运算符	功能说明	表示形式	结合方向	目数
1	[]	数组下标	数组名[常量表达式]	左到右	
	()	改变优先级	(表达式) 方法名（参数表）		
	.	成员选择（对象）	对象名.成员名		
2	-	负号运算符	-表达式	右到左	单目运算符
	(类型)	强制类型转化	(数据类型)表达式		
	++	自增运算符	++变量名 变量名++		单目运算符
	--	自减运算符	--变量名 变量名--		单目运算符
	*	取值运算符	*指针变量		单目运算符
	&	取地址运算符	&变量名		单目运算符
	!	逻辑非运算符	!表达式		单目运算符
	~	按位取反运算符	~表达式		单目运算符
	sizeof	长度运算符	sizeof(表达式)		
3	/	除	表达式/表达式	左到右	双目运算符
	*	乘	表达式*表达式		双目运算符
	%	余数（取模）	整数表达式%整数表达式		双目运算符
4	+	加	表达式+表达式	左到右	双目运算符
	-	减	表达式-表达式		双目运算符
5	<<	左移	变量<<表达式	左到右	双目运算符
	>>	右移	变量>>表达式		双目运算符
6	>	大于	表达式>表达式	左到右	双目运算符
	>=	大于等于	表达式>=表达式		双目运算符
	<	小于	表达式<表达式		双目运算符
	<=	小于等于	表达式<=表达式		双目运算符
7	==	等于	表达式==表达式	左到右	双目运算符
	!=	不等于	表达式!=表达式		双目运算符
8	&	按位与	表达式&表达式	左到右	双目运算符
	^	按位异或	表达式^表达式	左到右	双目运算符
	|	按位或	表达式|表达式	左到右	双目运算符
11	&&	逻辑与	表达式&&表达式	左到右	双目运算符
12	||	逻辑或	表达式||表达式	左到右	双目运算符
13	?:	条件运算符	表达式1?表达式2:表达式3	右到左	三目运算符

续表

优先级	运算符	功能说明	表示形式	结合方向	目数
14	=	赋值运算符	变量=表达式	右到左	
	/=	除后赋值	变量/=表达式		
	*=	乘后赋值	变量*=表达式		
	%=	取模后赋值	变量%=表达式		
	+=	加后赋值	变量+=表达式达式		
	-=	减后赋值	变量-=表达式		
	<<=	左移后赋值	变量<<=表达式		
	>>=	右移后赋值	变量>>=表达式		
	&=	按位与后赋值	变量&=表达式		
	^=	按位异或后赋值	变量^=表达式		
	|=	按位或后赋值	变量|=表达式		
15	,	逗号运算符	表达式,表达式,…	左到右	从左向右顺序运算

2.3.10 类型转换

在进行运算时，常常会使用到类型转换。下面，将主要讲解类型转换的两种方法，一种是自动转换，一种是强制类型转换。

1. 自动转换

当不同类型的数据混合在一起进行运算时，就会发生自动转换，自动转换是有规则的，如图 2.20 所示。

在图 2.20 所示的自动转换规则中，char 和 short 要向 int 型进行转换，int 向 unsigned 进行转换，unsigned 向 long 进行转换，long 和 float 向 double 转换。我们将自动转换的一种常用情况为大家做了一个总结，如表 2-17 所示。

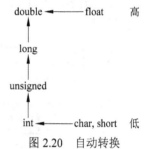

图 2.20 自动转换

表 2-17 自动转换的情况

情　　况	说　　明	示　　例
在计算一个同时出现多种数据类型的表达式时	在计算一个同时出现多种数据类型的表达式时，就会把出现的所有的数据类型都转换为同一种数据类型	float a=10,b=10;; int c; c=a+b;//把int转转为float

利用赋值运算	利用赋值运算符当出现运算符右边表达式的数据类型和左边的数据类型不一致时，将会把右边的计算结果的类型转换为和左边一样的数据类型	int a=10;
		float b;
		b=a;//把整型变量a的值赋值给浮点型变量b

【示例 2-20】 以下程序实现数据类型的自动转换。程序代码如下：

```
01  #import <UIKit/UIKit.h>
02  #import "AppDelegate.h"
03  int main(int argc, char *argv[])
```

```
04  {
05      @autoreleasepool {
06          int a=10,b=100,d;
07          float c;
08          c=a+b;
09          NSLog(@"%f",c);
10          d=c;
11          NSLog(@"%i",d);
12      }
13  }
```

运行结果如图 2.21 所示。

运行结果

图 2.21 示例 2-20 运行结果

2．强制转换

如果自动转换的数据类型不是我们想要的数据类型，那么可以通过强制转换将其转换为我们想要的数据类型。强制转换的语法形式如下：

(类型说明符)(表达式或变量);

【示例 2-21】 以下程序通过使用强制类型转换，将浮点型数据转换为整型输出。程序代码如下：

```
01  #import <UIKit/UIKit.h>
02  #import "AppDelegate.h"
03  int main(int argc, char *argv[])
04  {
05      @autoreleasepool {
06          int a=100,b=20;
07          float c;
08          c=a+b;
09          NSLog(@"%f",c);
10          NSLog(@"%i",(int)c);           //强制转换为整型输出结果
11      }
12  }
```

运行结果如图 2.22 所示。

运行结果

图 2.22 示例 2-21 运行结果

2.4 程序控制结构

很多的时候，编写的程序都不是简单的结构，而是很复杂的组合。所以为了实现控制功能，它们各自有一组相关的控制语句。本节将为大家讲解 Objective-C 语言中的 3 种基本

控制结构：顺序结构、选择结构和循环结构。

2.4.1 顺序结构

程序控制结构中最简单的结构就是顺序结构，它的执行顺序就是自上而下的。

【示例2-22】 以下程序是求三角形的面积。程序代码如下：

```
01  #import <UIKit/UIKit.h>
02  #import "AppDelegate.h"
03  int main(int argc, char *argv[])
04  {
05      @autoreleasepool {
06          int a=10;
07          NSLog(@"底为%i",a);
08          int b=10;
09          NSLog(@"高位%i",b);
10          float c;
11          c=a*b/2;
12          NSLog(@"三角形的面积为%f",c);
13      }
14  }
```

此程序执行的顺序就是自上而下执行的。运行结果如图2.23所示。

图 2.23　示例 2-22 运行结果

2.4.2 选择结构

选择结构是指在满足某一条件时执行某一语句。在 Objective-C 中，经常使用条件运算符和 if 语句来进行条件运算符。

1. 条件运算语句

条件运算语句是最简单的选择结构。它的语法形式如下：

表达式1 ? 表达式2 : 表达式3

其中，表达式 1 通常是由关系运算符组成的表达式也就是关系表达式。如果表达式 1 的结果为真，就执行表达式 2，表达式 2 的结果就是该运算的结果；如果表达式 1 的结果为假，那么，就会执行表达式 3，表达式 3 的结果就为该运算的结果。

【示例2-23】 以下程序通过使用条件运算语句，求变量 a 和 b 中的最大值。程序代码如下：

```
01  #import <UIKit/UIKit.h>
02  #import "AppDelegate.h"
03  int main(int argc, char *argv[])
04  {
05      @autoreleasepool {
06          int a=10,b=100;
07          int c;
```

```
08          c=a>b?a:b;                          //判断a和b哪个值大
09          NSLog(@"最大值为%i",c);
10      }
11  }
```

运行结果如图2.24所示。

2. if 语句

if 语句是用来判断所给定的条件是否满足，根据判断的结果执行不同的语句。if 语句有3种用法。

（1）if 语句

if 语句的语法形式如下：

```
if(表达式)
    语句
```

其中，表达式为真时，执行语句；否则执行 if 之外的语句。在这里需要注意语句可以是一条语句，也可以是多条语句。它的流程图如图2.25所示。

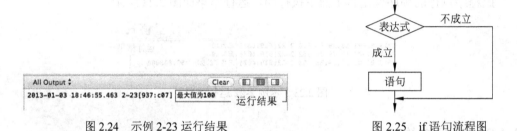

图2.24　示例2-23运行结果　　　　　　图2.25　if 语句流程图

【示例2-24】以下程序通过使用 if 语句来判断变量 a 和 b 中的最大值。程序代码如下：

```
01  #import <UIKit/UIKit.h>
02  #import "AppDelegate.h"
03  int main(int argc, char *argv[])
04  {
05      @autoreleasepool {
06          int a=10,b=20;
07          if(a>b)                             //判断a和b的值的大小
08          {
09              NSLog(@"最大值为%i",a);
10          }
11          NSLog(@"最大值为%i",b);
12      }
13  }
```

在此程序中，当 a>b 为真时，就会输出变量 a 的值；当 a>b 为假时，就会输出变量 b 的值。运行结果如图2.26所示。

图2.26　示例2-24运行结果

（2）if else 语句

if else 语句的语法形式如下：

```
if(表达式)
    语句1
else
    语句2
```

其中，当表达式的条件成立时，就执行 if 后面的语句 1；当表达式的条件不成立时，就执行语句 2。在这里需要注意，语句 1 和语句 2，可以是一条语句，也可以是多条语句。它的流程图如图 2.27 所示。

【示例 2-25】以下程序使用 if else 语句，实现求变量 a 和 b 中的最大值。程序代码如下：

```
01  #import <UIKit/UIKit.h>
02  #import "AppDelegate.h"
03  int main(int argc, char *argv[])
04  {
05      @autoreleasepool {
06          int a=10,b=20;
07          if(a>b)
08          {
09              NSLog(@"最大值为%i",a);
10          }
11          else
12          {
13              NSLog(@"最大值为%i",b);
14          }
15      }
16  }
```

在此程序中，当 a>b 为真时，就会输出变量 a 的值；当 a>b 为假时，执行 else 后面的语句输出变量 b 的值。运行结果如图 2.28 所示。

图 2.27　if else 语句流程图　　　　　　图 2.28　示例 2-25 运行结果

（3）else if 语句的嵌套

else if 语句的嵌套语法形式如下：

```
if(表达式1)
语句1
else if(表达式2)
    语句2
else if(表达式3)
    语句3
…
else if(表达式m)
    语句m
  else
```

语句 n

其中，当表达式 1 成立时执行语句 1；不成立时，就判断表达式 2，成立则执行语句 2；不成立就判断表达式 3，以此类推。

【示例 2-26】以下程序通过使用 else if 语句的嵌套形式，将变量 a 的值输出。程序代码如下：

```
01  #import <UIKit/UIKit.h>
02  #import "AppDelegate.h"
03  int main(int argc, char *argv[])
04  {
05      @autoreleasepool {
06          int a;
07          a=3;
08          if(a==1)
09              NSLog(@"a=1");
10          else if(a==2)
11              NSLog(@"a=2");
12          else
13              NSLog(@"a=3");
14      }
15  }
```

在此程序中，先判断 a 是否等于 1，如果条件成立，就输出 a=1；如果不成立，就判断 a 是否为 2，条件成立，输出 a=2；不成立则输出 a=3。运行结果如图 2.29 所示。

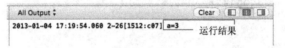

图 2.29　示例 2-26 运行结果

3. switch 语句

switch 语句也是多分支语句，它的语法形式如下：

```
switch(控制表达式)
{
  case 常量表达式:
      语句 1
      break;
  case 常量表达式:
      语句 2
      break;
  ...
  default:
      语句 3
      break;
}
```

其中，先计算表达式的值，并逐个与其后的常量或常量表达式的值相比较。当 switch 上的表达式的值与某个 case 下的常量表达式的值相等时，即执行其后的语句。

【示例 2-27】以下程序通过使用 switch 语句来实现输出变量 a 的值。程序代码如下：

```
01  #import <UIKit/UIKit.h>
02  #import "AppDelegate.h"
```

```
03    int main(int argc, char *argv[])
04    {
05        @autoreleasepool {
06            int a;
07            a=3;
08            switch (a) {                          //传递参数
09                case 1:
10                    NSLog(@"a=1");
11                    break;
12                case 2:
13                    NSLog(@"a=2");
14                    break;
15                case 3:
16                    NSLog(@"a=2");
17                    break;
18                default:
19                    NSLog(@"a=3");
20                    break;
21            }
22        }
23    }
```

在此程序中,我们传递的参数为 3,所以就要从 case 3 分支开始执行。运行结果如图 2.30 所示。

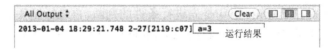

图 2.30 示例 2-27 运行结果

2.4.3 循环结构

循环结构是用来在指定的条件下多次重复执行同一组语句。在 Objective-C 中,常用的循环语句形式主要有 3 种:for 语句、while 语句和 do while 语句。本小节主要讲解这 3 种形式。

1. while 语句

while 语句是最简单的循环语句,它的语法形式如下:

```
while(表达式)
    语句
```

其中,表达式就是循环条件,在 while 循环语句执行时,首先要进行条件的判断,当条件成立时就执行语句,当条件不成立了,就跳出循环。

【示例 2-28】以下程序通过使用 while 循环语句,求 1+2+3…+100 的和。程序代码如下:

```
01    #import <UIKit/UIKit.h>
02    #import "AppDelegate.h"
03    int main(int argc, char *argv[])
04    {
05        @autoreleasepool {
06            int i=1;
07            int sum=0;
08            while (i<101) {          //判断循环的条件
09                sum=sum+i;
```

```
10            i++;
11        }
12        NSLog(@"sum=%i",sum);
13    }
14 }
```

运行结果如图 2.31 所示。

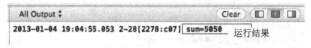

图 2.31　示例 2-28 运行结果

2. do while 语句

do while 语句也是循环语句的一种，它的语法形式如下：

```
do
   语句
while(条件表达式)
```

其中，当 do while 语句开始执行时，先执行一遍 do 下面的语句，再进行 while 中的条件判断，当条件为真时，再执行 do 后面的语句；当条件为假时，就跳出 do while 循环。它和 while 语句的区别在于 while 语句是先进行条件的判断,再进行循环语句的执行。在 while 语句中，循环语句有可能一次也不执行。do while 语句不管条件成立与否，循环体至少被执行一次。

【示例 2-29】 以下程序通过使用 do while 循环语句，求 1+2+3+4+5+…+100 的和。程序代码如下：

```
01 #import <UIKit/UIKit.h>
02 #import "AppDelegate.h"
03 int main(int argc, char *argv[])
04 {
05     @autoreleasepool {
06         int i=1;
07         int sum=0;
08         do{
09             sum+=i;
10             i++;
11         }while (i<101);
12         NSLog(@"sum=%i",sum);
13     }
14 }
```

运行结果如图 2.32 所示。

图 2.32　示例 2-29 运行结果

3. for 语句

for 语句的语法形式如下：

```
for(表达式1;表达式2;表达式3)
    语句
```

其中，表达式 1 为在循环开始前设置的初始值，表达式 2 为循环的条件，表达式 3 为对循环控制的增量定义的循环控制变量每循环一次后按什么方式变化。它的执行顺序为程序先求解表达式 1，再求解表达式 2，若条件成立，则执行 for 语句中指定的内嵌语句。然后，执行求解表达式 3；若条件不成立，则结束循环，执行 for 语句下面的一个语句。求解表达式 3，再求解表达式 2。依次执行。最后循环结束，执行 for 语句下面的一个语句。

【示例 2-30】 以下程序通过使用 for 循环语句，求 1+2+3+4+5+…+100 的和。程序代码如下：

```
01  #import <UIKit/UIKit.h>
02  #import "AppDelegate.h"
03  int main(int argc, char *argv[])
04  {
05      @autoreleasepool {
06          int i;
07          int sum=0;
08          for(i=0;i<101;i++){
09              sum+=i;
10          }
11          NSLog(@"sum=%i",sum);
12      }
13  }
```

运行结果如图 2.33 所示。

图 2.33 示例 2-30 运行结果

2.4.4 特殊的转折语句

在循环体中，我们有时要提前结束某一次循环，或者在某一次条件下不执行某条语句，那么，就要使用 Objective-C 提供的特殊的转折语句。它们有 3 种：break、continue 和 return。

1. break

break 语句可用在循环语句中，也可以用在 switch 语句中。当 break 语句用于循环语句中时，可以使程序立即终止循环，而执行循环后面的语句。当 break 用于 switch 中时，可使程序跳出 switch 而执行 switch 以后的语句。

【示例 2-31】 以下程序在 for 循环语句中使用了 break。程序代码如下：

```
01  #import <UIKit/UIKit.h>
02  #import "AppDelegate.h"
03  int main(int argc, char *argv[])
04  {
05      @autoreleasepool {
```

```
06      int i=0;
07      for(i=0;i<=10;i++){
08          if(i==5)
09          {
10              break;              //结束循环
11          }
12          NSLog(@"%i",i);
13      }
14  }
15 }
```

运行结果如图 2.34 所示。

2. continue

continue 通常也使用在循环语句中,但是它的功能和 break 是有区别的,它的功能是结束本次循环,进入下一次循环。

【示例 2-32】 以下程序在 for 语句中使用了 continue。程序代码如下:

```
01 #import <UIKit/UIKit.h>
02 #import "AppDelegate.h"
03 int main(int argc, char *argv[])
04 {
05     @autoreleasepool {
06         int i;
07         for(i=0;i<=10;i++){
08             if(i==5)
09             {
10                 continue;         //结束本次循环
11             }
12             NSLog(@"%i",i);
13         }
14     }
15 }
```

运行结果如图 2.35 所示。

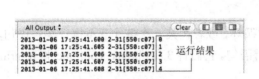

图 2.34 示例 2-31 运行结果

图 2.35 示例 2-32 运行结果

3. return

我们在程序中经常会使用到 return 语句,它的作用是控制程序返回到调用它的程序中,返回时可附带一个返回值。return 语句也可以用来提早结束程序的执行。

【示例 2-33】 以下程序在 for 循环中使用了 return 语句。程序代码如下:

```
01 #import <UIKit/UIKit.h>
02 #import "AppDelegate.h"
03 int main(int argc, char *argv[])
04 {
```

```
05      @autoreleasepool {
06          int i;
07          for(i=0;i<11;i++)
08          {
09              if(i==5)
10              {
11                  return 1;                //结束循环
12              }
13              NSLog(@"%i",i);
14          }
15      }
16  }
```

运行结果如图 2.36 所示。

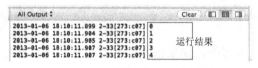

图 2.36　示例 2-33 运行结果

2.5　函　　数

在 Objective-C 语言的编写过程中,人们经常将常用的功能编写成函数,这样就可以将程序中的代码减少,增强程序的可读性。本节将主要讲解函数的两种形式的使用,一种为无参函数,一种为有参函数。本节还将为大家讲解函数的返回值以及函数的递归及嵌套调用。

2.5.1　函数简介

函数就是将有特定功能的语句组合在一起的形式。从不同的角度可以将函数分为不同的种类,如表 2-18 所示。

表 2-18　函数的分类

角　　度	分　　类
从用户使用角度可分为	标准库函数
	用户自定义库函数
从函数的参数角度可分为	无参函数
	有参函数

一个完整函数的语法形式如下:

```
函数返回值类型  函数名(参数表)            //函数头
{
    语句;
}
```

其中,语句可以为一条语句,也可以为多条语句。

2.5.2 无参函数的使用

所谓无参函数,也就是函数头的参数表为空。要想使用无参函数,首先要进行声明,然后再定义,最后就可以调用此函数了。无参函数的声明语法形式如下:

```
函数返回值类型 函数名();
```

声明好无参函数以后,就可以实现函数的某些功能了,我们称之为函数的定义。函数定义的语法形式如下:

```
函数返回值类型 函数名()
{
    语句
}
```

其中的语句是可以不写的,如果函数定义中没有语句,就是空语句,空语句是最简单的函数。函数定义好以后,就可以使用该函数了,这里称之为函数的调用。函数调用的形式如下:

```
函数名();
```

【示例 2-34】 以下程序定义了一个 print() 的无参函数,此函数的功能输出一行"Hello iPhone"的字符串。程序代码如下:

```
01  #import <UIKit/UIKit.h>
02  #import "AppDelegate.h"
03  void print();                              //函数声明
04  void print()                               //函数定义
05  {
06      NSLog(@"Hello iPhone");
07  }
08  int main(int argc, char *argv[])
09  {
10      @autoreleasepool {
11          print();                           //函数调用
12          return 0;
13      
14      }
15  }
```

此代码中需要注意,要是在主函数之前定义函数,就不用再写函数声明了。运行结果如图 2.37 所示。

图 2.37 示例 2-34 运行结果

2.5.3 有参函数的使用

所谓有参函数,也就是函数头的参数表不为空。要想使用有参函数,首先要进行声明,然后再定义,最后就可以调用此函数了。

第 2 章 Objective-C 语言基础

函数返回值类型 函数名(参数表);

函数声明好以后,就可以定义了,有参函数的定义语法如下:

函数返回值类型 函数名()
{
    语句
}

其中,参数表中的参数就是形式参数。所谓形式参数,就是在函数定义时,函数名后面括号中的变量名。当然,其中的语句也是可以不写的,不写语句,就变成了空函数。函数定义好以后,就可以调用了,语法形式如下:

函数名(参数表);

其中的参数也就是实参。

【示例 2-35】 以下程序定义了一个有参函数,此函数的功能是将主函数中的变量加 10 后输出。程序代码如下:

```
01  #import <UIKit/UIKit.h>
02  #import "AppDelegate.h"
03  void fun(int i)                        //有参函数的声明
04  {
05      i+=10;
06      NSLog(@"i=%i",i);
07  }
08  int main(int argc, char *argv[])
09  {
10      @autoreleasepool {
11          int j=100;
12          fun(j);                        //函数调用
13          return 0;
14      }
15  }
```

运行结果如图 2.38 所示。

图 2.38 示例 2-35 运行结果

2.5.4 函数的返回值

在函数中可以有返回值,也可以没有返回值。函数是否有返回值以及返回值的数据类型都是与函数声明有关的。

1. 返回某一数据类型的值

函数要返回某一数据类型,那么在函数定义的时候,就应该确定被返回值的数据类型。通常我们使用 return 语句来返回某一数据类型的值。return 语句使用的语法形式如下:

return(表达式);

在函数定义中，返回某一数据类型的值的语法形式如下：

```
函数返回值类型 函数名(参数表)                    //函数头
{
    语句;
    return(表达式);
}
```

【示例 2-36】 以下程序使用 return 语句，将函数的值返回。程序代码如下：

```
01  #import <UIKit/UIKit.h>
02  #import "AppDelegate.h"
03  int fun(int i)
04  {
05      i+=10;
06      return i;                              //返回函数的值
07  }
08  int main(int argc, char *argv[])
09  {
10      @autoreleasepool {
11          int j=100;
12          NSLog(@"j=%i",fun(j));
13      }
14  }
```

运行结果如图 2.39 所示。

图 2.39　示例 2-36 运行结果

2. 无返回值

如果在函数定义时使用了 void 类型，那么，函数是没有返回值的。

【示例 2-37】 以下程序使用 void 定义了函数的类型，但是使用了 return 语句，程序出现错误。程序代码如下：

```
01  #import <UIKit/UIKit.h>
02  #import "AppDelegate.h"
03  void fun(int i)
04  {
05      i+=10;
06      return i;
07  }
08  int main(int argc, char *argv[])
09  {
10      @autoreleasepool {
11
12      }
13  }
```

错误提示如图 2.40 所示。

> Void function 'fun' should not return a value

图 2.40　示例 2-37 运行结果

2.5.5 函数的嵌套和递归

在函数定义中,允许函数调用它的本身或调用其他的函数。接下来将主要讲解这两种函数的调用。

1. 函数的嵌套

所谓函数的嵌套,也就是在函数定义时,调用了一个或多个其他的函数。函数嵌套的语法形式如下:

```
函数返回值类型 函数名(参数表)
{
    …
    调用一个函数;
    …
}
```

其中,当函数可以返回具体的值后,函数的嵌套调用就结束了,然后就逐层返回。

【示例 2-38】 以下程序通过使用函数的嵌套,实现求 $s=1^2!+2^2!$。程序代码如下:

```
01  #import <UIKit/UIKit.h>
02  #import "AppDelegate.h"
03  int f1(int p)
04  {
05      int k;
06      int r;
07      int f2(int);                    //函数 f2 的声明
08      k=p*p;                          //求平方
09      r=f2(k);                        //调用 f2 函数
10      return r;
11  }
12  int f2(int q)                       //f2 函数实现的功能就是求阶乘
13  {
14      int c=1;
15      int i;
16      for(i=1;i<=q;i++)
17          c=c*i;
18      return c;
19  }
20  int main(int argc, char *argv[])
21  {
22      @autoreleasepool {
23          int i;
24          int s=0;
25          for(i=1;i<=2;i++)
26              s=s+f1(i);
27          NSLog(@"%i",s);
28      }
29  }
```

运行结果如图 2.41 所示。

图 2.41 示例 2-38 运行结果

2. 函数的递归

所谓函数的递归，也就是函数定义时，调用了函数本身。函数的递归调用是函数嵌套调用的一种特殊形式。它的语法如下：

```
函数返回值类型 函数名(参数表)
{
    …
    调用函数本身；
    …
}
```

其中，函数需要满足某一特定的条件才可以停止。

【示例 2-39】 以下程序通过使用函数的递归调用，求 sum=i!+2!+3!+4!+5!。程序代码如下：

```
01  #import <UIKit/UIKit.h>
02  int fun(int n)                          //fun 函数的功能是求阶乘
03  {
04      if(n==1)
05          return 1;
06      else
07          return n*fun(n-1);
08  }
09  #import "AppDelegate.h"
10  int main(int argc, char *argv[])
11  {
12      @autoreleasepool {
13          int i;
14          int sum=0;
15          for(i=1;i<=5;i++)
16          {
17              sum=sum+fun(i);
18          }
19          NSLog(@"sum=%i",sum);
20      }
21  }
```

运行结果如图 2.42 所示。

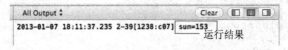

图 2.42　示例 2-39 运行结果

2.6 小　　结

本章主要为大家讲解了 Objective-C 语言的基础知识，其中包括数据类型、变量和常量、运算符、程序控制结构以及函数等相关方面的内容。本章的重点是数据类型转换、函数的嵌套和递归。通过学习本章，希望读者可以编写出简单的程序。

2.7 习　　题

【习题 2-1】 以下是一段程序代码，这段程序代码的功能是输出变量 b 的值，运行结果却出现了错误，请读者仔细阅读将代码进行修改。程序代码如下：

```
01  #import <UIKit/UIKit.h>
02  #import "AppDelegate.h"
03  int main(int argc, char *argv[])
04  {
05      @autoreleasepool {
06          a=5;
07          NSLog(@"%i",a);
08      }
09  }
```

错误提示如图 2.43 所示。正确的运行结果如图 2.44 所示。

图 2.43　错误提示　　　　　　　图 2.44　习题 2-1 运行结果

【习题 2-2】 请使用求字节运算符编写代码，此代码实现的功能是求出整型、浮点型所占的字节数。运行结果如图 2.45 所示。

【习题 2-3】 请使用条件运算符编写代码，此代码实现的功能是比较 5 和 10 的大小，将较大值进行输出，运行结果如图 2.46 所示。

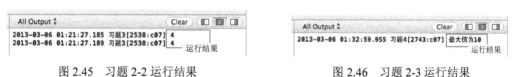

图 2.45　习题 2-2 运行结果　　　　　图 2.46　习题 2-3 运行结果

【习题 2-4】 请使用 while 循环语句编写代码，此代码实现的功能是求 1+3+5+7+9+11+…+99 的和，并将结果输出，程序代码如图 2.47 所示。

【习题 2-5】 请使用 for 循环语句和 continue 转折语句编写代码。此代码实现的功能是输出 1~10 的奇数，运行结果如图 2.48 所示。

图 2.47　习题 2-4 运行结果　　　　　图 2.48　习题 2-5 运行结果

第 2 篇　iPhone 界面开发

- 第 3 章　视图及视图控制器
- 第 4 章　操作文本内容
- 第 5 章　提醒用户的操作
- 第 6 章　图形图像处理
- 第 7 章　使用网页
- 第 8 章　表的操作
- 第 9 章　使用地图服务
- 第 10 章　使用选择器
- 第 11 章　动画

第 3 章　视图及视图控制器

在 iPhone 中，用户看到和摸到的都是 UIView，它被称为视图。在每一个视图中，都有一个视图控制器，用于对视图进行管理。本章将主要讲解视图的创建及视图控制器的添加、创建等相关方面的知识。

3.1　视图的创建

我们必须要对视图进行创建才可以使用。视图创建的形式有两种：一种是静态创建；一种是动态创建。本节将主要讲解存放视图的窗口以及视图的两种创建形式等内容。

3.1.1　Objects 窗口介绍

当创建好一个项目，打开 ViewController.xib 文件以后，会看到一个 Objects 窗口，这个 Objects 窗口就是我们所说的存放视图的窗口。在 Objects 窗口中，大部分用于设置用户界面的视图都在其中。如图 3.1 所示。

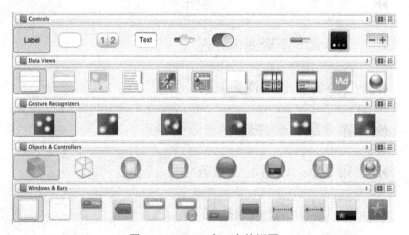

图 3.1　Objects 窗口中的视图

在图 3.1 所示的 Objects 窗口中，可以看到所有显示的视图都进行了分类。我们将按照类别和功能一个总结，如表 3-1 所示。

表 3-1　Objects 窗口中视图类别的功能

名　　称	功　　能
Controls	用于接收用户输入的信息
Date View	用于显示信息

续表

名　　称	功　　能
Gesture Recognizers	用于识别轻击、轻扫、旋转和捏合
Objects&Controllers	用于控制其他视图
Windows&Bars	用于显示其他各种视图

3.1.2　静态创建视图

所谓静态创建视图，也就是使用拖动的方式创建的视图。现在我们来创建一个红色的视图，操作步骤如下：

（1）创建一个项目，命名为 3-1。

（2）单击打开 ViewController.xib 文件，将 Objects 窗口中的视图 View 拖到设计界面，如图 3.2 所示。

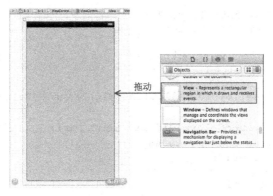

图 3.2　创建视图 1

（3）这时，视图就创建好了。为了使视图达到更好的效果，将视图设置为红色。选择 Show the Attributes inspector 对话框中的 Background 选项，将颜色设置为红色，如图 3.3 所示。

这时单击 Run 按钮，就可以运行结果了，如图 3.4 所示。

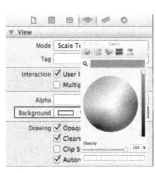

图 3.3　创建视图 2

图 3.4　运行结果

在图 3.4 所示的运行结果中，为了使大家对视图有更深入的理解，我们将未创建视图的运行结果也给出来了。

3.1.3 动态创建视图

所谓动态创建视图，也就是使用代码创建视图。动态创建视图的语法如下：

```
UIView *视图对象名=[[UIView alloc]initWithFrame:(CGRect)];
```

其中，CGRect 是视图框架。所谓视图框架也就是视图的大小和位置。我们可以使用 CGRectMake 来设置，语法如下：

```
CGRectMake(CGFloat x, CGFloat y, CGFloat width ,CGFloat height)
```

其中，CGFloat x, CGFloat y 是设置视图所在的位置，CGFloat width ,CGFloat height 是设置视图的宽和高。

【示例 3-1】 以下程序使用动态创建视图的方法，创建了一个位置及大小为(10,10,200,200)的红色视图。程序代码如下：

```
01  #import "ViewController.h"
02  @interface ViewController ()
03  @end
04  @implementation ViewController
05  - (void)viewDidLoad
06  {
07      UIView*aa=[[UIView alloc]initWithFrame:CGRectMake(10,10,200,200)];
                                                                //视图的创建
08      aa.backgroundColor=[UIColor redColor];    //视图颜色的设置
09      [self.view addSubview:aa];                //添加到当前视图
10      [super viewDidLoad];
11      // Do any additional setup after loading the view, typically
            from a nib.
12  }
13  - (void)didReceiveMemoryWarning
14  {
15      [super didReceiveMemoryWarning];
16      // Dispose of any resources that can be recreated.
17  }
18  @end
```

在此程序中没有加粗的代码都是自动生成的，加粗的代码就是我们自己编写的。运行结果如图 3.5 所示。

图 3.5　示例 3-1 运行结果

3.2 视图控制器

所谓视图控制器也就是对视图进行集中管理和控制的容器，它是整个应用程序的枢纽。本节将主要为大家讲解视图控制器的添加、创建、视图的切换以及视图的旋转等相关方面的内容。

3.2.1 类

在讲解视图控制器之前，先来讲解类。我们在刚才的动态创建视图时就使用了UIView类，视图控制器也是类的一种。类是面向对象程序设计的核心。它实际是一种新的数据类型，也是实现抽象类型的工具。

1. 类的声明

类的声明语法如下：

```
@interface 类名
{
    ...
}
@end
```

其中，类的声明一般是在.h文件中进行的。

2. 类的定义

类的定义语法如下：

```
@implementation ViewController
    ...
@end
```

其中，类的定义一般是在.m文件中进行的。

3. 实例化对象

这里所说的实例化对象也就是类创建的对象，语法形式如下：

```
类名 *对象名=[[类名 alloc]init];
```

其中，alloc的功能是为对象分配一定的内存空间。init的功能就是为对象进行初始化。我们在上一节中使用代码创建的视图，就使用到了类。

3.2.2 添加视图控制器

视图控制器的添加也可以理解为类的添加。下面在创建的项目名为"3-3"的项目中添加一个视图控制器，操作步骤如下：

（1）在 Xcode 菜单栏中，单击 File|New|File...命令，弹出选择文件模板对话框，如图 3.6 所示。

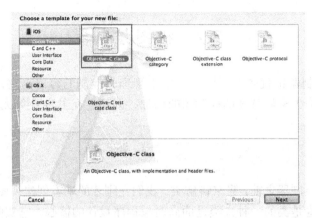

图 3.6　添加视图控制器 1

（2）选择 Cocoa Touch 类中的 Objective-C class 选项。单击 Next 按钮，自动弹出新文件的操作对话框。在 Class 文本框中输入名称，在 Subclass of 列表框中选择 UIViewController。再选择 With XIB for user interface，它的意思是创建一个 xib 文件，当然这一项也是可以不选的，如图 3.7 所示。

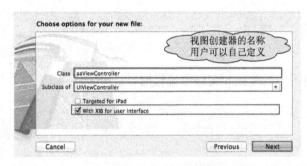

图 3.7　添加视图控制器 2

（3）单击 Next 按钮，就会自动弹出保存位置，如图 3.8 所示。

（4）单击 Create 按钮以后，视图控制器 aaViewController 就添加在了项目名为"3-3"的项目中，如图 3.9 所示。

图 3.8　添加视图控制器 3

图 3.9　添加视图控制器 4

在图 3.9 所示的图中需要注意，如果在图 3.7 中，没有选择 With XIB for user interface 这一项，那么，就不会有 aaViewController.xib 文件。

3.2.3 创建视图控制器

在这里所说的创建视图控制器,也就是我们在类中所说的实例化一个对象。创建视图控制器的形式有 3 种。

1. 使用 init

使用 init 创建视图控制器的语法形式如下:

```
视图控制器的名称 *对象名=[[视图控制器的名称 alloc]init];
```

2. 使用 initWithCoder

使用 initWithCoder 创建视图控制器的语法形式如下:

```
视图控制器的名称 *对象名=[[视图控制器的名称 alloc] initWithCoder:(NSCoder *)];
```

其中,initWithCoder 后面的是一个关于 NSCoder 的对象名。这种形式是不常用到的,大家在这里只需要了解就可以了。

3. 使用 initWithNibName

使用 initWithNibName 创建视图控制器的语法形式如下:

```
视图控制器的名称 *对象名=[[视图控制器的名称 alloc] initWithNibName:(NSString *)bundle(NSBundle *)];
```

其中,nitWithNibName 后面是一个 xib 文件名,但是不包括它的扩展名.xib。bundle 后面的内容,一般设置为 nil。视图控制器创建完成以后,还可以使用 rootViewController 来指定任意的根视图,其语法形式如下:

```
self.window.rootViewController=视图名;
```

【示例 3-2】 以下程序通过使用 rootViewController 方法将默认的根视图进行更改。程序代码如下:

```
01  AppDelegate.h
02  #import <UIKit/UIKit.h>
03  #import "aaViewController.h"
04  @class ViewController;
05
06  @interface AppDelegate : UIResponder <UIApplicationDelegate>{
07      aaViewController *bb;                        //视图控制器对象的声明
08  }
09  @property (strong, nonatomic) UIWindow *window;
10  @property (strong, nonatomic) ViewController *viewController;
11  @end
12  AppDelegate.m
13  #import "AppDelegate.h"
14  #import "ViewController.h"
15  @implementation AppDelegate
16  - (void)dealloc
17  {
18      [window release];
19      [_viewController release];
```

```
20        [super dealloc];
21   }
22   - (BOOL)application:(UIApplication *)application didFinishLaunching
     WithOptions:(NSDictionary
23   *)launchOptions
24   {
25        self.window = [[[UIWindow alloc] initWithFrame:[[UIScreen
          mainScreen] bounds]] autorelease];
26        // Override point for customization after application launch.
27        self.viewController = [[[ViewController alloc] initWithNibName:@
          "ViewController" bundle:nil]
28   autorelease];
29        bb=[[aaViewController alloc]initWithNibName:@"aaViewController"
          bundle:nil];                                        //控制器的创建
30        self.window.rootViewController = bb;                //定义根视图
31        [self.window makeKeyAndVisible];
32        return YES;
33   }
34   @end
35   aaViewController.m
36   #import "aaViewController.h"
37   @interface aaViewController ()
38   @end
39   @implementation aaViewController
40   - (id)initWithNibName:(NSString *)nibNameOrNil bundle:
     (NSBundle *)nibBundleOrNil
41   {
42        self = [super initWithNibName:nibNameOrNil bundle:nibBundleOrNil];
43        if (self) {
44            // Custom initialization
45        }
46        return self;
47   }
48   - (void)viewDidLoad
49   {
50        UIView *a=[[UIView alloc]initWithFrame:CGRectMake(100,100,100,100)];
                                                               //视图的创建
51        a.backgroundColor=[UIColor redColor];                //视图颜色的设置
52        [self.view addSubview:a];
53        [super viewDidLoad];
54        // Do any additional setup after loading the view from its nib.
55   }
56   - (void)didReceiveMemoryWarning
57   {
58        [super didReceiveMemoryWarning];
59        // Dispose of any resources that can be recreated.
60   }
61   @end
```

运行结果如图 3.10 所示。

3.2.4 视图的切换

当我们创建了两个或两个以上的视图控制器之后，就可以进行视图的切换了。

【示例 3-3】 以下程序实现的功能为两个视图的切换。操作步骤如下：

（1）创建一个项目，命名为 3-4。

（2）添加一个视图控制器，视图控制器的名称为 aViewController。

（3）设置 ViewController.xib 文件和 aViewController.xib 文件的设置界面，它的.xib 形式的设置界面如图 3.11 所示。

其中，标题 Next 所在的视图被称为按钮控件，它的英文名称为 Round Rect Button。将此控件拖到设置界面以后，双击就可以更改标题名称了。颜色是通过 background 进行设置的。

图 3.10　示例 3-2 运行结果　　　　　　　图 3.11　设置界面

（4）设置界面设置好以后，可以进行动作的声明和关联了。首先我们进行 Next 按钮动作的声明与关联。

（5）调查操作窗口，将 ViewController.h 文件打开，按住 Ctrl 键并将 Next 按钮拖动到 ViewController.h 文件，如图 3.12 所示。

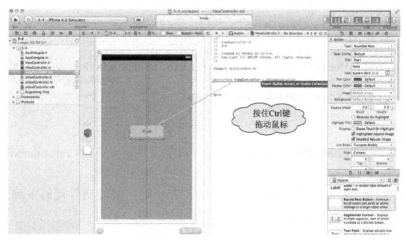

图 3.12　动作的声明和关联 1

（6）拖到 ViewController.h 文件后，放开 Ctrl 和鼠标，就会自动弹出一个小的对话框，将 Connection 设置为 Action，再在 Name 文本框中输入动作的名称，如图 3.13 所示。

（7）单击 Connect 按钮，动作就进行了关联和声明，如图 3.14 所示。

图 3.13　动作的声明和关联 2　　　　　　　图 3.14　动作的声明和关联 4

(8) 单击打开 ViewController.h 文件编写代码，声明一个视图控制器对象名，程序代码如下：

```
01  #import <UIKit/UIKit.h>
02  #import "aViewController.h"                    //导入头文件
03  @interface ViewController : UIViewController{
04      aViewController *b;                        //声明视图控制器对象名
05  }
06  - (IBAction)next:(id)sender;
07  @end
```

(9) 单击打开 ViewController.m 文件编写代码，实现从 ViewController 的设置界面切换到 aViewController 的设置界面，程序代码如下：

```
01  #import "ViewController.h"
02  @interface ViewController ()
03  @end
04  @implementation ViewController
05  - (void)viewDidLoad
06  {
07      [super viewDidLoad];
08       // Do any additional setup after loading the view, typically from a nib.
09  }
10  - (void)didReceiveMemoryWarning
11  {
12      [super didReceiveMemoryWarning];
13      // Dispose of any resources that can be recreated.
14  }
15  - (IBAction)next:(id)sender {
16      b=[[aViewController alloc]initWithNibName:@"aViewController"
        bundle:nil];                               //视图控制器的创建
17      [self.view addSubview:b.view];
18  }
19  @end
```

(10) 当 ViewController 中的代码编写好以后，再将 aViewController.xib 文件中名为 Return 的按钮和 aViewController.h 文件进行动作的声明和关联。

(11) 单击打开 aViewController.m 文件，在自动生成的动作代码中编写代码，实现 aViewController 切换到 ViewController，程序代码如下：

```
01  #import "aViewController.h"
02  @interface aViewController ()
03  @end
04  @implementation aViewController
05  - (id)initWithNibName:(NSString *)nibNameOrNil bundle:
    (NSBundle *)nibBundleOrNil
06  {
07      self = [super initWithNibName:nibNameOrNil bundle:nibBundleOrNil];
08      if (self) {
09          // Custom initialization
10      }
11      return self;
12  }
13  - (void)viewDidLoad
14  {
15      [super viewDidLoad];
16      // Do any additional setup after loading the view from its nib.
17  }
```

第 3 章 视图及视图控制器

```
18  - (void)didReceiveMemoryWarning
19  {
20      [super didReceiveMemoryWarning];
21      // Dispose of any resources that can be recreated.
22  }
23  - (IBAction)return:(id)sender {
24      [self.view removeFromSuperview];           //删除视图
25  }
26  @end
```

程序代码编写好以后，就可以单击 Run 按钮运行结果了，如图 3.15 所示。

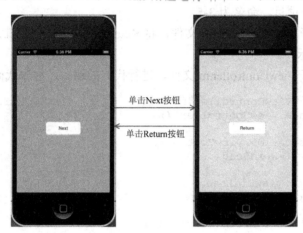

图 3.15　示例 3-3 运行结果

3.2.5　视图的旋转

在我们没有重写方法 supportedInterfaceOrientations()和 shouldAutorotate()时，选择 iPhone Simulator 模拟器进行视图的旋转。这时视图可以实现旋转，支持非 upside down 的方向，要进行旋转，使用 Command+方向键就可以了。如果我们想要自己选择一个方向进行旋转，那么就要重写 supportedInterfaceOrientations()和 shouldAutorotate()方法了，语法形式如下：

```
-(NSUInteger)supportedInterfaceOrientations{
    return 旋转的方向;
}
-(BOOL)shouldAutorotate{
    return BOOL;
}
```

其中，支持的旋转方向有 7 个，如表 3-2 所示。

表 3-2　支持旋转的方向

旋 转 方 向	功　　能
UIInterfaceOrientationMasAll	所有方向的旋转
UIInterfaceOrientationMaskAllButUpsideDown	所有方向的旋转，但退出键在屏幕的上方
UIInterfaceOrientationMaskLandscape	水平方向的旋转
UIInterfaceOrientationMaskLandscapeLeft	水平方向的旋转，但退出键在屏幕的左方

续表

旋 转 方 向	功　能
UIInterfaceOrientationMaskLandscapeRight	水平方向的旋转，但退出键在屏幕的右方
UIInterfaceOrientationMaskPortrait	垂直方向的旋转
UIInterfaceOrientationMaskPortraitUpsideDown。	垂直方向的旋转，但退出键在屏幕的上方

【示例3-4】 以下程序通过重写方法 supportedInterfaceOrientations()和 shouldAutorotate()，将视图向右进行旋转。操作步骤如下：

（1）创建一个项目，命名为 3-5。

（2）单击打开 ViewController.h 文件，将 Round Rect Button 控制视图拖到用户设置界面，如图 3.16 所示。

（3）单击打开 ViewController.m 文件，进行代码的编写，程序代码如下：

```
01  #import "ViewController.h"
02  @interface ViewController ()
03  @end
04  @implementation ViewController
05  - (void)viewDidLoad
06  {
07      [super viewDidLoad];
08       // Do any additional setup after loading the view, typically from a nib.
09  }
10  - (void)didReceiveMemoryWarning
11  {
12      [super didReceiveMemoryWarning];
13      // Dispose of any resources that can be recreated.
14  }
15  -(NSUInteger)supportedInterfaceOrientations{
16      return UIInterfaceOrientationMaskLandscapeRight;
                //支持水平方向的旋转，但退出键在屏幕的右方
17  }
18  -(BOOL)shouldAutorotate
19  {
20      return YES;
21  }
22  @end
```

运行结果如图 3.17 所示。

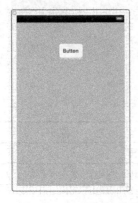

图 3.16　用户设置界面

图 3.17　运行结果

在旋转时常常会用到处理旋转的两个方法，一个是 willRotateToInterfaceOrientation()，一个是 willAnimateRotationToInterfaceOrientation()。使用这两个方法可以重新定位视图或在屏幕旋转时停止播放媒体。使用 willRotateToInterfaceOrientation() 的语法如下：

```
-(void)willRotateToInterfaceOrientation:(UIInterfaceOrientation)toInterfaceOrientation duration:(NSTimeInterval)duration{
    语句;
}
```

使用 willAnimateRotationToInterfaceOrientation() 的语法如下：

```
-(void)willAnimateRotateToInterfaceOrientation:(UIInterfaceOrientation)InterfaceOrientation duration:(NSTimeInterval)duration{
    语句;
}
```

【示例 3-5】 以下程序通过使用 willRotateToInterfaceOrientation() 方法，在方向发生变化时，实现重新定位。操作步骤如下：

（1）创建一个项目，命名为 3-6。

（2）单击打开 ViewController.xib 文件，将按钮控件也就是 Round Rect Button 拖动到用户设置界面，单击 Show the Size Inspector 窗口观察 Round Rect Button 的大小以及位置，如图 3.18 所示。

（3）单击设置界面，选择 Show the Attributes Inspector 窗口，将 Simulated Metrics 下面的 Orientation 的属性改为 Landscape，如图 3.19 所示。

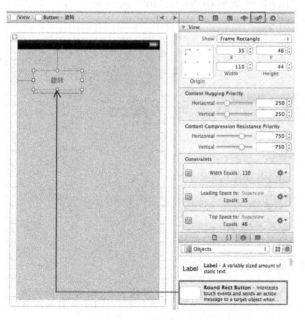

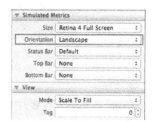

图 3.18　操作步骤 1　　　　　　　　　　图 3.19　操作步骤 2

（4）单击 Show the Size Inspector 窗口观察 Round Rect Button 的大小以及位置，如图 3.20 所示。

（5）调整窗口，拖动旋转按钮到 ViewController.h 文件，进行动作的声明和关联。

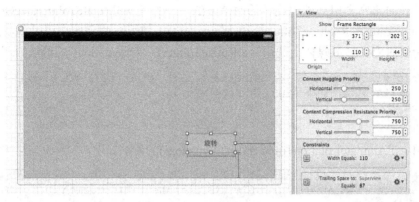

图 3.20 操作步骤 3

（6）在 ViewController.h 文件中，进行插座变量的声明，程序代码如下：

```
01  #import <UIKit/UIKit.h>
02  @interface ViewController : UIViewController{
03      IBOutlet UIButton *btn;                    //插座变量的声明
04  }
05  - (IBAction)aa:(id)sender;
06  @end
```

此程序中需要注意，所谓插座变量就是使用 IBOutlet 声明的视图变量，插座变量和变量唯一的不同，就是在声明好插座变量以后，需要和.xib 文件中对应的视图进行关联。这时我们将 ViewController.h 文件中声明的插座变量和 ViewController.xib 文件中拖到用户设置界面的按钮控件相关联，如图 3.21 所示。

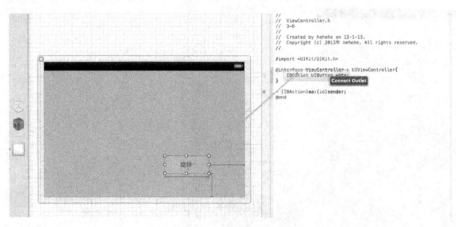

图 3.21 插座变量的关联

在进行关联时需要注意，要按住 Ctrl 键再拖动鼠标才可以进行插座变量的关联。单击打开 ViewController.m 文件进行代码的编写，实现在方向发生变化时重新定位视图，程序代码如下：

```
01  #import "ViewController.h"
02  @interface ViewController ()
03  @end
04  @implementation ViewController
05  - (void)viewDidLoad
```

```
06  {
07      [super viewDidLoad];
08      // Do any additional setup after loading the view, typically from a nib.
09  }
10  - (void)didReceiveMemoryWarning
11  {
12      [super didReceiveMemoryWarning];
13      // Dispose of any resources that can be recreated.
14  }
15  //模拟器的水平旋转
16  - (IBAction)aa:(id)sender {
17      [[UIDevice currentDevice] setOrientation:
        UIInterfaceOrientationLandscapeLeft];
18  }
19  -(void) positionViews {
20      UIInterfaceOrientation destOrientation = self.interfaceOrientation;
                                                //获取新目标的位置
21      if (destOrientation == UIInterfaceOrientationPortrait ||
22          destOrientation == UIInterfaceOrientationPortraitUpsideDown) {
23          btn.frame = CGRectMake(35, 46, 110, 44);
24      } else {
25          btn.frame = CGRectMake(371, 202, 110, 44);
26      }
27  }
28  -(void)willRotateToInterfaceOrientation:(UIInterfaceOrientation)
    toInterfaceOrientation
29  duration:(NSTimeInterval)duration{
30      [self positionViews];                    //调用方法
31  }
32  @end
```

运行结果如图 3.23 所示。

图 3.22　示例 3-5 运行结果

3.3　小　　结

本章主要讲解了视图的两种创建形式，一种是静态创建视图，一种是使用代码动态地创建视图。本章的重点是视图控制器的添加、创建视图控制器、视图的切换和视图的旋转。通过本章的学习，希望大家可以自己使用视图控制器完成程序设计。

3.4 习　题

【习题 3-1】 请读者使用静态创建视图的方法创建一个视图,视图的大小覆盖整个用户设置界面,颜色为黄色,运行结果如图 3.23 所示。

【习题 3-2】 请读者使用动态创建视图的方法创建一个视图,视图的大小和位置为 (10,10,200,200),颜色为蓝色,运行结果如图 3.24 所示。

【习题 3-3】 请读者自己在创建的项目中添加一个视图控制器,控制器的名称为 aaViewController,并对 aaViewController 控制器的用户设置界面进行设置,效果如图 3.25 所示。最后将 aaViewController 改变为根视图,运行结果如图 3.26 所示。

图 3.23　习题 3-1 运行结果　　图 3.24　习题 3-2 运行结果　　图 3.25　用户设置界面的效果　　图 3.26　习题 3-3 运行结果

【习题 3-4】 请读者使用按钮视图完成两个视图控制器的切换,添加的视图控制器名为 aViewController。aViewController 控制器的用户设置界面的背景颜色为黄色,ViewController 控制器的用户设置界面的颜色为红色,并在两个控制器中添加按钮,运行结果如图 3.27 所示。

【习题 3-5】 请读者编写代码,将视图进行旋转,使退出键在屏幕的左边,运行结果如图 3.28 所示。

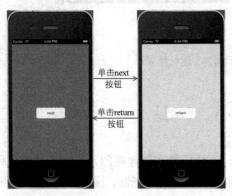

图 3.27　习题 3-4 运行结果　　　　　　　图 3.28　习题 3-5 运行结果

第 4 章　操作文本内容

文本内容可以直观地传达信息，也是 iPhone 中较为简单的操作。在 iPhone 中，可以使用 Label、TextField 和 TextView 展现文本内容。本章将主要讲解这 3 种展示文本内容的视图的创建和使用流程等相关方面的知识。

4.1　Label 视图

Label 视图被称为标签视图，它最主要的功能就是显示文字给用户，传达少量的信息。本节主要讲解 Label 视图的创建、Label 视图的常用属性以及 Label 视图的应用。

4.1.1　创建 Label 视图

可以使用 Label 在 iPhone 上显示文字给用户。首先，要创建对应的 Label 视图。创建 Label 视图有两种方式：一种是使用静态创建的方式；一种是使用动态创建的方式。下面依次讲解这两种方式。

1．静态创建

我们在第 3 章中已经讲过，静态创建其实就是使用拖动的方式来创建的。在创建好项目之后，单击打开 ViewController.xib 文件，从 Objects 窗口中拖动 Label 视图到设置界面就可以了，如图 4.1 所示。Label 视图创建好以后，就可以单击 Run 按钮运行结果了，如图 4.2 所示。

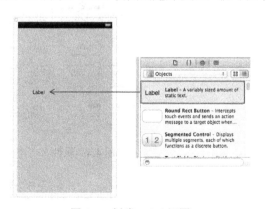　　　　　　　　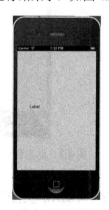

　　图 4.1　创建 Label 视图　　　　　　　　图 4.2　静态创建视图运行结果

2．动态创建

要动态创建 Label 视图，首先要创建一个 UILabel 类的对象，语法形式如下：

```
UILabel *UILabel对象名=[[UILabel alloc]initWithFrame:(CGRect)];
```

其中，参数 CGRect 是设置 Label 的位置及大小的。在创建好 Label 视图以后，还需要使用 addSubView()方法将视图添加到当前的视图中才可以使用。语法形式如下：

```
[self.view addSubview:(UIView)];
```

【示例 4-1】 以下程序通过动态创建 Label 视图的方法创建了一个名为 label 的视图，它的位置和大小分别为(100,100,50,25)，程序代码如下：

```
01  #import "ViewController.h"
02  @interface ViewController ()
03  @end
04  @implementation ViewController
05  - (void)viewDidLoad
06  {
07      UILabel*label=[[UILabel alloc]initWithFrame:CGRectMake(100,100,
        50, 25)];                              //创建 Label 视图
08      [self.view addSubview:label];          //添加到当前视图中
09      [super viewDidLoad];
10      // Do any additional setup after loading the view, typically from a nib.
11  }
12  - (void)didReceiveMemoryWarning
13  {
14      [super didReceiveMemoryWarning];
15      // Dispose of any resources that can be recreated.
16  }
17  @end
```

运行结果如图 4.3 所示。

在图 4.3 中需要注意，由于没有对创建的 Label 视图进行文字的设置，所以没有显示任何文字。

图 4.3 动态创建视图运行结果

图 4.4 属性

4.1.2 Label 视图常用属性

图 4.2 和图 4.3 所示都是创建 Label 视图的结果，但是却是不一样的，图 4.2 所示的运行结果中有字符串 Label，图 4.3 所示的运行结果中没有字符串，只有一个白色的区域。这是因为它们的属性是不一样的，属性可以在 Show the Attributes inspector 中直接进行设置，如图 4.4 所示。

我们将 Label 的常用属性为大家做了一个总结，如表 4-1 所示。

表 4-1　Label 的常用属性

属　　性	功　　能
Text	Text 的类型
	文字的内容
Color	文字的颜色设置
Font	字体和文字的大小设置
Alignment	Label 内容的对齐格式
Shadow	阴影
Shadow Offset	阴影的位置

属性可以在静态创建 Label 视图时直接在 Show the Attributes inspector 中进行设置，也可以在动态创建 Label 时，使用代码的形式对 Label 的属性进行设置。使用代码设置 Label 属性的语法如下：

```
UILabel 对象名.属性=属性的设置；
```

4.1.3　应用 Label 视图

在上两小节中，我们已经讲解了有关 Label 视图的创建和属性的设置。下面，将通过一个示例展现 Label 视图的使用。

【示例 4-2】以下程序将动态创建一个 Label 视图。其中，它的位置和大小为(50, 50, 200, 50)，背景颜色无，内容为 This is Label，字体为 Verdana，大小为 25，对齐方式为居中对齐。程序代码如下：

```
01  #import "ViewController.h"
02  @interface ViewController ()
03  @end
04  @implementation ViewController
05  - (void)viewDidLoad
06  {
07      UILabel *label=[[UILabel alloc]initWithFrame:CGRectMake(50, 50,
        200, 50)];                              //创建 Label 视图
08      label.text=@"This is Label";            //设置内容
09      label.font=[UIFont fontWithName:@"Verdana" size:25];
                                                //设置字体和大小
10      label.textAlignment=UITextAlignmentCenter;    //设置对齐方式
11      [self.view addSubview:label];
12      [super viewDidLoad];
13      // Do any additional setup after loading the view, typically from a nib.
14  }
15  - (void)didReceiveMemoryWarning
16  {
17      [super didReceiveMemoryWarning];
18      // Dispose of any resources that can be recreated.
19  }
20  @end
```

运行结果如图 4.5 所示。

图 4.5 示例 4-2 运行结果

4.2 TextField 视图和键盘

处理用户界面输入的单行文字时,就会使用到 TextField 视图。TextField 视图被称为文本框视图,在使用文本框视图时,键盘也是必不可少的,用于让用户进行输入。本节将详细讲解 TextField 视图和键盘的使用。

4.2.1 创建 TextField 视图

TextField 视图的创建同样也有两种,一种是静态创建,一种是使用代码动态地创建 TextField 视图,使用代码创建的 TextField 视图没有进行任何设置所以不被用户直接看到。因此,直接静态创建 TextField 视图。将 Objects 窗口中的 TextField 视图拖动到 ViewController.xib 文件的用户设置界面。运行结果如图 4.6 所示。

图 4.6 创建 TextField 视图运行结果

4.2.2 TextField 视图的属性介绍

在 TextField 视图中,也可以进行属性的设置,我们将 TextField 的属性为大家做了一个总结,如表 4-2 所示。

表 4-2 文本框的常用属性

属　　性	功　　能
Text	Text 的类型
	文本框中的内容
Color	字体的颜色
Alignment	内容的对齐方式
Placeholder	占位符
Border Style	文本框的样式
Background	背景颜色的设置

4.2.3 键盘的打开

在 iPhone 中，键盘的打开和 TextFiled 视图有着密不可分的关系。接下来为大家讲解键盘的两种打开方式：一种是单击 iPhone Simulator 模拟器创建的 TextField 后打开键盘，一种是开启模拟器后自动打开键盘。

1. 单击 TextField 视图打开键盘

这一种打开键盘的方式是最简单的，不需要做任何的编程，就可以将键盘打开。但是在打开之前，必须要对 TextField 视图也就是文本框进行创建。创建好以后运行，在出现的 iPhone Simulator 模拟器上单击创建的 TextField 视图，就会打开键盘，如图 4.7 所示。

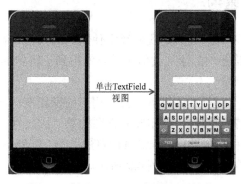

图 4.7 单击 TextField 视图打开键盘

2. 开启模拟器后自动打开键盘

要开启模拟器后自动显示键盘，还是需要创建 TextField 视图。创建好以后，使用 becomeFirstResponder()方法获取输入框的光标就可以自动打开键盘。具体步骤如下：

（1）创建一个项目，命名为 4-3。

（2）单击打开 ViewController.xib 文件，将 Objects 窗口中的 TextField 视图拖放到用户设置界面。

（3）单击打开 ViewController.h 文件，声明一个类型为 UITextField 的插座变量，程序代码如下：

```
01  #import <UIKit/UIKit.h>
02  @interface ViewController : UIViewController{
03      IBOutlet UITextField *aa;                //声明插座变量
04  }
05  @end
```

（4）将插座变量 aa 和 ViewController.xib 文件中拖到用户设置界面的 TextField 视图进行关联。

（5）单击打开 ViewController.m 文件实现键盘的自动打开，程序代码如下：

```
01  #import "ViewController.h"
02  @interface ViewController ()
03  @end
04  @implementation ViewController
```

```
05    - (void)viewDidLoad
06    {
07        [aa becomeFirstResponder];        //获取输入框的光标
08        [super viewDidLoad];
09        // Do any additional setup after loading the view, typically from a nib.
10    }
11    - (void)didReceiveMemoryWarning
12    {
13        [super didReceiveMemoryWarning];
14        // Dispose of any resources that can be recreated.
15    }
16    @end
```

代码编写好以后，就可以运行结果了，如图 4.8 所示。

4.2.4 设定键盘的类型

在图 4.8 中我们可以看到键盘是我们经常使用到的，但是在某一些时候要用到特定的键盘，例如在我们发送信息时，输入收信人号码就用到了特定的数字键盘。在输入信息时，就会变为最常用的键盘。

在不同的地方使用不同类型的键盘，会使用户的操作变得简单。键盘的类型必须要在 TextField 属性中进行设置，这就是 TextField 视图的第二大属性——输入属性。到现在为止，键盘的输入设置共有 7 种。创建好 TextField 视图后，打开 Show the Attributes inspector 对话框，就可以进行键盘的设置了，如图 4.9 所示。

图 4.8 开启模拟器自动打开键盘

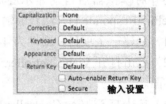

图 4.9 输入设置

我们将这些设置中的类型和功能为大家做了一个总结，如表 4-3 所示。

表 4-3 键盘的类型和功能

设 置 类 型	设 置 项	功　　能
Capitalization	None	设置键盘输入的单词、句子以及将所有字符数据转换为大写
	Words	
	Sentences	
	All Characters	
Correction	Default	设置键盘为那些拼写错误的单词提供建议
	NO	
	YES	

第 4 章 操作文本内容

续表

设置类型	设置项	功能
Keyboard	Default	针对输入的不同类型的数据选择不同类型的键盘
	ASCII Capable	
	Numbers and Punctuation	
	URL	
	Number Pad	
	Phone Pad	
	Name Phone Pad	
	E-mail Address	
	Decimal Pad	
	Twitter	
Appearance	Default	设置键盘的外观
	Alert	
Return Key	Default	键盘上显示不同类型的 Return 键
	Go	
	Google	
	Join	
	Next	
	Route	
	Search	
	Send	
	Yahoo	
	Done	
	Emergency Call	
Auto-enable Returnn Key		如果没有向文本域中输入数据，就会禁用 Return 键
Secure		将文本框的内容设为密码，并隐藏每个字符

【示例 4-3】 通过使用 TextField 的第二大属性进行设置，键盘类型为 ASCII Capable，键盘的外观为 Alert，键盘上显示的 Return 键为 Go，如果没有向文本域中输入数据，Return 键就为灰色。操作步骤如下：

（1）创建一个项目，命名为 4-6。

（2）单击打开 ViewController.xib 文件，将 Objects 窗口中的 TextField 视图拖放到用户设置界面。

（3）设置 Show the Attributes inspector 中 TextField 的第二大属性，将 Keyboard 设置为 URL，将 Appearance 设置为 Alert，将 Return Key 设置为 Go，将 Auto-enable Returnn Key 选项选中，如图 4.10 所示。

单击 Run 按钮，就可以运行结果了，如图 4.11 所示。

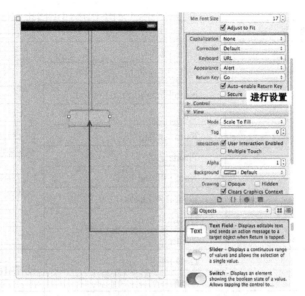

图 4.10 键盘的设置

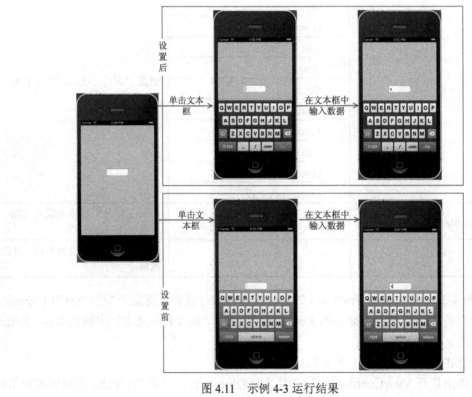

图 4.11 示例 4-3 运行结果

在图 4.11 所示的运行结果中，键盘设置后，键盘的类型、显示方式、return 按钮的显示都发生了变化，当在文本框中输入数据时，Go 才会由不可使用的灰色变为可以使用的蓝色。

4.2.5 关闭键盘

打开键盘后,无论使用什么键,键盘也不会消失。这时,必须要进行一些设置及编程才可以使键盘关闭。这里讲解两种关闭键盘的方法:一种是使用键盘上的 return 按钮来关闭键盘,一种是通过触摸背景来将键盘关闭。

1. 通过键盘上的 return 按钮将键盘关闭

例如,我们将一个短信编写好以后,单击键盘上的 return 按钮,这时显示的键盘就会关掉,并将信息进行发送。下面我们来实现单击 return 按钮将键盘关闭。操作步骤如下:

(1)创建一个项目,命名为 4-7。

(2)单击打开 ViewController.xib 文件,将 Objeccts 窗口中的 TextField 视图拖放到用户设置界面。

(3)将 ViewController.xib 文件中拖到用户设置界面的 TextField 视图和 ViewController.h 文件进行动作 done:的声明和关联。

(4)右击 TextField 视图,将 Did End on Exit 和 File's Owner 进行连接,如图 4.12 所示。

(5)连接后,File's Owner 会变为刚才声明的动作 done:,选择 done:,如图 4.13 所示。

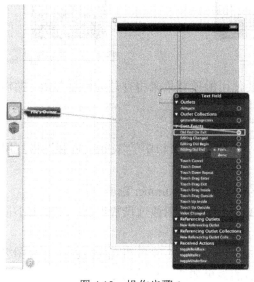

图 4.12 操作步骤 1

图 4.13 操作步骤 2

(6)单击打开 ViewController.m 文件,编写代码,实现键盘的关闭。程序代码如下:

```
01  #import "ViewController.h"
02  @interface ViewController ()
03  @end
04  @implementation ViewController
05  - (void)viewDidLoad
06  {
07      [super viewDidLoad];
08      // Do any additional setup after loading the view, typically from a nib.
09  }
10  - (void)didReceiveMemoryWarning
11  {
```

```
12      [super didReceiveMemoryWarning];
13      // Dispose of any resources that can be recreated.
14  }
15  - (IBAction)done:(id)sender {
16      [sender resignFirstResponder];         //关闭键盘
17  }
18  @end
```

运行结果如图 4.14 所示。

2．通过触摸背景关闭键盘

在键盘上有 return 按钮时，可以通过使用键盘上的 return 按钮来关闭键盘，但是有一些类型的键盘是没有 return 按钮的，例如数字键盘，如图 4.15 所示。

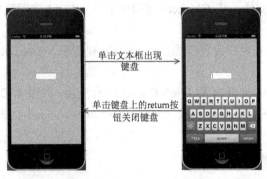

图 4.14　关闭键盘运行结果　　　　　　图 4.15　数字键盘

在图 4.15 所示的数字键盘中，我们就要使用触摸背景来将打开的键盘关闭。操作步骤如下：

（1）创建一个项目，命名为 4-8。

（2）单击打开 ViewController.xib 文件，将 Objects 窗口中的 TextField 视图拖到用户设置界面。

（3）将 TextField 的输入设置中的 Keyboard 设置为 Number Pad。

（4）将 Objects 窗口中的 Round Rect Bound 按钮视图通过设置界面，调整大小使其填充整个用户设置界面。

（5）选择菜单栏中的 Editor|Arrange|Send to Back 命令将按钮视图放在所有视图之后，如图 4.16 所示。将按钮视图放在所有视图后的效果如图 4.17 所示。

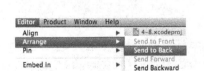

图 4.16　操作步骤 1　　　　　　图 4.17　按钮视图放在所有视图后的效果

（6）选择按钮视图的 Show the Attributes inspector 中的 Button，将 Type 设置为 Custom，如图 4.18 所示。将 Type 设置为 Custom 的效果如图 4.19 所示。

图 4.18　操作步骤 2

图 4.19　Type 为 Custom 的效果

（7）将按钮视图中的标题双击进行删除，打开 ViewController.h 文件，将 ViewController.xib 文件中拖到用户设置界面的 TextField 视图和 ViewController.h 文件进行动作 bg:的声明和关联。

（8）在 ViewController.h 文件中声明一个关于 TextField 视图的插座变量，程序代码如下：

```
01  #import <UIKit/UIKit.h>
02  @interface ViewController : UIViewController{
03      IBOutlet UITextField *a;        //声明插座变量
04  }
05  - (IBAction)bg:(id)sender;
06  @end
```

（9）将插座变量和 ViewController.xib 文件中拖到用户设置界面的 TextField 视图进行关联。将按钮视图和声明的 bg:动作进行关联。

（10）单击打开 ViewController.m 文件，编写代码，实现键盘的关闭。程序代码如下：

```
01  #import "ViewController.h"
02  @interface ViewController ()
03  @end
04  @implementation ViewController
05  - (void)viewDidLoad
06  {
07      [super viewDidLoad];
08      // Do any additional setup after loading the view, typically from a nib.
09  }
10  - (void)didReceiveMemoryWarning
11  {
12      [super didReceiveMemoryWarning];
13      // Dispose of any resources that can be recreated.
14  }
15  - (IBAction)bg:(id)sender {
16      [a resignFirstResponder];                    //关闭键盘
17  }
18  @end
```

运行结果如图 4.20 所示。

第 2 篇　iPhone 界面开发

图 4.20　触摸背景关闭键盘运行结果

4.2.6　TextField 视图和键盘的应用

以上，我们将 TextField 视图和键盘的一些基本操作做了一个讲解。现在，我们将使用 TextField 视图和键盘来实现一个 QQ 用户登录的应用。QQ 用户名为 love，QQ 密码为 802300，当输入正确的用户名和密码时，才可以登录 QQ。如果 QQ 的用户名或者密码输入有误，那么，就会出错登录 QQ 失败的页面。操作步骤如下：

（1）创建一个项目，命名为 4-5。

（2）添加两个新的视图控制器，名称分别为 FirstViewController 和 SecondViewController。

（3）单击打开 ViewController.xib 文件，设置界面，将 3 个 Label 视图拖放到用户设置界面，双击将它们的名称改为"欢迎使用 QQ"、"用户名称"和"用户密码"。再将两个 TextField 视图拖放到用户设置界面中用户名称和用户密码后面，如图 4.21 所示。

（4）设置"用户名称"后面的 TextField 视图的属性，在 Placeholder 中输入"名称"。再设置"用户密码"后面的 TextField 视图的属性，在 Placeholder 中输入"密码"，Keyboard 设置为 Number Pad，将 Secure 复选框选中，如图 4.22 所示。这时，设置界面的效果如图 4.23 所示。

图 4.21　操作步骤 1

图 4.22　操作步骤 2

（5）添加一个按钮，双击，将名称改为"登录"。再添加一个按钮，此按钮实现的功能是通过使用触摸背景的方法将键盘关闭。这时 ViewController.xib 文件的用户设置界面就创建好了。如图 4.24 所示。

• 106 •

图 4.23　界面设置效果　　　　图 4.24　ViewController.xib 文件的设置界面

（6）单击打开 ViewController.h 文件，让两个按钮分别和 ViewController.xib 文件中的两个按钮进行动作的声明和关联，将标题为"登录"的按钮动作声明为 b:，将剩下的按钮动作声明为 a:。在 ViewController.h 文件中声明两个插座变量，程序代码如下：

```
01  #import <UIKit/UIKit.h>
02  @interface ViewController : UIViewController{
03      IBOutlet UITextField *aa;
04      IBOutlet UITextField *bb;
05  }
06  - (IBAction)a:(id)sender;
07  - (IBAction)b:(id)sender;
08  @end
```

（7）将声明的插座变量和 ViewController.xib 文件中的 TextField 视图进行关联。单击打开 ViewController.xib 文件编写代码，实现键盘的关闭和 QQ 登录的成功或者失败，程序代码如下：

```
01  #import "ViewController.h"
02  #import "FirstViewController.h"          //导入 FirstViewController.h
03  #import "SecondViewController.h"         //导入 SecondViewController.h
04  @interface ViewController ()
05  @end
06  @implementation ViewController
07  - (void)viewDidLoad
08  {
09      [super viewDidLoad];
10      // Do any additional setup after loading the view, typically from a nib.
11  }
12  - (void)didReceiveMemoryWarning
13  {
14      [super didReceiveMemoryWarning];
15      // Dispose of any resources that can be recreated.
16  }
17  //a:方法实现的功能是通过背景触摸关闭键盘
18  - (IBAction)a:(id)sender {
19      [aa resignFirstResponder];
20      [bb resignFirstResponder];
21  }
22  //b:方法实现的功能是判断用户名和密码输入是否正确
23  - (IBAction)b:(id)sender {
24      //判断输入的名称和密码是否为我们规定的
```

```
25      if([aa.text isEqualToString:@"love"]&&[bb.text
        isEqualToString:@"802300"])
26      {
27          FirstViewController *c=[[FirstViewController
            alloc]initWithNibName:@"FirstViewController"
28  bundle:nil ];                           //创建视图控制器
29          [self.view addSubview:c.view];  //将 c 视图添加到当前视图中
30      }
31      else{
32          SecondViewController *d=[[SecondViewController
            alloc]initWithNibName:
33  @"SecondViewController" bundle:nil];
34          [self.view addSubview:d.view];
35      }
36  }
37  @end
```

（8）单击打开 FirstViewController.xib 文件，进行登录成功的用户界面设置，效果如图 4.25 所示。

（9）单击打开 SecondViewController.xib 文件，进行登录失败的用户界面的设置，效果如图 4.26 所示。

图 4.25 FirstViewController.xib 文件的用户界面的设置

图 4.26 SecondViewController.xib 文件的用户界面的设置

（10）将标题为"请重新进行登录"的按钮和 SecondViewController.h 文件进行动作 qq: 的声明和关联。

（11）单击打开 SecondViewController.m 文件，编写代码实现返回登录界面的功能，程序代码如下：

```
01  #import "SecondViewController.h"
02  @interface SecondViewController ()
03  @end
04  @implementation SecondViewController
05  - (id)initWithNibName⊗NSString *)nibNameOrNil bundle⊗NSBundle *)
    nibBundleOrNil
06  {
07      self = [super initWithNibName:nibNameOrNil bundle:nibBundleOrNil];
08      if (self) {
09          // Custom initialization
10      }
11      return self;
12  }
```

```
13  - (void)viewDidLoad
14  {
15      [super viewDidLoad];
16      // Do any additional setup after loading the view from its nib.
17  }
18  - (void)didReceiveMemoryWarning
19  {
20      [super didReceiveMemoryWarning];
21      // Dispose of any resources that can be recreated.
22  }
23  - (IBAction)qq:(id)sender {
24      [self.view removeFromSuperview];                //删除视图
25  }
26  @end
```

运行结果如图 4.27 所示。

图 4.27　程序运行结果

4.3　Text View 视图

Text View 视图被称为文本视图，文本视图的功能和文本框视图的功能是一样的，也是对文字进行处理，不同的是文本视图是对多行文字进行处理。同样在文本框中，也可以使用键盘。本节将主要讲解文本视图的创建、文本视图的属性以及文本视图的应用等相关方面的知识。

4.3.1　创建 Text View 视图

要使用文本视图，首先还是要创建文本视图。为了更方便地看到文本视图，我们还是采用静态的方法创建文本视图。单击打开 ViewController.xib 文件，将 Objects 窗口中的 Text

View 视图拖到用户设置界面，这时拖到用户界面的文本视图中就会有一些字符串，如图 4.28 所示。创建好 Text View 视图就可以运行查看效果了，如图 4.29 所示。

当我们将 ViewController.xib 文件中拖动的 Text View 视图改变大小（Text View 视图的高不超过所有的字符串），这时 Text View 视图就可以变为滚动的了，如图 4.30 所示。

图 4.28 创建 Text View 视图

图 4.29 运行结果图

图 4.30 可滚动的 Text View 视图

4.3.2 Text View 视图的属性介绍

Text View 视图的属性大致可以分为两个，一个是 Text View 属性，另一个是 Scroll View 属性。还有一个是 View 属性，因为我们在所用的视图中都会用到 View 属性，所以我们只讲 Text View 属性和 Scroll View 属性。我们将常用到的属性为大家做了一个总结，如表 4-4 所示。

表 4-4 Text View 常用属性

Text View	
属　　性	功　　能
Text	Text 的格式及文本中的内容
Color	字体的颜色
Font	字体的大小
Alignment	字体的对齐方式
Behavior	设置可编辑性
键盘的设置（7 个）	设置键盘
Scroll View	
属　　性	功　　能
Style	滚动条的风格
Scrollers	滚动的设置
Bounce	滚动距离的设置

4.3.3 Text View 视图的应用

以上，我们将 Text View 视图的相关内容讲解完了。现在，我们来制作一个自我介绍器，当用户输入名称、地址以及电话号码时，就会以一个固定的模板显示个人信息，在个人信息中还可以进行中英文的切换。操作步骤如下：

（1）创建一个项目，命名为 4-10。

（2）单击打开 ViewController.h 文件，将 5 个 Label 视图拖放到用户设置界面，将标题改为"个人介绍"、Name、Address、Phone 和模板，将 3 个 TextField 视图拖放到用户设置界面，效果如图 4.31 所示。

（3）单击打开 TextField 的 Show the Attributes inspector 属性，在 Placeholder 中分别输入"名称"、"地址"和"电话"，效果如图 4.32 所示。

图 4.31　效果 1　　　　　　　　　图 4.32　效果 2

（4）将 Name 后面的 TextField 的输入属性 Capitalization 设置为 Words，将 Phone 后面的 TextField 属性的 Keyboard 设置为 Number Pad。

（5）将第一个 Text View 视图拖到用户界面的模板下面，调整大小，将背景颜色设置为蓝色。直接在 Text View 视图中双击，或将 Show the Attributes inspector 中的 Text 的原字符串删除，重新输入以下字符串：

```
Hello ,everybody.My name's <name>,I'm from <place>.It's really a fantacy
place,people there are very friendly and helpful.My phone is<phone>,There're
also some places of interests in my hometown,I love it and hope that you
can visit it someday.There're 3 people in my family,you know,my parents
and I.We love each other and live a happy life.I usually play ballgames in
my spare time,and I think I'm good at basketball.
```

（6）将 Segmented Control 控件视图拖到用户的设置界面 Text View 视图下面。双击名称将一个改为英文，一个改为中文。

（7）将第二个 Text View 视图拖到设置界面的 Segmented Control 下面，将背景颜色设置为粉色。将 Show the Attributes inspector 属性中的 Text 中的原字符串删除，将 Behavior 的复选框 Editable 去掉，如图 4.33 所示。这时设置界面的效果如图 4.34 所示。

（8）将第三个 Text View 视图拖到设置界面，大小要和第一个 Text View 视图一致。将 Text View 视图中的内容改为"您好，我的名字是<name>，我从<place>来，它是一个具有幻想的地方，那里的人非常友好。我的手机是<phone>，在我的家乡，你可以在某一地方得到一些利益，我很喜欢和希望，你可以去看看它。我有 3 个家人，你知道，我父母和我。我们彼此相爱过得很快乐。通常我的业余时间我会玩球类运动，我觉得我擅长篮球。"字符串。将背景颜色设置为黄色。

• 111 •

（9）将第四个 Text View 视图拖到设置界面，大小要和第二个 Text View 视图一致，将 Text View 视图中的原字符串删去，并将 Show the Attributes inspector 属性中的 Behavior 的复选框 Editable 去掉。效果如图 4.35 所示。

图 4.33　设置　　　　　图 4.34　效果 3　　　　　图 4.35　效果 4

（10）拖动一个 Round Rect Button 视图到用户设置界面，将它填充整个设置界面，放在所有控件之后。在 Show the Attributes inspector 窗口中将 Type 设置为 Custom。将 Round Rect Button 视图和 ViewCobtroller.h 文件进行动作 bb:的声明和关联，将 Segmented Control 控件视图和 ViewController.h 文件进行动作 aa:的声明和关联。

（11）单击打开 ViewController.h 文件，声明所需的插座变量，程序代码如下：

```
01  #import <UIKit/UIKit.h>
02  @interface ViewController : UIViewController {
03      IBOutlet UITextField *name;
04      IBOutlet UITextField *add;
05      IBOutlet UITextField *phone;
06      IBOutlet UITextView *ying1;
07      IBOutlet UITextView *ying2;
08      IBOutlet UITextView *zhong1;
09      IBOutlet UITextView *zhong2;
10      IBOutlet UISegmentedControl *segmentedControl;
11  }
12  - (IBAction)aa:(id)sender;
13  - (IBAction)bb:(id)sender;
14  @end
```

（12）将插座变量 name 和 Name 后面的 TextField 视图相关联，将 add 和 Address 后面的 TextField 视图相关联，将 phone 和 Phone 后面的视图相关联，将 ying1 和第一个 Text View 视图（也就是蓝色的视图）相关联，将 ying2 和第二个 Text View 视图（也就是粉色的视图）相关联，将 zhong1 和第三个 Text View 视图（也就是黄色的视图）相关联，将 zhong2 和第四个 Text View 视图（也就是绿色的视图）相关联。所有的控制和视图关联好以后，第一和第三个视图重合，第二和第四个视图重合。

（13）单击打开 ViewController.m 文件，编写代码，实现自我介绍器的生成，同时实现中英文的切换，以及关闭键盘的设置。程序代码如下：

```
01  #import "ViewController.h"
02  @interface ViewController ()
03  @end
```

```objc
04  @implementation ViewController
05  - (void)viewDidLoad
06  {
07
08      [super viewDidLoad];
09      // Do any additional setup after loading the view, typically from a nib.
10  }
11  - (void)didReceiveMemoryWarning
12  {
13      [super didReceiveMemoryWarning];
14      // Dispose of any resources that can be recreated.
15  }
16  - (IBAction)aa:(id)sender {
17  //通过触摸关闭键盘
18      [name resignFirstResponder];
19      [add resignFirstResponder];
20      [phone resignFirstResponder];
21  }
22  - (IBAction)bb:(id)sender {
23  //实现中英文的切换
24      NSInteger selectedSegment=segmentedControl.selectedSegmentIndex;
25      if(selectedSegment==0){
26          [ying1 setHidden:NO];              //将 ying1 设置为不隐藏
27          [zhong1 setHidden:YES];            //将 ying2 设置为隐藏
28          [ying2 setHidden:NO];
29          [zhong2 setHidden:YES];
30          ying2.text=[ying1.text stringByReplacingOccurrencesOfString:@"<name>" withString:
31  name.text];
        //在 ying2 的文本中输入 ying1 文本的内容,将<name>改为 name 文本中的内容
32          ying2.text=[ying2.text stringByReplacingOccurrencesOfString:@"<place>" withString:
33  add.text];                                //将 ying2 中的<place>改为 add 文本中的内容
34          ying2.text=[ying2.text stringByReplacingOccurrencesOfString:@"<phone>" withString:
35  phone.text];
36      } else{
37          [ying1 setHidden:YES];
38          [zhong1 setHidden:NO];
39          [ying2 setHidden:YES];
40          [zhong2 setHidden:NO];
41          zhong2.text=[zhong1.text stringByReplacingOccurrencesOfString:@"<name>" withString:
42  name.text];
43          zhong2.text=[zhong2.text stringByReplacingOccurrencesOfString:@"<place>" withString:
44  add.text];
45          zhong2.text=[zhong2.text stringByReplacingOccurrencesOfString:@"<phone>" withString:
46  phone.text];
47      }
48  }
49  @end
```

运行结果如图 4.36 所示。

图 4.36 Text View 视图应用示例运行结果

4.4 小　　结

本章主要讲解了文字操作相关的 Label、TextField 和 Text View 这 3 个视图的创建以及常用的属性介绍。本章的重点在于键盘的打开、键盘的类型以及键盘的两种关闭方法。通过本章的学习，希望读者可以自己创建一个有关文字的应用程序。

4.5 习　　题

【习题 4-1】 使用动态创建 Label 的方法创建一个 Label，其大小及位置为(10,10,150,100)，Label 中显示的文字是"This is my iPhone"，文字的对齐方式为居中对齐，将文字的颜色设置为红色。运行结果如图 4.37 所示。

【习题 4-2】 使用静态创建 TextField 视图的方法创建 TextField 视图，并在打开 iPhone Simulator 模拟器的同时打开键盘。运行结果如图 4.38 所示。

图 4.37　习题 4-1 运行结果　　　　　　图 4.38　习题 4-2 运行结果

【习题 4-3】　编写代码，实现在 TextField 视图中没有输入字符时会显示一行"请在文本框中输入内容"；在 TextField 视图中输入字符后会显示一行"输入完毕"，并且单击 return 按钮，会退出键盘。运行结果如图 4.39 所示。

图 4.39　习题 4-3 运行结果

【习题 4-4】　使用 TextView 视图编写代码，此代码实现的功能是一个作文翻译器，当单击"翻译"按钮就会出现对应的文章翻译，当单击"下一篇"按钮，就会进入下一篇文章。运行结果如图 4.40 所示。

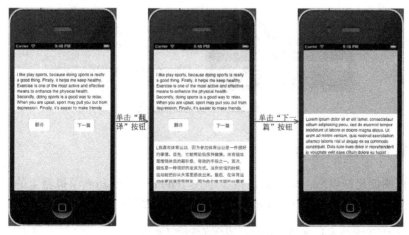

图 4.40　习题 4-4 运行结果

第 5 章　提醒用户的操作

在用户对操作界面进行操作时，有一些地方需要引起用户的注意。这时，就要采用独特的界面才可以让用户注意到它。在 iPhone 中引起用户注意的方法主要有两种，一种是弹出警告视图，一种是动作表单。本章将主要讲解这两种引起用户注意的方法。

5.1　警告视图

警告视图的功能就是将想要让用户引起注意的信息显示给用户。使用 UIAlertView 会向用户显示一个警告视图来提醒用户。本节将主要为大家讲解警告视图的创建、显示、警告视图的 4 种显示形式以及响应警告视图等相关方面的知识。

5.1.1　创建警告视图

在 Objects 窗口中，是没有警告视图 AlerView 的。所以，我们不能采用静态创建方式，必须采用动态创建方式来创建。语法形式如下：

```
UIAlertView *对象名=[[UIAlertView alloc] initWithTitle:字符串 message:字符串 delegate:委托的对象 cancelButtonTitle:字符串 otherButtonTitles:nil];
```

其中，initWithTitle:用来初始化并设置出现在警告视图顶端的标题；message:用来指定将出现在对话框内容区域的字符串；delegate:用来指定将充当提醒委托的对象（所谓委托，顾名思义就是委托别人办事，就是当一件事情发生后，自己不处理，让别人来处理。）；cancelButtonTitle:用来指定警告视图中默认按钮的标题；otherButtonTitles:用来在警告视图中添加额外的按钮。一般警告视图的形式如图 5.1 所示。

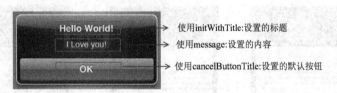

图 5.1　警告视图的形式

5.1.2　警告视图的显示

警告视图创建好以后，是不能直接显示在 iPhone Simulator 模拟器上的，还需要使用 show()方法才可以显示。使用 show()方法的语法形式如下：

```
[UIAlertView对象名 show];
```

5.1.3 警告视图的 4 种显示形式

在 iPhone 中，警告视图是不会以一种固定形式进行显示的，而是以不同的形式进行显示。接下来我将为大家讲解在 iPhone 中最常用到的 4 种显示形式。

1. 一个按钮的警告视图

一个按钮的警告视图就是在图 5.1 中展示的警告视图，它也是最简单的警告视图。要实现它，方法其实很简单，只要将 otherButtonTitles:中的内容设置为 nil 就可以了。

【示例 5-1】 以下程序显示了只有一个按钮的警告视图。当单击 Click Me!按钮时，只有一个按钮的警告视图就会出现，它的标题为 Hello World!，信息为 I Love you!，默认的按钮为 OK。操作步骤如下：

（1）创建一个项目，命名为 5-1。

（2）单击打开 ViewController.xib 文件，将 Round Rect Button 视图拖放到用户设置界面，并将其标题改为 Click Me!，将该视图和 ViewController.h 文件进行动作 aa:的声明和关联。

（3）单击打开 ViewController.m 文件，编写程序代码，实现显示一个按钮的警告视图。程序代码如下：

```
01  #import "ViewController.h"
02  @interface ViewController ()
03  @end
04  @implementation ViewController
05  - (void)viewDidLoad
06  {
07      [super viewDidLoad];
08       // Do any additional setup after loading the view, typically from a nib.
09  }
10  - (void)didReceiveMemoryWarning
11  {
12      [super didReceiveMemoryWarning];
13      // Dispose of any resources that can be recreated.
14  }
15  - (IBAction)aa:(id)sender {
16      UIAlertView *a=[[UIAlertView alloc]initWithTitle:@"Hello World!"
         message:@"I Love you!"
17  delegate:nil cancelButtonTitle:@"OK" otherButtonTitles: nil];
                                                    //创建警告视图
18      [a show];                                   //显示警告视图
19  }
20  @end
```

运行结果如图 5.2 所示。

2. 多个按钮的警告视图

要实现多个按钮的警告视图，只需要在 otherButtonTitles:中添加一些字符串就可以了。

【示例 5-2】 以下程序显示了具有 3 个按钮的警告视图。单击 Click Me!按钮以后，就会弹出 3 个按钮的警告视图，它的标题为 Hello World!，信息为 I Love you!，默认的按钮为 OK。添加的两个按钮分别为 1 和 2。操作步骤如下：

（1）创建一个项目，命名为 5-2。

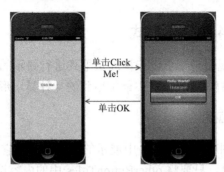

图 5.2 示例 5-1 运行结果

（2）单击打开 ViewController.xib 文件，将 Round Rect Button 视图拖放到用户设置界面，并将其标题改为 Click Me!，将该视图和 ViewController.h 文件进行动作 aa:的声明和关联。

（3）单击打开 ViewController.m 文件，编写程序代码，实现显示具有 3 个按钮的警告视图。程序代码如下：

```
01  #import "ViewController.h"
02  @interface ViewController ()
03  @end
04  @implementation ViewController
05  - (void)viewDidLoad
06  {
07      [super viewDidLoad];
08      // Do any additional setup after loading the view, typically from a nib.
09  }
10  - (void)didReceiveMemoryWarning
11  {
12      [super didReceiveMemoryWarning];
13      // Dispose of any resources that can be recreated.
14  }
15  - (IBAction)aa:(id)sender {
16      UIAlertView *a=[[UIAlertView alloc]initWithTitle:@"Hello World!"
        message:@"I Love you!"
17  delegate:nil cancelButtonTitle:@"OK" otherButtonTitles:@"1",@"2",
    nil];                                          //创建警告视图
18      [a show];                                  //显示警告视图
19  }
20  @end
```

运行结果如图 5.3 所示。

图 5.3 示例 5-2 运行结果

3. 无按钮

无按钮的警告视图在创建时，将 cancelButtonTitle:和 otherButtonTitles:都设置为 nil 就可以了。

【示例 5-3】 以下程序显示了一个无按钮的警告视图，当单击 Click Me!按钮时，就会弹出一个无按钮的警告视图，其中警告视图的标题为 Please wait。操作步骤如下：

（1）创建一个项目，命名为 5-3。

（2）单击打开 ViewController.xib 文件，将 Round Rect Button 视图拖放到用户设置界面，并将其标题改为 Click Me!，将该视图和 ViewController.h 文件进行动作 aa:的声明和关联。

（3）单击打开 ViewController.m 文件，编写程序代码，实现显示无按钮的警告视图。程序代码如下：

```
01  #import "ViewController.h"
02  @interface ViewController ()
03  @end
04  @implementation ViewController
05  - (void)viewDidLoad
06  {
07      [super viewDidLoad];
08      // Do any additional setup after loading the view, typically from a nib.
09  }
10  - (void)didReceiveMemoryWarning
11  {
12      [super didReceiveMemoryWarning];
13      // Dispose of any resources that can be recreated.
14  }
15  - (IBAction)aa:(id)sender {
16      UIAlertView *b=[[UIAlertView alloc]initWithTitle:@"Please wait"
    message:nil delegate:nil
17  cancelButtonTitle:nil otherButtonTitles:nil];    //创建警告视图
18      [b show];                                     //显示警告视图
19  }
20  @end
```

运行结果如图 5.4 所示。

图 5.4 示例 5-3 运行结果

4. 具有文本框的警告视图

在警告视图中，除了可以添加字符串和按钮以外，还可以添加一个文本框。要在警告视图中添加文本框其实很简单，首先要创建一个警告视图，使用 Message:添加一行字符串，在这行字符串的位置上添加一个文本框，就将这行字符串覆盖了。再创建一个文本框，将其添加到警告视图中。

【**示例 5-4**】以下程序显示了一个具有文本视图的警告视图。单击 Click Me!按钮以后，就会弹出一个具有文本视图的警告视图，其中警告视图的标题为 Please Enter Your Email Address!。操作步骤如下：

（1）创建一个项目，命名为 5-4。

（2）单击打开 ViewController.xib 文件，将 Round Rect Button 视图拖放到用户设置界面，并将其标题改为 Click Me!，将该视图和 ViewController.h 文件进行动作 aa:的声明和关联。

（3）单击打开 ViewController.h 文件，声明一个 UITextField 视图的变量，程序代码如下：

```
01  #import <UIKit/UIKit.h>
02  @interface ViewController : UIViewController{
03      UITextField *b;          //声明一个 UITextField 视图的变量
04  }
05  - (IBAction)aa:(id)sender;
06  @end
```

（4）单击打开 ViewController.m 文件，编写程序代码，实现显示具有文本框的警告视图。程序代码如下：

```
01  #import "ViewController.h"
02  @interface ViewController ()
03  @end
04  @implementation ViewController
05  - (void)viewDidLoad
06  {
07      [super viewDidLoad];
08      // Do any additional setup after loading the view, typically from a nib.
09  }
10  - (void)didReceiveMemoryWarning
11  {
12      [super didReceiveMemoryWarning];
13      // Dispose of any resources that can be recreated.
14  }
15  - (IBAction)aa:(id)sender {
16      UIAlertView *a=[[UIAlertView alloc]initWithTitle:@"Please Enter
        Your Email Address!"
17  message:@"aaa" delegate:nil cancelButtonTitle:@"OK" otherButton
    Titles: nil];
18      b=[[UITextField alloc]initWithFrame:CGRectMake
        (12.0,70.0,260.0,25.0)];
19      [b setBackgroundColor:[UIColor whiteColor]]; //设置文本框视图的颜色
20      [a addSubview:b];                            //将文本视图添加到警告视图中
21      [a show];
22  }
23  @end
```

运行结果如图 5.5 所示。

在图 5.5 所示的运行结果中，文本框的位置和大小需要经过多次的测试来确定。

第 5 章 提醒用户的操作

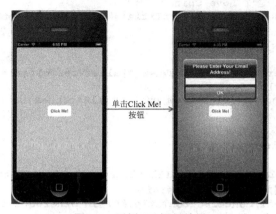

图 5.5 示例 5-4 运行结果

5.1.4 响应警告视图

在图 5.3 所示的运行结果中，虽然警告视图具有多个按钮，这几个按钮的功能就是执行一个操作——关闭警告视图。但是关闭警告视图的按钮就是使用 cancelButtonTitle:进行定义的，也就是 OK 按钮。对于 1 和 2 这两个按钮，它们是没有任何功能的。要想使警告视图得到充分的体现，我们要实现用户按钮的响应，要实现这一功能，必须要调用 ClickedButtonAtIndex()方法。

【示例 5-5】 以下程序显示了一个具有 3 个按钮的警告视图，当单击 Click Me!按钮，就会弹出具有 3 个按钮的警告视图，这 3 个按钮分别为 OK、1 和 2。当单击 OK 按钮时，警告视图就会退出；当单击按钮 1 时，就会出现另一个警告视图，这时此警告视图的标题为 "你确定你的按键为"1"吗"；当单击按钮 2 时，就会出现另一个警告视图，这时此警告视图的标题为 "你确定你的按键为"2"吗"。操作步骤如下：

（1）创建一个项目，命名为 5-5。

（2）单击打开 ViewController.xib 文件，将 Round Rect Button 视图拖放到用户设置界面，并将其标题改为 Click Me!，将该视图和 ViewController.h 文件进行动作 aa:的声明和关联。

（3）单击打开 ViewController.m 文件，编写程序代码，实现显示具有 3 个按钮的警告视图以及单击这些警告视图所作出的响应。程序代码如下：

```
01  #import "ViewController.h"
02  @interface ViewController ()
03  @end
04  @implementation ViewController
05  - (void)viewDidLoad
06  {
07      [super viewDidLoad];
08      // Do any additional setup after loading the view, typically from a nib.
09  }
10  - (void)didReceiveMemoryWarning
11  {
12      [super didReceiveMemoryWarning];
13      // Dispose of any resources that can be recreated.
14  }
15  - (IBAction)aa:(id)sender {
16      UIAlertView *a=[[UIAlertView alloc]initWithTitle:@"Hello World!"
```

```
              message:@"I Love China"
17       delegate:self cancelButtonTitle:@"OK" otherButtonTitles:@"1",
         @"2",nil];                                           //创建警告视图
18          [a show];
19    }
20    -(void)alertView:(UIAlertView *)alertView clickedButtonAtIndex:
      (NSInteger)buttonIndex{
21       NSString *b=[alertView buttonTitleAtIndex:buttonIndex];
                                                      //设置被按下键的标题
22       //判断按下的按钮是哪一个
23       if([b isEqualToString:@"1"])
24       {
25          UIAlertView *c=[[UIAlertView alloc]initWithTitle:@"你确定你的
            按键为"1"吗" message:nil
26    delegate:nil cancelButtonTitle:@"YES" otherButtonTitles:nil];
27          [c show];
28       }
29       if([b isEqualToString:@"2"])
30       {
31          UIAlertView *d=[[UIAlertView alloc]initWithTitle:@"你确定你的
            按键为"2"吗" message:nil
32    delegate:nil cancelButtonTitle:@"YES" otherButtonTitles:nil];
33          [d show];
34       }
35    }
36    @end
```

在此程序中,我们将 delegate:设置为 self,方法 clickedButtonAtIndex()发生后,就让警告视图自己处理。运行结果如图 5.6 所示。

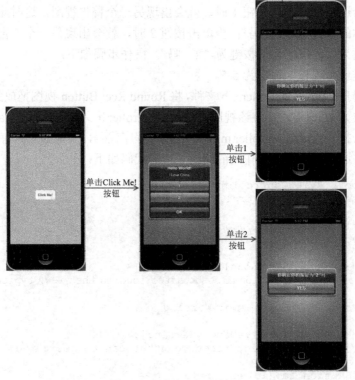

图 5.6　示例 5-5 运行结果

5.2 动作表单

虽然警告视图可以用来显示多个按钮,但它最主要的功能还是引起用户的注意。如果想要在显示消息的时候,为用户提供多种选择,那么就要使用到动作表单。

5.2.1 动作表单的创建

因为在 Objects 窗口中是没有动作表单的,所以要使用代码创建。创建动作表单的语法形式如下:

```
UIActionSheet *对象名=[[UIActionSheet alloc]initWithTitle:字符串 delegate:
委托对象 cancelButtonTitle:字符串 destructiveButtonTitle:字符串
otherButtonTitles: nil];
```

其中,initWithTitle:用来初始化并设置出现在动作表单顶端的标题;delegate:用来指定将作为动作表单委托的对象;cancelButtonTitle:用来指定动作表单中默认按钮的标题;destructiveButtonTitle:用来指定将导致信息丢失的按钮标题,其中颜色为红色显示;otherButtonTitles:用来在动作表单中添加额外的按钮。一般动作表单的形式如图 5.7 所示。

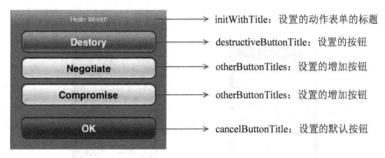

图 5.7 动作表单的形式

5.2.2 动作表单的显示

当创建好动作表单以后,动作表单和警告视图一样是不能显示的,需要使用一个实现显示的方法,即使用 showInView()方法。showInView()使用的语法形式如下:

```
[动作表单对象名 showInView:视图];
```

这里的视图是动作表单来源的视图。

【示例 5-6】 以下程序显示了一个动作表单。当单击 Click Me!按钮后,就会出现一个动作表单。其中动作表单的标题为 Hello World,默认按钮为 OK,导致信息丢失的按钮为 Destory,为动作表单新增的两个按钮分别为 Negotiate 和 Compromise。操作步骤如下:

(1)创建一个项目,命名为 5-6。

(2)单击打开 ViewController.xib 文件,将 Round Rect Button 视图拖放到用户设置界面,并将其标题改为 Click Me!,将该视图和 ViewController.h 文件进行动作 aa:的声明和关联。

(3)单击打开 ViewController.m 文件,编写程序代码,实现显示一个动作表单。程序

代码如下:

```
01  #import "ViewController.h"
02  @interface ViewController ()
03  @end
04  @implementation ViewController
05  - (void)viewDidLoad
06  {
07      [super viewDidLoad];
08      // Do any additional setup after loading the view, typically from a nib.
09  }
10  - (void)didReceiveMemoryWarning
11  {
12      [super didReceiveMemoryWarning];
13      // Dispose of any resources that can be recreated.
14  }
15  - (IBAction)aa:(id)sender {
16      //创建动作表单
17      UIActionSheet *a=[[UIActionSheet alloc]initWithTitle:@"Hello World!"
18  delegate:nil cancelButtonTitle:@"OK" destructiveButtonTitle:
19  @" Destroy " otherButtonTitles:@"Negotiate",@"Compromise", nil];
20      [a showInView:self.view];           //将动作表单添加到当前的视图中
21  }
22  @end
```

运行结果如图 5.8 所示。

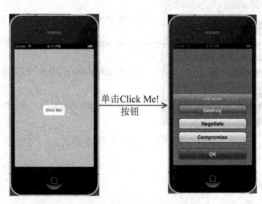

图 5.8 示例 5-6 运行结果

5.2.3 响应动作表单

在图 5.8 所示的运行结果中,OK、Destory、Negotiate 和 Compromise 这 4 个按钮的功能都是退出动作表单,但是使用 cancelButtonTitle:设置的按钮 OK 才是退出动作表单。剩下的 3 个按钮,它们是没有任何作用的,为了使动作表单提供选择操作,使用 ClickedButtonAtIndex()方法来实现响应动作表单。

【示例 5-7】 以下程序显示了一个动作表单。当单击 Click Me!按钮,就会弹出具有 4 个按钮的动作表单,这 4 个按钮分别为 OK、 Destory、Negotiate 和 Compromise。单击 OK 按钮,动作表单就会退出。当单击剩下的 3 个按钮时,就会将对应按钮的标题显示在 TextField 视图中。操作步骤如下:

(1)创建一个项目,命名为 5-7。

(2)单击打开 ViewController.xib 文件,将 Round Rect Button 视图拖放到用户设置界面,并将其标题改为 Click Me!,将该视图和 ViewController.h 文件进行动作 aa:的声明和关联。

(3)拖动一个 Label 视图到用户设置界面,双击将标题改为"你选择的按钮为:"。再拖动一个 TextField 视图到用户设置界面的 Label 视图的右侧,这时用户设置界面的效果如图 5.9 所示。

(4)单击打开 ViewController.h 文件,进行插座变量的声明,程序代码如下:

图 5.9 用户设置界面的效果

```
01  #import <UIKit/UIKit.h>
02  @interface ViewController : UIViewController{
03      IBOutlet UITextField *te;           //插座变量的声明
04  }
05  - (IBAction)aa:(id)sender;
06  @end
```

(5)将 ViewController.h 文件中声明的插座变量和 ViewController.xib 文件中的 TextField 视图进行关联。

(6)单击打开 ViewController.m 文件,编写程序代码,实现显示具有 4 个按钮的动作表单以及单击这些按钮所对的响应。程序代码如下:

```
01  #import "ViewController.h"
02  @interface ViewController ()
03  @end
04  @implementation ViewController
05  - (void)viewDidLoad
06  {
07      [super viewDidLoad];
08      // Do any additional setup after loading the view, typically from a nib.
09  }
10  - (void)didReceiveMemoryWarning
11  {
12      [super didReceiveMemoryWarning];
13      // Dispose of any resources that can be recreated.
14  }
15
16  - (IBAction)aa:(id)sender {
17      UIActionSheet *a=[[UIActionSheet alloc]initWithTitle:@"Hello
        World!" delegate:self
18   cancelButtonTitle:@"OK" destructiveButtonTitle:@"Destroy"
     otherButtonTitles:
19  @"Negotiate",@"Compromise", nil];           //创建动作表单
20      [a showInView:self.view];               //将动作表单添加到当前的视图中
21  }
22  -(void)actionSheet:(UIActionSheet *)actionSheet clickedButtonAtIndex:
    (NSInteger)buttonIndex{
23      NSString *t=[actionSheet buttonTitleAtIndex:buttonIndex];
                                                //设置被按下键的标题
24  //判断用户单击的按钮
25      if([t isEqualToString:@"Destroy"]){
26          te.text=@"Destroy";
```

```
27        }else if([t isEqualToString:@"Negotiate"]){
28            te.text=@"Negotiate";
29        }else if([t isEqualToString:@"Compromise"]){
30            te.text=@"Compromise";
31        }
32   }
33   @end
```

在此程序中，我们将 delegate:设置为 self，方法 clickedButtonAtIndex()发生后，就让动作表单自己进行处理。运行结果如图 5.10 所示。

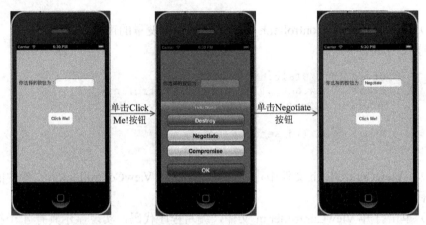

图 5.10　示例 5-7 运行结果

5.2.4　动作表单的显示形式

动作表单的显示形式也不是一成不变的，我们可以使用 actionSheetStyle 来设置动作表单的显示形式。使用 actionSheetStyle 的语法形式如下：

```
动作表单的对象名.actionSheetStyle=动作表单的类型;
```

其中，iPhone 为动作表单提供了 4 种形式，如图 5.11 所示。

其中，我们不对 actionSheetStyle 进行设置，系统默认为是 UIBarStyleDefault。

【示例 5-8】以下程序通过设置动作表单的 actionSheetStyle，将动作表单以 UIBarStyle-BlackTranslucent 的形式进行显示。操作步骤如下：

（1）创建一个项目，命名为 5-8。

（2）单击打开 ViewController.xib 文件，将 Round Rect Button 视图拖放到用户设置界面，并将其标题改为 Click Me!，将该视图和 ViewController.h 文件进行动作 aa:的声明和关联。

（3）单击打开 ViewController.m 文件，编写程序代码，实现显示一个动作表单。程序代码如下：

```
01   #import "ViewController.h"
02   @interface ViewController ()
03   @end
04   @implementation ViewController
05   - (void)viewDidLoad
```

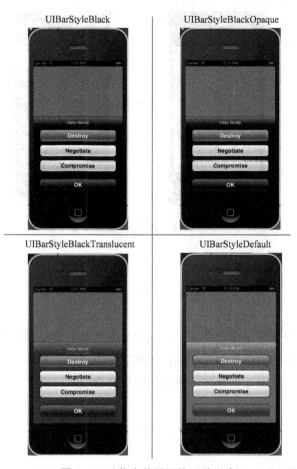

图 5.11 动作表单显示的 4 种形式

```
06  {
07      [super viewDidLoad];
08      // Do any additional setup after loading the view, typically from a nib.
09  }
10
11  - (void)didReceiveMemoryWarning
12  {
13      [super didReceiveMemoryWarning];
14      // Dispose of any resources that can be recreated.
15  }
16  - (IBAction)aa:(id)sender {
17      UIActionSheet *a=[[UIActionSheet alloc]initWithTitle:@"Hello World!"
18  delegate:nil cancelButtonTitle:@"OK" destructiveButtonTitle:
19  @"Destroy" otherButtonTitles:@"Negotiate",@"Compromise", nil];
20      a.actionSheetStyle=UIBarStyleBlackTranslucent;
                    //设置动作表单的显示形式
21      [a showInView:self.view];
22  }
23  @end
```

运行结果如图 5.12 所示。

图 5.12　示例 5-8 运行结果

5.3　小　　结

本章主要讲解了警告视图的创建、显示以及常用的几种显示形式。本章的重点是响应警告视图、动作表单的创建和显示、响应动作表单以及动作表单的显示形式。通过学习本章，希望读者可以创建出一个独特的能引起用户注意的应用程序。

5.4　习　　题

【习题 5-1】 请编写代码，此代码的功能是显示一个警告视图，其标题为"提示"，内容为"你的手机已欠费"，退出警告视图的按钮为 OK。运行结果如图 5.13 所示。

【习题 5-2】 请编写代码，此代码实现的功能是单击"缴费"按钮，会显示一个标题为"选择你的话费"、具有 4 个按钮的警告视图，其按钮分别为 10、20、50 和 OK，当用户单击其中的按钮，会将按钮的标题显示在手机上。运行结果如图 5.14 所示。

图 5.13　习题 5-1 运行结果　　　　　　图 5.14　习题 5-2 运行结果

【习题 5-3】 请编写代码，此代码实现的功能是单击"动作表单"按钮，就会弹出动作表单,其标题为"提示",退出动作表单的按钮为 OK,导致信息丢失的按钮标题为"销毁",增加的按钮为"保存"。运行结果如图 5.15 所示。

图 5.15 习题 5-3 运行结果

【习题 5-4】 请编写代码,此代码实现的功能是单击"动作表单"按钮,就会弹出动作表单,其标题为"提示",退出动作表单的按钮为 OK,导致信息丢失的按钮标题为"销毁",增加的按钮为"保存"。单击其中的一个按钮,就会弹出一个警告视图,运行结果如图 5.16 所示。

图 5.16 习题 5-4 运行结果

第 6 章　图形图像处理

为了使枯燥无味的用户设置界面看起来更为美观特别，通常需要使用一些图形图像。使用现成的图片通常称为图像，绘制的图片通常被称为图形。本章将主要讲解图形图像处理相关的操作。

6.1　创建图像视图

图像视图是用来呈现图像的，其创建的方式有两种，分别为静态创建和动态创建。本节主要讲解这两种创建形式。

6.1.1　静态创建

在 Objects 窗口中，提供了图像视图 Image View，所以可以采用静态的方式创建图像视图。操作步骤如下：

（1）创建一个项目，命名为 6-1。

（2）单击打开 ViewController.xib 文件，将 Image View 视图拖到用户设置界面，如图 6.1 所示。

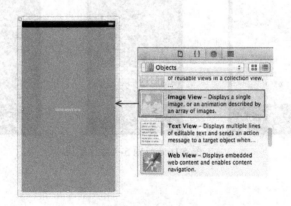

图 6.1　操作步骤 1

（3）在创建的项目面板中，右击 Supporting Files 文件夹，弹出一个快捷菜单。

（4）选择快捷菜单中的 Add Files to "6-1"…命令。在弹出的选择图像对话框中选择图像，现在我们选择的图像是桌面上的 111.jpg 图片，如图 6.2 所示。

（5）单击 Add 按钮，这时图像就添加到 Supporting Files 文件夹中了，如图 6.3 所示。

（6）单击 Image View 视图，在 Show the Attributes inspector 选项中的 Image View 下，将 Image 设置为我们刚才添加的图像，如图 6.4 所示。

第 6 章　图形图像处理

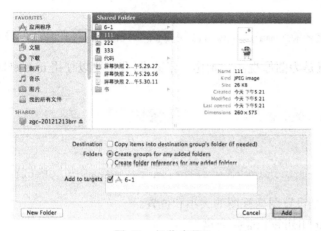

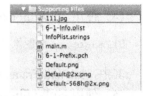

图 6.2　操作步骤 2　　　　　　　　　　　图 6.3　操作步骤 3

（7）这时，单击 Run 按钮，就可以运行结果了，如图 6.5 所示。

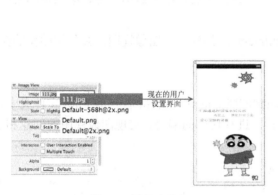

图 6.4　操作步骤 4　　　　　　　　　图 6.5　静态创建图像视图运行结果

这时，我们看到的图 6.5 所示的运行结果是不是看起来就比我们在前几章中的用户界面更为突出好看呢。在静态创建图像视图时，需要注意，图像必须要添加到 Supporting Files 文件夹中，如果没有将图像添加到 Supporting Files 文件夹中，图片是不能添加到用户设置界面中的。

6.1.2　动态创建

讲解了静态创建图像视图之后，下面讲解动态创建图像视图。首先我们来看一下动态创建图像视图的语法形式。它的创建形式有 5 种，如下：

（1）使用 init 创建

```
UIImageView *图像视图对象名=[[UIImageView alloc]init];
```

（2）使用 initWithCoder 创建

```
UIImageView *图像视图对象名=[[UIImageView alloc]initWithCoder:(NSCoder *)];
```

（3）使用 initWithImage 创建

```
UIImageView *图像视图对象名=[[UIImageView alloc]initWithImage:(UIImage *)];
```

其中，initWithImage 的功能就是为图像视图初始化一张图像，我们可以使用 imageName 为图像进行命名，语法形式如下：

```
[UIImage imageName:图像的名称];
```

（4）使用 initWithFrame 创建

```
UIImageView *图像视图对象名=[[UIImageView alloc]initWithFrame:(CGRect)];
```

其中，initWithFrame 的功能是设置图像视图的大小和位置。

（5）使用 initWithImage 和 highlightedImage 创建

```
UIImageView *图像视图对象名=[[UIImageView alloc]initWithImage:(UIImage *)
highlightedImage:(UIImage *)];
```

在这几种创建图像视图的语法形式中，我们主要使用的是第一种、第三种和第四种创建形式。

【示例 6-1】 以下通过使用 initWithImage 来创建一个图像视图，并且初始化的图像为 111.jpg。操作步骤如下：

（1）创建一个项目，命名为 6-2。
（2）将桌面上的 111.jpg 的图像添加到创建好的项目的 Supporting Files 文件夹中。
（3）单击打开 ViewController.m 文件，进行代码的编写，实现图像视图的创建和显示。

程序代码如下：

```
01   #import "ViewController.h"
02   @interface ViewController ()
03   @end
04   @implementation ViewController
05   - (void)viewDidLoad
06   {
07       //创建图像视图
08       UIImageView *a=[[UIImageView alloc]initWithImage:[UIImage
         imageNamed:@"111.jpg"]];
09       //将当前的视图变为创建的图像视图
10       self.view=a;
11       [super viewDidLoad];
12       // Do any additional setup after loading the view, typically from a nib.
13   }
14   - (void)didReceiveMemoryWarning
15   {
16       [super didReceiveMemoryWarning];
17       // Dispose of any resources that can be recreated.
18   }
19   @end
```

在此程序中需要注意，初始化图像的名称一定要将其扩展名也一起写上，这样图像的名称才算完整。单击 Run 按钮，就可以运行结果了，如图 6.6 所示。

图 6.6　示例 6-1 运行结果

6.2　图像视图的使用

对图像视图的创建有所了解之后，就可以对图像视图进行使用了，图像视图的使用大致可以分为设置显示类型、改变位置、改变大小以及旋转和缩放这 4 种。下面我们对这几种使用为大家做一个介绍。

6.2.1　设置显示类型

为了使图片显示满足各种需要，图像视图提供了多种显示类型。当我们创建好图像视图以后，可以使用 Show the Attributes inspector 选项中的 View 设置 Mode，如图 6.7 所示。

在 Mode 中，提供了 13 种显示类型，分别为：Scale To Fill、Aspect Fit、Aspect Fill、Redraw、Center、Top、Bottom、Left、Right、Top Left、Top Right、Bottom Left 和 Bottom Right。在这 13 种显示类型中，我们最常用的有 3 种，分别为：Scale To Fill、Aspect Fit 和 Aspect Fill，它们显示的图像效果如图 6.8 所示。

图 6.7　显示类型的操作　　　　　　　　图 6.8　3 种显示类型效果

在图 6.8 所示的显示类型效果中，我们可以看到 Scale To Fil 会使图片全部显示出来，并填充满整个视图，但会导致图片变形；Aspect Fit 会保证图片比例不变，而且全部显示在 ImageView 中，这意味着可能 ImageView 会有部分空白；AspectFill 也会保证图片比例不变，但是填充整个 ImageView 的，可能只有部分图片显示出来。

6.2.2 改变位置

图像视图的位置不是一成不变的,我们可以将它的位置进行改变。这里有 3 种改变位置的方法,以下进行详细的介绍。

1. frame

当我们要创建一个具有固定位置和大小的图像视图时,可以使用 frame 属性来进行设置,它的使用语法形式,我们在使用代码动态创建图像视图时已经为大家介绍过了。

【示例 6-2】 以下程序通过使用 frame 创建了一个固定位置及大小的图像视图,位置和大小分别为(80, 150, 150, 200)。操作步骤如下:

(1)创建一个项目,命名为 6-3。

(2)将需要显示的图像添加到创建好的项目中的 Supporting Files 文件夹中。

(3)单击打开 ViewController.m 文件编写代码,实现图像视图按固定大小和位置进行显示,程序代码如下:

```
01  #import "ViewController.h"
02  @interface ViewController ()
03  @end
04  @implementation ViewController
05  - (void)viewDidLoad
06  {
07      //创建图像视图
08      UIImageView *a=[[UIImageView alloc]initWithFrame:CGRectMake
        (80, 150, 150, 200)];
09      a.image=[UIImage imageNamed:@"111.jpg"];    //为图像视图添加一张照片
10      [self.view addSubview:a];
11      [super viewDidLoad];
12      // Do any additional setup after loading the view, typically from a nib.
13  }
14  - (void)didReceiveMemoryWarning
15  {
16      [super didReceiveMemoryWarning];
17      // Dispose of any resources that can be recreated.
18  }
19  @end
```

运行结果如图 6.9 所示。

2. center

当要通过图像视图的中心点来改变图像视图的大小时,我们可以采用 center 方法。它的使用语法形式如下:

```
图像视图对象名.center = CGPointMake(CGFloat x, CGFloat y);
```

其中 CGFloat x 是图像视图在 x 轴的位置,CGFloat y 是图像视图在 y 轴的位置。

【示例 6-3】 以下程序创建了一个(80, 150, 150, 200)的图像视图,进行显示后,再使用 center 方法将创建的图像视图的位置进行改变。操作步骤如下:

(1)创建一个项目,命名为 6-4。

(2)将需要显示的图像添加到创建好的项目中的 Supporting Files 文件夹中。

图 6.9 示例 6-2 运行结果　　　　图 6.10 示例 6-3 运行结果

（3）单击打开 ViewController.m 文件编写代码，实现图像视图按固定大小和位置进行显示之后，再通过中心点将图像视图的位置进行改变，程序代码如下：

```
01  #import "ViewController.h"
02  @interface ViewController ()
03  @end
04  @implementation ViewController
05  - (void)viewDidLoad
06  {
07
08      UIImageView *a=[[UIImageView alloc]initWithFrame:CGRectMake
        (80, 150, 150, 200)];
09      a.image=[UIImage imageNamed:@"111.jpg"];
10      // [self.view addSubview:a];
11      a.center=CGPointMake(0, 0);              //通过中心点改变图像视图的位置
12      [self.view addSubview:a];
13      [super viewDidLoad];
14      // Do any additional setup after loading the view, typically from a nib.
15  }
16  - (void)didReceiveMemoryWarning
17  {
18      [super didReceiveMemoryWarning];
19      // Dispose of any resources that can be recreated.
20  }
21  @end
```

运行结果如图 6.10 所示。

3. transform

transform 方法，也是用来改变图像视图位置的。它的语法形式如下：

图像视图对象名.transform=CGAffineTransformMakeTranslation(CGFloat tx, CGFloat ty);

其中使用了 tx 和 ty，它与 x 和 y 是有区别的，tx、ty 是将图像向 x 或者 y 方向移动多少。

【示例 6-4】 以下程序创建了一个(80, 150, 150, 200)的图像视图，进行显示后，再使用 transform 方法将创建的图像视图的位置进行改变。操作步骤如下：

（1）创建一个项目，命名为 6-5。
（2）将需要显示的图像添加到创建好的项目中的 Supporting Files 文件夹中。
（3）单击打开 ViewController.m 文件编写代码，实现图像视图按固定大小和位置进行

显示之后，再通过 transform 将图像视图的位置进行改变，程序代码如下：

```
01  #import "ViewController.h"
02  @interface ViewController ()
03  @end
04  @implementation ViewController
05  - (void)viewDidLoad
06  {
07      UIImageView *a=[[UIImageView alloc]initWithFrame:CGRectMake
        (80, 150, 150, 200)];
08      a.image=[UIImage imageNamed:@"111.jpg"];
09      // [self.view addSubview:a];
10      a.transform=CGAffineTransformMakeTranslation(70, 50);
                                    //通过 transform 改变图像视图的位置
11      [self.view addSubview:a];
12      [super viewDidLoad];
13       // Do any additional setup after loading the view, typically from a nib.
14  }
15  - (void)didReceiveMemoryWarning
16  {
17      [super didReceiveMemoryWarning];
18      // Dispose of any resources that can be recreated.
19  }
20  @end
```

运行结果如图 6.11 所示。

图 6.11　示例 6-4 运行结果

6.2.3　改变大小

改变大小的方法有两种，一种是通过使用 frame 进行位置和大小的设置，我们已经为大家讲解过了，还有一种方法是使用 bounds 来改变图像视图的大小。使用 bounds 的语法形式如下：

```
图像视图对象名.bounds = CGRectMake(CGFloat x, CGFloat y, CGFloat width,
CGFloat heigth);
```

其中，CGFloat x 和 CGFloat y 用来设置位置的参数是不起任何作用的。即便是之前没有设定 frame，控件最终的位置也不是 bounds 所设定的参数。

【示例 6-5】　以下程序创建了一个(0, 0, 150, 200)的图像视图，进行显示后，再使用 bounds 对创建的图像视图的大小进行了设置。操作步骤如下：

（1）创建一个项目，命名为 6-6。

（2）将需要显示的图像添加到创建好的项目中的 Supporting Files 文件夹中。

（3）单击打开 ViewController.m 文件编写代码，实现图像视图按固定大小和位置进行显示之后，再通过 bounds 对图像视图的大小进行改变，程序代码如下：

```
01  #import "ViewController.h"
02  @interface ViewController ()
03  @end
04  @implementation ViewController
05  - (void)viewDidLoad
06  {
07      UIImageView *a=[[UIImageView alloc]initWithFrame:CGRectMake(0,0,
        150, 200)];
08      a.image=[UIImage imageNamed:@"111.jpg"];
09      // [self.view addSubview:a];
10      a.bounds=CGRectMake(100, 100, 200, 250);          //改变大小
11      [self.view addSubview:a];
12      [super viewDidLoad];
13      // Do any additional setup after loading the view, typically from a nib.
14  }
15  - (void)didReceiveMemoryWarning
16  {
17      [super didReceiveMemoryWarning];
18      // Dispose of any resources that can be recreated.
19  }
20  @end
```

运行结果如图 6.12 所示。

图 6.12 示例 6-5 运行结果

6.2.4 旋转

图像在显示时，不一定要使用正常的方式显示，可以将它旋转之后再显示。要实现图像的旋转，还是要使用在改变位置时使用的方法 transform。旋转的语法形式如下：

图像视图对象名.transform = CGAffineTransformMakeRotation(CGFloat angle);

【示例 6-6】 以下程序创建了一个(0, 0, 150, 200)的图像视图，进行显示后，再使用 transform 对创建的图像视图进行 45°的旋转。操作步骤如下：

（1）创建一个项目，命名为 6-7。

（2）将需要显示的图像添加到创建好的项目中的 Supporting Files 文件夹中。

（3）单击打开 ViewController.m 文件编写代码，实现图像视图按固定大小和位置进行显示之后，再通过 transform 对图像视图进行 45°的旋转，程序代码如下：

```
01  #import "ViewController.h"
02  @interface ViewController ()
03  @end
04  @implementation ViewController
05  - (void)viewDidLoad
06  {
07      UIImageView *a=[[UIImageView alloc]initWithFrame:CGRectMake
        (85, 150, 150, 150)];
08      a.image=[UIImage imageNamed:@"222.jpg"];
09      //[self.view addSubview:a];
10      a.transform=CGAffineTransformMakeRotation(45);
                                        //使图像视图进行 45°的旋转
11      [self.view addSubview:a];
12      [super viewDidLoad];
13      // Do any additional setup after loading the view, typically from a nib.
14  }
15  - (void)didReceiveMemoryWarning
16  {
17      [super didReceiveMemoryWarning];
18      // Dispose of any resources that can be recreated.
19  }
20  @end
```

运行结果如图 6.13 所示。

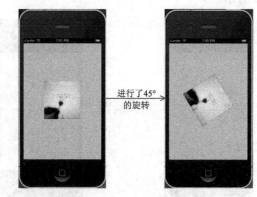

图 6.13　示例 6-6 运行结果

6.2.5　缩放

当图像视图太小时，例如图 6.14 左图所示，因为图太小，我们无法看到图片中的内容，这时，我们就要将图像进行放大。当图像视图太大时，又需要将其缩小。这时我们就要采用 transform 来实现放大缩小的功能。使用 transform 来实现缩放的语法形式如下：

```
图像视图对象.transform=CGAffineTransformMakeScale(CGFloat sx, CGFloat sy);
```

其中，CGFloat sx 与 CGFloat sy 分别表示将原来的宽度和高度缩放到多少倍。

【示例 6-7】 以下程序创建了一个(85, 150, 150, 150)的图像视图，进行显示后，再使用

transform 对创建的图像视图放大 5 倍。操作步骤如下：

（1）创建一个项目，命名为 6-8。

（2）将需要显示的图像添加到创建好的项目中的 Supporting Files 文件夹中。

（3）单击打开 ViewController.m 文件编写代码，实现图像视图按固定大小和位置进行显示之后，再通过 transform 对图像视图放大 5 倍，程序代码如下：

```objectivec
#import "ViewController.h"
@interface ViewController ()
@end
@implementation ViewController
- (void)viewDidLoad
{
    UIImageView *a=[[UIImageView alloc]initWithFrame:CGRectMake
    (85, 150, 150, 150)];
    a.image=[UIImage imageNamed:@"222.jpg"];
    //[self.view addSubview:a];
    a.transform=CGAffineTransformMakeScale(5, 5);   //实现图像放大 5 倍
    [self.view addSubview:a];
    [super viewDidLoad];
    // Do any additional setup after loading the view, typically from a nib.
}
- (void)didReceiveMemoryWarning
{
    [super didReceiveMemoryWarning];
    // Dispose of any resources that can be recreated.
}
@end
```

运行结果如图 6.14 所示。

图 6.14　示例 6-7 运行结果

6.3　图像的应用

在上两节中，我们已经将图像视图的创建和图像视图的使用为大家做了一个讲解。接下来我们就利用我们所学到的知识来制作一个图片浏览器。

6.3.1 变量的属性

在讲解图片浏览器的制作之前，先讲解一下属性，因为我们在制作图片浏览器时就要用到属性。使用属性可以提高代码编写的速度和直观性。属性提供了便捷的设置和获取实例变量的方式。所谓属性，是专指@property 修饰过的成员变量。作用在于类以外的代码访问时，可以通过属性来访问内部变量，而不能直接访问类的成员。我们可以使用@property 对属性进行声明，属性的声明是在接口文件也就是.h 文件中进行的。属性声明的语法形式如下：

@property 类型 变量名称；

其中，变量的名称是在.h 文件中声明的变量，这里的变量可以是普通的变量，也可以是插座变量。当属性声明好以后，就可以进行属性的实现了，这时就要使用@synthesize。属性的实现是在实现文件即.m 文件中进行的，属性实现的语法形式如下：

@synthesize 实例变量名称；

属性在声明时是可以带参数的，这些参数要用圆括号括起来。带参数属性声明的语法形式如下：

@property(参数)类型 实例变量名称；

其中，括号括起来的参数就是属性的特性。我们将属性的特性为大家做了一个总结，如表 6-1 所示。

表 6-1 属性的特性

特 性	功 能
赋 值 方 法	
assign	为变量赋值
retain	释放旧的对象，将旧对象的值赋予输入对象。实际上是将复杂的类型复制
copy	表示复制创建一个新的对象
读 写 属 性	
readonly	只读。不能设置实例变量的值，编译器不生成设置（setter）方法
readwrite	可读可写。可以获取并设置实例变量的值
原 子 修 饰	
atomic	原子访问
nonatomic	非原子访问

6.3.2 图片浏览器

讲解了属性之后，我们就来讲解怎么制作一个图片浏览器。操作步骤如下：
（1）创建一个项目，命名为 6-9。

（2）将需要在图片浏览器中显示的图片添加到创建好的项目的 Supporting Files 文件夹中。

（3）单击打开 ViewController.xib 文件，进行用户设置界面的设置。从 Objects 窗口中拖动 6 个图像视图到用户设置界面，其中一个图像视图要作为用户设置界面的背景，再将需要的图片添加到这 6 个图像视图中。这时用户设置界面的效果如图 6.15 所示。

（4）从 Objects 窗口中拖动一个 Page Control 控件视图到用户设置界面，在 Show the Attributes inspector 选项中的 Page 下，将 Pages 设置为 4，将 Tint Color 设置为红色，将 Current Page 设置为黑色，如图 6.16 所示。

这时用户设置界面的效果如图 6.17 所示。

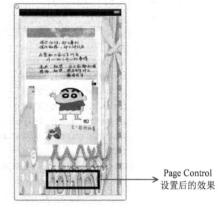

图 6.15　用户设置界面的效果 1　　　图 6.16　选项设置　　　图 6.17　用户设置界面的效果 2

（5）单击打开 ViewController.h 文件，进行插座变量和属性的声明，程序代码如下：

```
01  #import <UIKit/UIKit.h>
02  @interface ViewController : UIViewController{
03  //插座变量的声明
04      IBOutlet UIImageView *a;
05      IBOutlet UIImageView *b;
06      IBOutlet UIImageView *c;
07      IBOutlet UIImageView *d;
08      IBOutlet UIImageView *e;
09      IBOutlet UIPageControl *pageControl;
10  }
11  //属性的声明
12  @property(nonatomic,retain)UIImageView *a;
13  @property(nonatomic,retain)UIImageView *b;
14  @property(nonatomic,retain)UIImageView *c;
15  @property(nonatomic,retain)UIImageView *d;
16  @property(nonatomic,retain)UIImageView *e;
17  @property(nonatomic,retain)UIPageControl *pageControl;
18  @end
```

（6）将 ViewController.h 文件中声明的插座变量和 ViewController.xib 文件中拖放到用户设置界面的视图进行关联。

（7）单击打开 ViewController.m 文件，编写代码，此代码实现的功能是进行图片的切换。程序代码如下：

```objc
01  #import "ViewController.h"
02  @interface ViewController ()
03  @end
04  @implementation ViewController
05  //属性的定义
06  @synthesize a;
07  @synthesize b;
08  @synthesize c;
09  @synthesize d;
10  @synthesize e;
11  @synthesize pageControl;
12  - (void)viewDidLoad
13  {
14      e.transform=CGAffineTransformMakeRotation(45);   //将图形视图进行旋转
15      //将图像视图 e 显示，剩下的图像视图都进行隐藏
16      [a setHidden:YES];
17      [b setHidden:YES];
18      [c setHidden:YES];
19      [d setHidden:YES];
20      [e setHidden:NO];
21      [pageControl addTarget:self action:@selector(pageTurning:)
        forControlEvents:
22      UIControlEventValueChanged];        //进行动作 pageTurning 的声明
23      [super viewDidLoad];
24      // Do any additional setup after loading the view, typically from a nib.
25  }
26  - (void)didReceiveMemoryWarning
27  {
28      [super didReceiveMemoryWarning];
29      // Dispose of any resources that can be recreated.
30  }
31  //根据页面控制即 pageControl 控制的值决定应该加载哪幅图像
32  -(void)pageTurning:(UIPageControl *)pageController
33  {
34      NSInteger nextPage=[pageController currentPage];
35      if(nextPage==0){
36          [a setHidden:YES];
37          [b setHidden:YES];
38          [c setHidden:YES];
39          [d setHidden:YES];
40          [e setHidden:NO];
41      }else if(nextPage==1){
42          [a setHidden:YES];
43          [b setHidden:YES];
44          [c setHidden:YES];
45          [d setHidden:NO];
46          [e setHidden:YES];
47      }else if(nextPage==2){
48          [a setHidden:YES];
49          [b setHidden:NO];
50          [c setHidden:NO];
51          [d setHidden:YES];
52          [e setHidden:YES];
53      }else{
```

```
54          [a setHidden:NO];
55          [b setHidden:YES];
56          [c setHidden:YES];
57          [d setHidden:YES];
58          [e setHidden:YES];
59      }
60  }
61  @end
```

运行结果如图 6.18 所示。

图 6.18　图片浏览器运行结果

6.4　绘制图片的基础知识

当从网站上下载的图像不符合大家的需要时，就要自己动手画出所需要的图片，本节将主要讲解自制图片。

6.4.1　图形上下文

图形上下文的功能是为图形设备提供了一个画图环境，这里所说的图形设备就是对呈现图形的设备的抽象，比如屏幕、打印机等。如果没有了图形上下文，我们将无法对图形设备画任何东西，所以图形上下文是很重要的。图形上下文一般可以分为 5 种，我们将这 5 种图形上下文的名称和功能为大家做了一个总结，如表 6-2 所示。

表 6-2 图形上下文

名 称	功 能
位图图形上下文（Bitmap graphics context）	允许用户绘制 RGB 或者 CMYK 颜色，或者调整一张位图的灰度
PDF 图形上下文（PDF graphics context）	可以让用户创建 PDF 文件。PDF 文件是 Adobe 公司的矢量绘图协议，可以直接打印
窗口文件图形上下文（Window graphics context）	可以让用户图形上下文绘制到窗口，前提是用户必须会在此窗口获取相应的图形上下文
图层图形上下文（Layer graphics context）	绘制到图层里面
PostScript graphics context	针对打印

6.4.2 绘制图片中常用到的数据类型

在绘制图片时，会常用到一些数据类型，通过这些数据类型，我们可以知道它的功能有哪些。我们将数据类型为大家做了一个总结，如表 6-3 所示。

表 6-3 绘图时常用的数据类型

数 据 类 型	功 能
CGPathRef	用于画路径，例如直线（一点到另一点的路径）
CGImageRef	用于处理图片
CGShadingRef	阴影
CGLayerRef	用于处理图层
CGFunctionRef	定义回调函数
CGColorRef	处理颜色
CGPSConverterRef	将 PostScript 转换为 PDF
CGDataConsumerRef	管理数据
CGFontRef	字体
CGPDFDictionayRef	管理 PDF
CGPDFScannerRef	解析 PDF 格式

6.5 绘制图片的操作

绘制图片大致可以分为绘制路径、绘制位图、绘制文字和添加阴影这 4 个方面，通过这 4 种操作可以让用户界面变得更为特别。本节将主要讲解绘制图片的这 4 种操作。

6.5.1 绘制路径

绘制路径是绘制图片中最为简单的操作所谓路径是指使用曲线所构成的一段闭合或者开放的曲线段。我们可以通过不同的路径绘制直线、矩形、圆等不同的形状。下面我们来绘制路径中最为简单的路径，即绘制一条直线。在绘制直线之前，先来讲解一下绘制直线的大致步骤。

1. 获取当前的图形上下文

在绘制直线时，我们必须要获取当前的图形上下文。获取当前图形上下文的语法形式如下：

```
CGContextRef 当前图形上下文名=UIGraphicsGetCurrentContext();
```

2. 绘制的指令

绘制直线时必须要用到路径绘图指令中的 CGContextAddLineToPoint 或者是 CGContextAddLines。大多数情况下我们使用的是 CGContextAddLineToPoint 指令，它是通过点来绘制直线的。通过点进行绘制，我们就只要它的起点和终点，所以使用 CGContextMoveToPoint 指令来设置起点，通过 CGContextAddLineToPoint 来设置终点，它们的语法使用形式如下：

```
CGContextMoveToPoint (CGContextRef c,CGFloat x,CGFloat y);
                                                //设置线段的起点
CGContextAddLineToPoint(CGContextRef c,CGFloat x,CGFloat y);
                                                //设置线段的终点
```

其中，CGContextRef c 是当前的图形上下文名称，CGFloat x 和 CGFloat y 是点的位置。

3. 属性

直线设置好之后，为了让直线可以达到一个更好的效果，可以对直线的属性进行设置。在直线属性中通常设置两项，一项是直线的颜色，使用 CGContextSetRGBStrokeColor 进行设置；一项是设置线宽，可以采用 CGContextSetLineWidth 进行设置。它们的语法形式如下：

```
CGContextSetRGBStrokeColor(CGContextRef c,
        CGFloat red,CGFloat green,CGFloat blue,CGFloat alpha);
                                                //设置直线的颜色
CGContextSetLineWidth((CGContextRef c,CGFoat y);    //设置直线的宽度
```

其中，绘制颜色的最大值为 1.0，最小值为 0.0。如果没有进行颜色设置，系统默认为黑色。

4. 绘制

当设置好以后，就可以进行绘制了，一般使用 CGContextStrokePath 来绘制，它的语法形式如下：

```
CGContextStrokePath(CGContextStrokePath);
```

以上将绘制直线的大致步骤讲解完了，这些步骤不仅使用于直线的绘制，还可以用于绘制所有的路径。

【示例 6-8】 根据上面所说的绘制直线的步骤，来绘制一条直线，此直线的颜色为红色，线宽为 10。操作步骤如下：

（1）创建一个项目，命名为 6-10。

（2）创建一个基于 UIView 的类，这里我们的类名为 draw。

（3）单击打开 draw.m 文件，在 drawRect 函数中编写代码，此代码实现的功能就是绘制一条直线。程序代码如下：

```
01  #import "draw.h"
02  @implementation draw
03  - (id)initWithFrame:(CGRect)frame
04  {
05      self = [super initWithFrame:frame];
06      if (self) {
07          // Initialization code
08      }
09      return self;
10  }
11  // Only override drawRect: if you perform custom drawing.
12  // An empty implementation adversely affects performance during
    animation.
13  - (void)drawRect:(CGRect)rect
14  {
15      CGContextRef context=UIGraphicsGetCurrentContext();
                                                               //获取当前的图形上下文
16      CGContextSetRGBStrokeColor(context, 1.0, 0.0, 0.0, 1.0);
                                                               //设置直线的颜色
17      CGContextSetLineWidth(context, 10);                    //设置直线的线宽
18      CGContextMoveToPoint(context, 10.0, 90.0);             //设置直线的起点
19      CGContextAddLineToPoint(context, 300.0, 90.0);         //设置直线的终点
20      CGContextStrokePath(context);                          //绘制直线
21  }
22  @end
```

（4）接下来要运行结果。在 iPhone Simulator 模拟器上是不会有直线的，还需要单击打开 ViewController.xib 文件，选择 Show the Identity inspector 对话框中的 Custom 下的 Class，将 Class 设置为我们刚才创建的类，此处为 draw，如图 6.19 所示。这时，运行结果如图 6.20 所示。

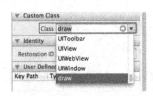

图 6.19　将 Class 设置为 draw

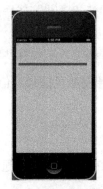

图 6.20　示例 6-8 运行结果

路径指令中绘制直线的方法及步骤就讲完了，通过路径，可以绘制各种形状，我们将常用的路径中的指令为大家做了一个总结，如表 6-4 所示。

【示例 6-9】以下通过使用绘制矩形的指令 CGContextAddRect 和绘制圆的指令 CGContextAddEllipseInRect，来绘制一个矩形和圆，其中矩形的颜色为绿色，线宽为 10，圆的颜色为红色，线宽为 5。操作步骤如下：

（1）创建一个项目，命名为 6-11。

表 6-4 常用的路径指令

功　能	指　令	
绘制直线	CGContextAddLineToPoint	
	CGContextAddLines	
绘制矩形	CGContextAddRect	
绘制圆	CGContextAddEllipseInRect	
用一个或两个控制点描绘一条贝赛尔曲线	CGContextAddQuadCurveToPoint	
	CGContextAddCurveToToPoint	
绘制一条圆弧	CGContextAddArcToPoint	
	CGContextAddArc	
闭合当前路径	CGContextClosePath	这将追加一条连接路径起点和终点的线段。如果打算填充路径，不需要此操作系统会自动实现
描边或填充路径（即把路径画出来）	CGContextStrokePath	
	CGContextFillPath	
	CGContextEOFillPath	
	CGContextDrawPath	同时描边和填充路径
清除矩形	CGContextClearRect	

（2）创建一个基于 UIView 的类，这里我们的类名为 draw。

（3）单击打开 draw.m 文件，在 drawRect 函数中编写代码，此代码实现的功能就是绘制矩形和圆。程序代码如下：

```
01  #import "draw.h"
02  @implementation draw
03  - (id)initWithFrame:(CGRect)frame
04  {
05      self = [super initWithFrame:frame];
06      if (self) {
07          // Initialization code
08      }
09      return self;
10  }
11  // Only override drawRect: if you perform custom drawing.
12  // An empty implementation adversely affects performance during animation.
13  - (void)drawRect:(CGRect)rect
14  {
15      //绘制矩形
16      CGContextRef context=UIGraphicsGetCurrentContext();
17      CGContextSetRGBStrokeColor(context, 0.0, 1.0, 0.0, 1.0);
18      CGContextSetLineWidth(context, 10.0);
19      CGContextAddRect(context, CGRectMake(60.0, 20.0, 200.0, 100.0));
20      CGContextStrokePath(context);
21      //绘制圆
22      CGContextSetRGBStrokeColor(context, 1.0, 0.0, 0.0, 1.0);
23      CGContextSetLineWidth(context, 5);
24      CGContextAddEllipseInRect(context, CGRectMake(60.0,180.0,200,200));
25      CGContextStrokePath(context);
26  }
27  @end
```

（4）单击打开 ViewController.xib 文件，选择 Show the Identity inspector 对话框中的 Custom 下的 Class，将 Class 设置为我们刚才创建的类，此处为 draw。单击 Run 按钮就可以运行结果了，如图 6.21 所示。

6.5.2 绘制位图

位图，也称为点阵图像或绘制图像，是由称作像素（图片元素）的单个点组成的。这些点可以进行不同的排列和染色以构成图样。当放大位图时，可以看见赖以构成整个图像的无数单个方块。绘制位图的方法有两种：一种是将相应的图片绘制到对应的矩形中，一种是将位图进行平铺。下面就来详细地讲解这两种绘制位图的形式。

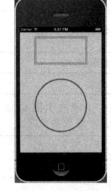

图 6.21　示例 6-9 运行结果

1. 将相应的图片绘制到对应的矩形中

将相应的图片绘制到对应的矩形中需要使用 CGContextDrawImage()方法，其声明语法如下：

```
CGContextDrawImage(CGContextRef c,
                   CGRect rect,
                   CGImageRef image);
```

其中 CGContextRef c 为当前的图形上下文，CGRect rect 为绘图区域，CGImageRef image 为想要绘制的位图。

【示例 6-10】以下程序通过使用 CGContextDrawImage()方法将图片绘制到一个位置为(60,60)、大小为(200,200)的矩形中。操作步骤如下：

（1）创建一个项目，命名为 6-12。
（2）将图片添加到创建好的项目中的 Supporting Files 文件夹中。
（3）创建一个基于 UIView 的类，这里我们的类名为 draw。
（4）单击打开 draw.m 文件，在 drawRect 函数中编写代码，此代码实现的功能就是将图片绘制到固定的矩形区域中。程序代码如下：

```
01  #import "draw.h"
02  @implementation draw
03  - (id)initWithFrame:(CGRect)frame
04  {
05      self = [super initWithFrame:frame];
06      if (self) {
07          // Initialization code
08      }
09      return self;
10  }
11  // Only override drawRect: if you perform custom drawing.
12  // An empty implementation adversely affects performance during animation.
13  - (void)drawRect:(CGRect)rect
14  {
15      UIImage *image=[UIImage imageNamed:@"8.png"];           //创建图片
16      CGContextRef context=UIGraphicsGetCurrentContext();
                                                                //获取当前的图形上下文
17      CGRect imageRect;
```

```
18      imageRect.origin=CGPointMake(60.0, 60.0);      //设置矩形区域的位置
19      imageRect.size=CGSizeMake(200.0, 200.0);       //设置矩形区域的大小
20      CGContextDrawImage(context, imageRect, image.CGImage);  //绘图
21  }
22  @end
```

(5)单击打开 ViewController.xib 文件,选择 Show the Identity inspector 对话框中的 Custom 下的 Class,将 Class 设置为我们刚才创建的类,此处为 draw。单击 Run 按钮就可以运行结果了,如图 6.22 所示。

2. 将位图进行平铺

如果要将位图进行平铺,需要使用 CGContextDrawTiledImage()方法,此方法声明的语法形式如下:

```
CGContextDrawTiledImage(CGContextRef c,
                CGRect rect,
                CGImageRef image);
```

其中,CGContextRef c 为当前的图形上下文,CGRect rect 为平铺位图的大小,CGImageRef image 为想要绘制的位图。

【示例 6-11】 以下程序通过使用 CGContextDrawTiledImage()方法实现将图片进行平铺,矩形区域位置和大小为(0.0, 100.0, 350.0, 250.0)。操作步骤如下:

(1)创建一个项目,命名为 6-13。
(2)将图片添加到创建好的项目中的 Supporting Files 文件夹中。
(3)创建一个基于 UIView 的类,这里我们的类名为 draw。
(4)单击打开 draw.m 文件,在 drawRect 函数中编写代码,此代码实现的功能就是将图片进行平铺。程序代码如下:

```
01  #import "draw.h"
02  @implementation draw
03  - (id)initWithFrame:(CGRect)frame
04  {
05      self = [super initWithFrame:frame];
06      if (self) {
07          // Initialization code
08      }
09      return self;
10  }
11  // Only override drawRect: if you perform custom drawing.
12  // An empty implementation adversely affects performance during animation.
13  - (void)drawRect:(CGRect)rect
14  {
15      UIImage *image=[UIImage imageNamed:@"8.png"];
16      CGContextRef context=UIGraphicsGetCurrentContext();
17      CGRect imageRect;
18      imageRect.origin=CGPointMake(60.0, 60.0);              //设定位置
19      imageRect.size=CGSizeMake(64.0, 64.0);                 //设置每张图的大小
20      CGContextClipToRect(context, CGRectMake(0.0,100.0,350.0,250.0));
                                                                //设置平铺区域的大小
21      CGContextDrawTiledImage(context, imageRect, image.CGImage);
                                                                //以平铺的方式绘制
22  }
23  @end
```

（5）单击打开 ViewController.xib 文件，选择 Show the Identity inspector 对话框中的 Custom 下的 Class，将 Class 设置为我们刚才创建的类，此处为 draw。单击 Run 按钮就可以运行结果了，如图 6.23 所示。

图 6.22　示例 6-10 运行结果

图 6.23　示例 6-11 运行结果

6.5.3　绘制字体

文字在 iPhone 中起着相当重要的作用，可以将想要表达的意思通过文字展示给使用它的用户。接下来将讲解如何绘制出很特别的文字。

1．选择字体

要绘制一个很特别的文字首先要选择文字所使用的字体，选择字体使用 CGContextSelectFont()方法，它的语法形式如下：

```
CGContextSelectFont(CGContextRef c,
            const char *name,
            CGFloat size,
            CGTextEncoding textEncoding);
```

其中，CGContextRef c 是当前的图形上下文，const char *name 是字体的名称，CGFloat size 是字体大小，CGTextEncoding textEncoding 是字体编码。

2．设置文字转换矩阵

选择了字体以后，不要以为就可以对文字进行绘制了，这时绘制出来的文字是有问题的。

【示例 6-12】　以下程序通过 CGContextSelectFont()方法选择了文字的字体后对文字进行了绘制。操作步骤如下：

（1）创建一个项目，命名为 6-14。

（2）创建一个基于 UIView 的类，这里我们的类名为 draw。

（3）单击打开 draw.m 文件，在 drawRect 函数中编写代码，此代码实现的功能是选择字体后对文字进行绘制。程序代码如下：

```
01  #import "draw.h"
02  @implementation draw
03  - (id)initWithFrame:(CGRect)frame
04  {
05      self = [super initWithFrame:frame];
```

```
06      if (self) {
07          // Initialization code
08      }
09      return self;
10  }
11  // Only override drawRect: if you perform custom drawing.
12  // An empty implementation adversely affects performance during animation.
13  - (void)drawRect:(CGRect)rect
14  {
15      CGContextRef context=UIGraphicsGetCurrentContext();
16      CGContextSelectFont(context, "Helvetica", 36.0,
        kCGEncodingMacRoman),                //选择字体
17      //绘制文字
18      CGContextShowTextAtPoint(context, 20.0, 200.0, "This is my iPhone",
        strlen("This is my
19  iPhone"));
20  }
21  @end
```

（4）单击打开 ViewController.xib 文件，选择 Show the Identity inspector 对话框中的 Custom 下的 Class，将 Class 设置为我们刚才创建的类，此处为 draw。单击 Run 按钮就可以运行结果了，如图 6.24 所示。

在此示例中对于文字的绘制会在后面的小节中进行讲解。在此运行结果中，发现字体是倒立的，为了防止这一种情况的发生，我们必须要设置字体转换矩阵。要实现此功能，应使用 CGContextSetTextMatrix()方法，它的语法的形式如下：

```
CGContextSetTextMatrix(CGContextRef c,
                      CGAffineTransform t);
```

其中，CGAffineTransform t 为矩阵的转换，这里给出文字平移、缩放或者旋转转换的矩阵，使文字进行相应的转换。如果在示例 6-12 中在选择字体的下面添加一行代码，代码如下：

```
CGContextSetTextMatrix(context, CGAffineTransformMakeScale(1.0, -1.0));
```

在单击 Run 按钮，则运行结果如图 6.25 所示。

图 6.24　示例 6-12 运行结果 1

图 6.25　示例 6-12 运行结果 2

3. 设置绘制模式

在很多的地方我们可以看到有的文字是用一个边描绘的，要实现这种效果，就要设置绘制模式。绘制文字模式使用 CGContextSetTextDrawingMode()方法，它的语法形式如下：

```
CGContextSetTextDrawingMode(CGContextRef c,
                    CGTextDrawingMode mode);
```

其中,CGTextDrawingMode mode 是绘制的模式,这里的绘制模式有 3 种,分别为:kCGTextFill(填充)、kCGTextStroke(描边)和 kCGTextFillStroke(即填充又描边)。

4. 绘制文字

对文字设置好以后,就可以使用 CGContextShowTextAtPoint()方法来对文字进行绘制了,它的语法形式如下:

```
CGContextShowTextAtPoint(CGContextRef c,
                    CGFloat x,
                    CGFloat y,
                    const char *string,
                    size_t length);
```

其中,CGFloat x 和 CGFloat y 是文字在 x 方向和 y 方向的位置,const char *string 是需要绘制的文字,size_t length 是字体的长度。

【示例 6-13】 以下程序通过使用绘制文字中用到的方法,使用 3 个绘制模式将文字进行绘制。操作步骤如下:

(1)创建一个项目,命名为 6-15。
(2)创建一个基于 UIView 的类,这里我们的类名为 draw。
(3)单击打开 draw.m 文件,在 drawRect 函数中编写代码,此代码实现的功能是选择字体后用 3 种模式绘制文字。程序代码如下:

```
01  #import "draw.h"
02  @implementation draw
03  - (id)initWithFrame:(CGRect)frame
04  {
05      self = [super initWithFrame:frame];
06      if (self) {
07          // Initialization code
08      }
09      return self;
10  }
11  // Only override drawRect: if you perform custom drawing.
12  // An empty implementation adversely affects performance during animation.
13  - (void)drawRect:(CGRect)rect
14  {
15      //以 kCGTextFill 模式绘制文字
16      CGContextRef context=UIGraphicsGetCurrentContext();
17      CGContextSelectFont(context, "Helvetica", 36.0,
          kCGEncodingMacRoman);
18      CGContextSetTextMatrix(context, CGAffineTransformMakeScale(1.0,
          -1.0));
19      CGContextSetTextDrawingMode(context, kCGTextFill);
20  CGContextShowTextAtPoint(context, 20.0, 100.0, "This is my iPhone",
    strlen("This is my
21  iPhone"));
22      //以 kCGTextFillStroke 模式绘制文字
23      CGContextSetTextDrawingMode(context, kCGTextFillStroke);
24      CGContextSetRGBFillColor(context, 0.0, 1.0, 0.0, 0.5);
                                                    //设置填充颜色
```

```
25      CGContextSetRGBStrokeColor(context, 1.0, 0.0, 0.0, 1.0);
                                                //设置边框颜色
26      CGContextShowTextAtPoint(context, 20.0, 200.0, "This is my book",
        strlen("This is my
27 book"));、
28      //以 kCGTextStroke 模式绘制文字
29      CGContextSetTextDrawingMode(context, kCGTextStroke);
30      CGContextSetTextMatrix(context,
        CGAffineTransformMakeRotation(145));        //设置旋转矩阵
31      CGContextSetRGBStrokeColor(context, 1.0, 0.0, 0.0, 1.0);
32      CGContextShowTextAtPoint(context, 20.0, 300.0, "This is my car",
        strlen("This is my car"));
33      }
34 @end
```

（4）单击打开 ViewController.xib 文件，选择 Show the Identity inspector 对话框中的 Custom 下的 Class，将 Class 设置为我们刚才创建的类，此处为 draw。单击 Run 按钮就可以运行结果了，如图 6.26 所示。

6.5.4 添加阴影

阴影可以让绘制的图形更形象，例如要绘制一个在阳光下的事物，阴影是必不可缺少的。一般为绘制的图形添加阴影可以使用 CGContextSetShadow 指令。它的语法形式如下：

图 6.26 示例 6-13 运行结果

```
CGContextSetShadow(CGContextRef, CGSize offset, CGFloat blur);
```

其中，CGSize offset 是阴影的位置，CGFloat blur 是阴影的模糊值，数值越大越模糊。

【示例 6-14】 在示例 6-9 的运行结果中添加一个阴影。程序代码如下：

```
01 #import "draw.h"
02 @implementation draw
03 - (id)initWithFrame:(CGRect)frame
04 {
05     self = [super initWithFrame:frame];
06     if (self) {
07         // Initialization code
08     }
09     return self;
10 }
11 // Only override drawRect: if you perform custom drawing.
12 // An empty implementation adversely affects performance during animation.
13 - (void)drawRect:(CGRect)rect
14 {
15     UIImage *image=[UIImage imageNamed:@"8.png"];
16     CGContextRef context=UIGraphicsGetCurrentContext();
17     CGRect imageRect;
18     imageRect.origin=CGPointMake(60.0, 60.0);
19     imageRect.size=CGSizeMake(200.0, 200.0);
20     CGContextSetShadow(context, CGSizeMake(7, 10), 3);      //添加阴影
21     CGContextDrawImage(context, imageRect, image.CGImage);
22 }
23 @end
```

运行结果如图 6.27 所示。

图 6.27 示例 6-14 运行结果

6.6 小　　结

本章主要讲解了对图片的两种操作，一种是使用从网站下载的图片，一种是自己绘制的图片。本章的重点是图像视图的使用以及绘制图片的流程。通过本章的学习，希望大家可以使用图片创建一个不一样的用户界面。

6.7 习　　题

【习题 6-1】请编写代码，此代码实现的功能是动态创建一个图像视图，大小及位置为(60, 150, 200, 150)。显示图片后，将图片放大两倍后再次进行显示，运行结果如图 6.28 所示。

【习题 6-2】请编写代码，此代码的功能是不使用添加控制器的方法，使用按钮视图进行两张图片的切换，其中一张图片是旋转 45°后显示的。运行结果如图 6.29 所示（这两张图片可以是任意的）。

图 6.28 习题 6-1 运行结果　　　　　图 6.29 习题 6-2 运行结果

【习题 6-3】请编写代码，此代码实现的功能是绘制 3 条水平线段，其中线的颜色是红色，线宽为 10，运行结果如图 6.30 所示。

【**习题 6-4**】 请编写代码，此代码实现的功能是在 iPhone Simulator 模拟器上显示一行字符串"I Love China"，字体大小为 36，字体的绘制形式是描边，其中边是红色的，运行结果如图 6.31 所示。

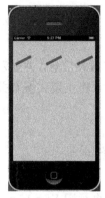
图 6.30 习题 6-3 运行结果

图 6.31 习题 6-4 运行结果

第 7 章 使 用 网 页

网站是重要的内容来源，在 iPhone 程序中经常会获取网站信息，并显示对应的网页内容。iPhone 提供了专门的网页视图来完成对应的功能。本章将主要讲解有关网页视图的创建、使用流程和网页视图的应用等相关方面的知识。

7.1 创建网页视图

如果想要在应用程序中加载网页，必须要创建一个网页视图 Web View 将 Web 浏览器嵌入到应用程序中。再通过创建好的网页视图发送请求来加载网页内容。接下来主要讲解网页视图创建的两种方法。

1. 静态创建

在创建好项目之后，单击打开 ViewController.xib 文件，在 Objects 窗口中，将 Web View 视图拖放到用户设置界面，这时一个网页视图就创建好了。

2. 动态创建

若不想使用静态方式创建网页视图，我们还可以使用代码形式来动态创建网页视图，其语法形式如下：

```
UIWebView *网页视图对象名=[[UIWebView alloc]initWithFrame:(CGRect)];
```

其中，CGRect 用来设置网页视图的大小和位置。

【示例 7-1】 以下程序是通过动态创建视图的方法，创建了一个位置和大小分别为(10, 10, 300, 350)的网页视图。程序代码如下：

```
01  #import "ViewController.h"
02  @interface ViewController ()
03  @end
04  @implementation ViewController
05  - (void)viewDidLoad
06  {
07      //创建网页视图
08      UIWebView *web=[[UIWebView alloc]initWithFrame:CGRectMake(10, 10, 300, 350)];
09      [self.view addSubview:web];
10      [super viewDidLoad];
11      // Do any additional setup after loading the view, typically from a nib.
12  }
13  - (void)didReceiveMemoryWarning
14  {
15      [super didReceiveMemoryWarning];
```

```
16        // Dispose of any resources that can be recreated.
17   }
18   @end
```

运行结果如图 7.1 所示。

图 7.1　示例 7-1 运行结果

7.2　网页视图的使用

网页视图创建好以后，我们就可以使用网页视图了。网页视图的使用大致可以分为网页的加载、页面自动缩放和网页内容的识别等。本节将主要讲解网页视图的使用。

7.2.1　加载网页视图

在图 7.1 中，可以看到我们的网页视图是没有任何内容的，这就需要对创建的网页视图进行加载。所谓加载，简单地说就是把硬盘上的应用程序调到内存中。网页视图的加载有 3 种方式，分别为 loadRequest()、loadHTMLString()和 loadData()。这里我们主要讲解最常用到的两种方式：loadRequest()和 loadHTMLString()。

1．加载网页内容

如果想要加载一个网页的内容，就要使用 loadRequest()方法。要使用 loadRequest()方法，需要 3 个步骤。

（1）给出网址（URL）：我们要使用 URLWithString()方法输入大家希望加载的网址。这时，就需要创建一个 NSURL 对象，其语法形式如下：

```
NSURL *NSURL 对象名=[NSURL URLWithString:(NSString *)];
```

其中，NSString *就是网址。

（2）传递网址：在给出网址之后，要将创建的 NSURL 对象传递给 Request requestWithURL()方法。这时就需要创建一个 NSURLRequest 对象，其语法形式如下：

```
NSURLRequest * NSURLRequest 对象名=[NSURLRequest requestWithURL:(NSURL *)];
```

（3）加载：将 NSURL 对象传递给 Request requestWithURL()方法后，就可以进行网址的加载了，使用 loadRequest()方法，其语法形式如下：

```
[网页视图对象名 loadRequest:(NSURLRequest *)];
```

以上就是加载一个网址的步骤，希望大家可以记住。

【示例 7-2】 以下程序通过使用 loadRequest()方法，加载一个 http://www.baidu.com 的网址。程序代码如下：

```
01  #import "ViewController.h"
02  @interface ViewController ()
03  @end
04  @implementation ViewController
05  - (void)viewDidLoad
06  {
07      UIWebView *web=[[UIWebView alloc]initWithFrame:CGRectMake(10, 10,
        300, 400)];
08      [self.view addSubview:web];
09      NSURL *url=[NSURL URLWithString:@"http://www.baidu.com"];
                                                       //创建 NSURL 对象
10      NSURLRequest *req=[NSURLRequest requestWithURL:url];
                                                       //创建 NSURLRequest 对象
11      [web loadRequest:req];                         //加载网址
12      [super viewDidLoad];
13      // Do any additional setup after loading the view, typically from a nib.
14  }
15  - (void)didReceiveMemoryWarning
16  {
17      [super didReceiveMemoryWarning];
18      // Dispose of any resources that can be recreated.
19  }
20  @end
```

运行结果如图 7.2 所示。

图 7.2 示例 7-2 运行结果

2. 加载 HTML 代码

如果想在 Web View 视图中显示我们使用 HTML 代码设置的网页，可以使用 loadHTMLString()方法，其中语法形式如下：

```
[网页视图对象名 loadHTMLString(NSString *) baseURL(NSURL *)];
```

其中，baseURL 是指基准的 URL 是一个绝对地址。

【示例 7-3】 以下程序通过使用 loadHTMLString()方法，加载使用 HTML 编写的代码，此代码输出一行字符串"This is my China"。其中，"China"的字体大小为 36，颜色为红色。在此示例中，我们使用静态的方式创建网页视图。操作步骤如下：

（1）创建一个项目，命名为 7-3。

（2）单击 ViewController.xib 文件，从 Objects 窗口中将 Web View 视图拖动到用户设置界面。

（3）单击打开 ViewController.h 文件，声明一个插座变量，程序代码如下：

```
01  #import <UIKit/UIKit.h>
02  @interface ViewController : UIViewController{
03      IBOutlet UIWebView *web;                    //插座变量
04  }
05  @end
```

（4）将 ViewController.h 文件的插座变量和 ViewController.xib 文件中用户设置界面的 Web View 视图相关联。

（5）单击打开 ViewController.m 文件，编写代码，此代码实现的功能是加载使用 HTML 代码编写的程序，程序代码如下：

```
01  #import "ViewController.h"
02  @interface ViewController ()
03  @end
04  @implementation ViewController
05  - (void)viewDidLoad
06  {
07      //创建字符串变量
08      NSString *html=@"This is my <font color=red><strong><font size=36><strong>China";
09      //加载
10      [web loadHTMLString:html baseURL:nil];
11      [super viewDidLoad];
12      // Do any additional setup after loading the view, typically from a nib.
13  }
14  - (void)didReceiveMemoryWarning
15  {
16      [super didReceiveMemoryWarning];
17      // Dispose of any resources that can be recreated.
18  }
19  @end
```

运行结果如图 7.3 所示。

图 7.3　示例 7-3 运行结果

7.2.2　自动缩放页面

当网页上的内容很多时，手机屏幕就变成了滚动的。为了使网页上所有内容一次性都显示在手机屏幕上，就要对页面进行自动缩放。要实现此功能，需要使用 scalespageToFit

属性，其语法形式如下：

```
网页视图对象名.scalesPageToFit=BOOL;
```

其中，当 BOOL 为 YES 时，可以对页面进行自动缩放；如果 BOOL 为 NO，就不可以对页面进行自动缩放。

【示例 7-4】 以下程序通过对 scalespageToFit 属性进行设置，让加载的网址为 http://www.Apple.com 的页面变为自动缩放的。操作步骤如下：

（1）创建一个项目，命名为 7-6。

（2）单击 ViewController.xib 文件，从 Objects 窗口中将 Web View 视图拖动到用户设置界面。

（3）单击打开 ViewController.h 文件，声明一个插座变量，程序代码如下：

```
01  #import <UIKit/UIKit.h>
02  @interface ViewController : UIViewController{
03      IBOutlet UIWebView *web;        //声明插座变量
04  }
05  @end
```

（4）将 ViewController.h 文件的插座变量和 ViewController.xib 文件中用户设置界面的 Web View 视图相关联。

（5）单击打开 ViewController.m 文件，编写代码，此代码实现的功能是加载一个网址实现页面自动缩放，程序代码如下：

```
01  #import "ViewController.h"
02  @interface ViewController ()
03  @end
04  @implementation ViewController
05  - (void)viewDidLoad
06  {
07      NSURL *url=[NSURL URLWithString:@"http://www.Apple.com"];
08      NSURLRequest *req=[NSURLRequest requestWithURL:url];
09      [web loadRequest:req];
10      web.scalesPageToFit=YES;        //设置页面自动缩放
11      [super viewDidLoad];
12      // Do any additional setup after loading the view, typically from a nib.
13  }
14  - (void)didReceiveMemoryWarning
15  {
16      [super didReceiveMemoryWarning];
17      // Dispose of any resources that can be recreated.
18  }
19  @end
```

运行结果如图 7.4 所示。

7.2.3 自动识别网页中的内容

有时我们看到网页上的一个网址时，想要单击以后就进入这个网址的链接；当看到网页上的电话号码时，单击就可以拨打电话。要实现这些功能就要使用自动识别网页中的内容的属性 dataDetectorTypes，它的语法形式如下：

```
网页视图对象名.dataDetectorTypes=自动识别网页中的内容;
```

第 7 章 使用网页

图 7.4 示例 7-4 运行结果

其中，自动识别网页中的内容包括识别电子邮件、电话号码等，我们为大家做了一个总结，如表 7-1 所示。

表 7-1 自动识别网页中的内容

内　　容	功　　能
UIDataDectorTypeAddress	识别电子邮件
UIDataDectorTypeAll	识别网页中的所有内容
UIDataDectorTypeCalendarEvent	识别日期
UIDataDectorTypelink	识别网址
UIDataDectorTypeNone	不识别网页中的任何内容
UIDataDectorTypePhoneNumber	识别电话号码

如果不对 dataDetectorTypes 属性进行任何设置，默认为识别电话号码。

【示例 7-5】 以下程序通过对 dataDetectorTypes 属性进行设置，对加载的 HTML 代码中的所有内容进行识别。操作步骤如下：

（1）创建一个项目，命名为 7-5。

（2）单击 ViewController.xib 文件，从 Objects 窗口中将 Web View 视图拖动到用户设置界面。

（3）单击打开 ViewController.h 文件，声明一个插座变量，程序代码如下：

```
01  #import <UIKit/UIKit.h>
02  @interface ViewController : UIViewController{
03      IBOutlet UIWebView *web;      //插座变量的声明
04  }
05  @end
```

（4）将 ViewController.h 文件的插座变量和 ViewController.xib 文件中用户设置界面的 Web View 视图相关联。

（5）单击打开 ViewController.m 文件，编写代码，此代码实现的功能是自动识别加载的 HTML 代码中的内容，程序代码如下：

```
01  #import "ViewController.h"
02  @interface ViewController ()
```

```
03      @end
04      @implementation ViewController
05      - (void)viewDidLoad
06      {
07          NSString *html1=@"<pre>个人信息</pre>个人网站  http://www.baidu.com
08      <br>个人电话   0351-222222<br>电子邮件    liuyy@163.com";//创建字符串
09          [web loadHTMLString:html1 baseURL:nil];              //加载
10          web.dataDetectorTypes=UIDataDetectorTypeAll;
                                                         //自动识别网页中所有的内容
11          [super viewDidLoad];
12          // Do any additional setup after loading the view, typically from a nib.
13      }
14      - (void)didReceiveMemoryWarning
15      {
16          [super didReceiveMemoryWarning];
17          // Dispose of any resources that can be recreated.
18      }
19      @end
```

运行结果如图7.5所示。

图7.5 示例7-5运行结果

7.3　网页视图的应用

在讲解了网页视图的创建和使用以后，相信大家都对网页视图有了很深刻的了解，接下来我们就以学到的知识制作一个网页浏览器。

7.3.1　导航动作

我们在使用网页浏览器时，会看到一个导航栏，当输入网址单击前往按钮，相应的网页就会打开，再单击后退按钮，网页就会后退到之前的网页。那么这些功能是怎么实现的？其实，这些功能都是使用导航动作实现的。在 UIWebView 类的内部会管理浏览器的导航动作。我们将 UIWebView 类的内部导航动作及功能为大家做了一个总结，如表 7-2 所示。

表 7-2　导航动作

方　　法	功　　能	方　　法	功　　能
goBack	后退	reload	重载
goForward	前进	stopLoading	取消重载

【示例 7-6】 以下程序通过使用导航动作对打开的任意网页进行前进和后退操作。操作步骤如下：

（1）创建一个项目，命名为 7-11。

（2）单击打开 ViewController.xib 文件，对用户设置界面进行设置，从 Objects 窗口中添加两个 Round Rect Button 控件视图、一个 Text Field 视图和一个 Web View 视图到设置界面。这时设置界面的效果如图 7.6 所示。

（3）按住 Ctrl 键拖动 Text Field 视图到 File's Owner 中，如图 7.7 所示。

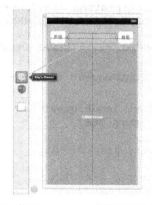

图 7.6　设置界面的效果　　　　图 7.7　拖动 Text Field 视图到 File's Owner

（4）选择 File's Owner 后，在弹出的小对话框中选择 delegate，如图 7.8 所示。

（5）按住 Ctrl 键拖动标题为"后退"的按钮到用户设置界面的 Web View 视图中，在弹出的对话框中选择 goBack，如图 7.9 所示。

（6）拖动标题为"前进"的按钮到用户设置界面的 Web View 视图中，在弹出的面板中选择 goForward 选项。

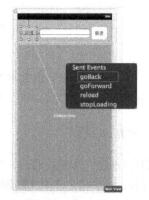

图 7.8 选择 delegate   图 7.9 选择 goBack

（7）单击打开 ViewController.h 文件，声明一个关于 UIWebView 视图的插座变量，程序代码如下：

```
01  #import <UIKit/UIKit.h>
02  @interface ViewController : UIViewController{
03      IBOutlet UIWebView *web;
04  }
05  @end
```

（8）将 ViewController.h 文件的插座变量和 ViewController.xib 文件中用户设置界面的 Web View 视图相关联。

（9）单击打开 ViewController.m 文件，编写代码，此代码实现的功能是输入任意网址并打开，单击"前进"和"后退"按钮实现网页的前进和后退，程序代码如下：

```
01  #import "ViewController.h"
02  @interface ViewController ()
03  @end
04  @implementation ViewController
05  -(BOOL)textFieldShouldReturn:(UITextField *)textField
06  {
07      NSURL *url=[NSURL URLWithString:textField.text];
                                                        //创建 NSURL 对象
08      NSURLRequest *req=[NSURLRequest requestWithURL:url];
                                                        //创建 NSURLRequest 对象
09      [web loadRequest:req];                          //加载
10      return YES;
11  }
12  - (void)viewDidLoad
13  {
14      [super viewDidLoad];
15      // Do any additional setup after loading the view, typically from a nib.
16  }
17  @end
```

运行结果如图 7.10 所示。

7.3.2 协议

在我们所使用的 iPhone 开发语言 Objective-C 中，是没有实现多继承功能的（所谓继

第 7 章 使用网页

图 7.10 示例 7-6 运行结果

承就是一个新类的定义往往都基于另一个类，而这个新类就继承了原来类的所有功能。我们在创建视图控制器时就继承了 ViewController 类中所有的功能。)，所以提供了协议。协议事实上是一组方法列表，它并不依赖于特定的类。使用协议可以使不同的类共享相同的消息。接下来主要讲解协议的相关知识。

1. 协议的定义

协议是在接口文件中进行定义的，协议定义的语法形式如下：

```
@protocol 协议名
@end
```

其中，我们所空的行中可以声明一些方法。而在 iPhone 开发中，协议中又遵守了一个名为 NSObject 的协议，所以在 iPhone 开发中，默认协议的定义语法如下：

```
@protocol 协议名<NSObject>
@end
```

其中，所空的行可以声明一些方法。

2. 协议的创建

以下，我们创建一个协议名为 AA 的协议，操作步骤如下：
（1）创建一个项目，命名为 7-12。
（2）选择菜单栏中的 File|New|File...命令，如图 7.11 所示。
（3）在弹出的选择新文件模板对话框中，选择 Objective-C protocol，如图 7.12 所示。
（4）单击 Next 按钮，在弹出的在选择文件操作对话框中，输入协议名（协议名是用户自己定义的），如图 7.13 所示。
（5）单击 Next 按钮，在保存位置对话框中单击 Create 按钮，这时协议名为 AA 的协议就创建好了，如图 7.14 所示。

图 7.11 操作步骤 1

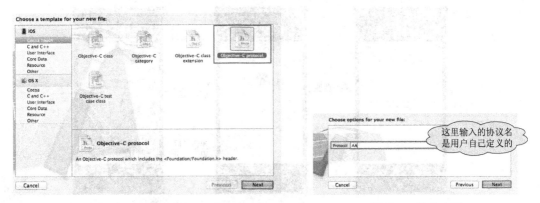

图 7.12　操作步骤 2　　　　　　　图 7.13　操作步骤 3

图 7.14　操作步骤 4

在图 7.14 所示的操作步骤 4 中我们可以知道，创建好协议以后，生成的文件只有一个接口文件。

3. 协议在类中的声明

创建好协议以后，要使我们的类遵守创建的协议，就要在此类中进行协议的声明，语法形式如下：

```
@interface 类名:父类名<协议名>
@end
```

其中，遵守的协议要放在父类名的后面，并且用尖括号将其括起来。

4. 使用在协议中声明的方法

使用协议中声明的方法的语法形式如下：

```
@protocol 协议名<NSObject>
方法声明
@end
```

协议中的方法在类的实现文件中的实现语法形式如下：

```
@implementation 类名
类和协议中的声明方法的实现
@end
```

在 iPhone 开发中，所使用的协议是事先创建好的，协议中的方法也是事先声明好的，所以我们在 iPhone 开发中只需要在遵守协议的类的实现文件中，进行协议中方法的实现就可以了。

7.3.3 加载中常用到的函数

在浏览器中要打开一个网页，首先会看到各种各样的加载视图，如图 7.15 所示。

在我们将要创建的网页浏览器中也需要有一个加载视图，在 iPhone 开发中常使用 Activety Indicator View 视图，它的形式及加载过程如图 7.16 所示。

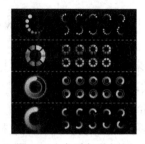

图 7.15　各种加载视图

图 7.16　Activety Indicator View 视图

当我们从 Objects 窗口中拖动 Activety Indicator View 视图到设置界面以后，运行它是不会实现图 7.16 所示的旋转的，要实现旋转的功能，还需要调用加载时常要到的函数，下面来介绍这些函数。

（1）当开始加载时，所调用的函数为 webViewDidStartLoad()，它的语法形式如下：

```
-(void)webViewDidStartLoad:(UIWebView *)webView
{
    ...
}
```

（2）当加载结束后，所调用的函数为 webViewDidFinishLoad()，它的语法形式如下：

```
- (void)webViewDidFinishLoad:(UIWebView *)webView
{
    ...
}
```

（3）当由于某些原因，长时间处于加载过程中时，往往加载失败了。这时，所调用的函数是 didFailLoadWithError()，它的语法形式如下：

```
- (void)webView:(UIWebView *)webView didFailLoadWithError:(NSError *)error
{
    ...
}
```

注意，这些函数都在一个名为 UIWebViewDelegate 协议中。

7.3.4　网页浏览器

现在我们就来创建一个既有导航栏、又有加载动画的网页浏览器，操作步骤如下：

（1）创建一个项目，命名为 7-8。

（2）单击打开 ViewController.xib 文件，对用户设置界面进行设置。首先将背景设置为红色。

（3）对导航栏进行设置。拖动两个 Round Rect Button 视图到设置界面，双击将标题分别改为"后退"和"前往"。在两个 Round Rect Button 视图中间拖进一个 Text Field 视图。

（4）从 Objects 窗口中拖动一个 Web View 视图到设置界面，调整大小。再拖动一个 Activety Indicator View 视图到 Web View 视图中，拖动一个 Label 也到 Web View 视图中，并将其标题改为 Loading....。这时用户设置界面的效果如图 7.17 所示。

（5）按住 Ctrl 键拖动 Text Field 视图到 File's Owner 中，选择 File's Owner 后，在弹出的面板中选择 delegate 选项。

（6）按住 Ctrl 键拖动标题为"后退"的按钮到用户设置界面的 Web View 视图中，在弹出的面板中选择 goBack 选项。

（7）调整窗口，将 ViewController.h 文件也显示出来，按住 Ctrl 键拖动标题为"前往"的按钮到 ViewController.h 文件进行动作 go:的声明和关联。

（8）将一张图片添加到创建好的项目中的 Supporting Files 文件夹中。

（9）从 Objects 窗口中拖动一个 Image View 视图到用户设置界面，选择 Show the Attributes inspector 选项中的 Image View 下，将 Image 设置为我们刚才添加的图像。

（10）拖动一个 Label 到 Image View 视图中，并将其标题改为"欢迎使用 UC 浏览器"，这时用户设置界面的效果如图 7.18 所示。

图 7.17 用户设置界面的效果

图 7.18 用户设置界面的效果

（11）单击打开 ViewController.h 文件，进行协议的声明和插座变量的声明，程序代码如下：

```
01  #import <UIKit/UIKit.h>
02  @interface ViewController : UIViewController<UIWebViewDelegate>{
                                                    //协议的声明
03      IBOutlet UIWebView *web;
04      IBOutlet UITextField *textfield;
05      IBOutlet UIActivityIndicatorView *activityIndicatorView ;
06      IBOutlet UILabel *label;
07      IBOutlet UILabel *la;
08      IBOutlet UIImageView *aa;
09  }
10  - (IBAction)go:(id)sender;
11  @end
```

（12）将在 ViewController 声明的插座变量和在 ViewController.xib 文件中拖到用户设置界面的视图相关联。

（13）单击打开 ViewController.m 文件，进行代码的编写，此代码的功能是实现浏览器浏览网页，程序代码如下：

```
01  #import "ViewController.h"
02  @interface ViewController ()
03  @end
04  @implementation ViewController
05  - (void)loadWebPageWithString:(NSString*)urlString
06  {
07      NSURL *url =[NSURL URLWithString:urlString];        //创建 NSURL 对象
08      NSURLRequest *request =[NSURLRequest requestWithURL:url];
                                                            //创建 NSURLRequest 对象
09      [web loadRequest:request];                          //加载
10  }
11  - (void)viewDidLoad
12  {
13      [super viewDidLoad];
14      web.scalesPageToFit =YES;                           //设置页面的自动缩放
15      [web setUserInteractionEnabled: YES ];
16      web.delegate =self;
17      [activityIndicatorView setHidden:YES];
18      label.hidden=YES;
19  }
20  //加载结束
21  - (void)webViewDidFinishLoad:(UIWebView *)webView
22  {
23      [activityIndicatorView stopAnimating];              //动画
24      activityIndicatorView.hidden=YES;
25      label.hidden=YES;
26  }
27  //开始加载
28  -(void)webViewDidStartLoad:(UIWebView *)webView
29  {
30      [activityIndicatorView startAnimating];
31      activityIndicatorView.hidden=NO;
32      label.hidden=NO;
33      aa.hidden=YES;
34      la.hidden=YES;
35  }
36  //加载失败
37  -(void)webView:(UIWebView *)webView didFailLoadWithError:
    (NSError *)error{
38      UIAlertView *alert=[[UIAlertView alloc]initWithTitle:@"亲,
        你的网速不给力" message:nil
39  delegate:nil cancelButtonTitle:@"OK" otherButtonTitles:nil];
40      [alert show];
41  }
42  - (void)didReceiveMemoryWarning
43  {
44      [super didReceiveMemoryWarning];
45  }
46  - (IBAction)go:(id)sender {
47      [textfield resignFirstResponder];
48      [self loadWebPageWithString:textfield.text];
49  }
50  @end
```

运行结果如图 7.19 所示。

第 2 篇　iPhone 界面开发

图 7.19　网页浏览器运行结果

7.4　小　　结

本章主要讲解了网页视图的创建、网页视图的使用以及网页视图的应用。本章的重点是网页视图的加载、自动缩放以及电话号码识别。本章的难点是导航动作、协议和加载过程中常使用的函数。通过本章的学习，希望读者可以创建出一个独特的网页浏览器。

7.5　习　　题

【习题 7-1】请编写代码，此代码实现的功能是动态创建一个网页视图，其大小和位置为(0, 0, 320, 350)，在网页视图中加载 http://youku.com 中的内容，运行结果如图 7.20 所示。

【习题 7-2】请编写代码，此代码实现的功能是动态创建一个网页视图，其大小和位置为(0, 0, 320, 350)，在网页视图中加载使用 HTML 代码写成的一行字符串"I Love China"，运行结果如图 7.21 所示。

【习题 7-3】请编写代码，此代码实现的功能是静态创建一个网页视图，在网页视图中加载使用 HTML 编写的网址 http://www.baidu.com 和 QQ 邮箱 ove@qq.com，并且可以自动识别网页中的所有内容，运行结果如图 7.22 所示。

第 7 章　使用网页

图 7.20　习题 7-1 运行结果

图 7.21　习题 7-2 运行结果

图 7.22　习题 7-3 运行结果

【**习题 7-4**】　请编写代码，此代码实现的功能是静态创建一个网页视图，在网页视图上面有一个导航栏，在导航栏的文本框中输入网址，就会出现对应的网页内容。在文本框的右边有一个按钮，单击此按钮，网页的内容就会后退。运行结果如图 7.23 所示。

图 7.23　习题 7-4 运行结果

第 8 章 表 的 操 作

表是 iPhone 应用程序中常见的布局方式。例如，手机中的联系人就是使用表排列的。这样的布局便于用户查找对应的信息。本章将主要讲解表视图的创建、表视图的使用、分组表视图的应用等相关方面的知识。

8.1 表视图的创建

要使用表，首先要创建一个和表有关的视图，在 iPhone 开发中使用的是 Table View 视图。本节主要讲解表视图的两种创建方法：一种是使用静态的方法创建表视图；另一种是使用动态的方法创建表视图。

8.1.1 静态创建

在前面几章中，已经讲解过静态创建视图的方法，就是在 Objects 窗口中拖动一个视图到用户设置界面。但是，我们将 Table View 视图拖放到用户设置界面以后，会发现表视图中是有内容的，如图 8.1 所示。

创建好以后，就可以运行结果了如图 8.2 所示。

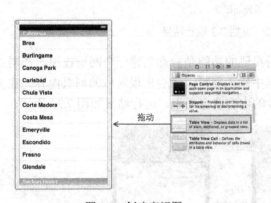
图 8.1 创建表视图

图 8.2 静态创建表视图

在表视图拖动到用户设置界面以后，表视图是有内容的，但是图 8.2 所示的运行的结果只显示了一张空表。

8.1.2 动态创建

讲完了静态创建以后，下面讲解动态创建表视图，这时要使用到 UITableView 类。创建表视图的语法形式如下：

```
UITableView *表视图对象名=[[UITableView alloc]initWithFrame:(CGRect)
style:(UITableViewStyle)];
```

其中，CGRect 是表视图的位置及大小，UITableViewStyle 为表视图的风格，这里的风格有两种：UITableViewStylePlain 和 UITableViewStyleGrouped。这里我们首先使用 UITableViewStylePlain 的风格，此风格的表视图就是一个普通的表视图。至于 UITableViewStyleGrouped 风格我们会在后面为大家做介绍。

【示例 8-1】以下程序使用动态方式创建一个大小及位置为(10, 15, 300, 430)的表视图。程序代码如下：

```
01  #import "ViewController.h"
02  @interface ViewController ()
03  @end
04  @implementation ViewController
05  - (void)viewDidLoad
06  {
07      UITableView *table=[[UITableView alloc]initWithFrame:
        CGRectMake(10, 15, 300, 430)
08  style:UITableViewStylePlain];                        //表视图的创建
09      [self.view addSubview:table];
10      [super viewDidLoad];
11      // Do any additional setup after loading the view, typically from a nib.
12  }
13  - (void)didReceiveMemoryWarning
14  {
15      [super didReceiveMemoryWarning];
16      // Dispose of any resources that can be recreated.
17  }
18  @end
```

运行结果如图 8.3 所示。

图 8.3 示例 8-1 运行结果

8.2 表视图的使用

掌握创建表视图之后，我们就来学习表视图的使用。表视图的使用可分为添加内容和对表单元的设置两个方面。本节将主要讲解表视图的这两个使用。

8.2.1 表单元

在使用表视图之前，大家需要先知道一个概念——表单元（UITableViewCell），在表视图中大家看到的每一行其实都是一个表单元。很多的表单元就构成了一个表视图。表单元中可以有图片、字符串和附属的视图。表单元创建的语法形式如下：

```
表单元对象名 = [[UITableViewCell alloc] initWithStyle:(UITableViewCellStyle)
reuseIdentifier(NSString *)];
```

其中，UITableViewCellStyle 是表单元的格式，reuseIdentifier 后面的 NSString *表示允许被重用的表单元。要想返回一个表格元素就要使用 cellForRowAtIndexPath 方法，其语法形式如下：

```
- (UITableViewCell *)tableView:(UITableView *)tableView cellForRowAtIndexPath:
(NSIndexPath *)indexPath
{
    …
}
```

8.2.2 添加内容

在表单元中可以包含字符串和图片等内容，下面就来为大家讲解表视图中的内容添加。

1. 添加字符串

字符串在表视图中是经常见到的，在讲解添加字符串之前，我们将 Foundation 框架的基本对象为大家做一总结，如表 8-1 所示。

表 8-1 Foundation 框架的基本对象

对象类型		常用的方法
数字对象	char	numberWithChar:
	UnsignedChar	numberWithUnsignedChar:
	Short	numberWithShort:
	UnsignedShort	numberWithUnsignedShort:
	Integer	numberWithInteger:
	UnsignedInteger	numberWithUnsignedInteger:
	int	numberWithInt:initWithInt:
	UnsignedInt	numberWithunsignedInt:
	Long	numberWithLong:
	UnsignedLong	numberWithUnsignedLong:
	LongLong	numberWithLongLong:
	UnsignedLongLong	numberWithUnsignedLongLong:
	float	numberwithFloat:
	double	numberWitnDouble:
	Bool	numberWithBool:

第 8 章 表的操作

续表

对象类型		常用的方法
字符对象	NSString	stringWithString:
	NSMutableString	appendString:
数组对象	NSArray	arrayWithObjects:
	NSMutableArray	NSMutableArray:
字典对象	NSDictionary	dictionaryWithObjectsAndKeys:
	NSMutableDictionar	setObject:
集合对象	NSSet	setWithobjects:
	NSMutableSet	setWithCapcity:

下面讲解如何在表视图中添加字符串。操作步骤如下：

（1）创建一个项目，命名为 8-2。

（2）单击打开 ViewController.xib 文件，从 Objects 窗口中拖动一个 Table View 视图到用户设置界面。

（3）右击 Table View 视图，在弹出的快捷菜单中选择 dataSource 选项，拖动到 File's Owner 中，如图 8.4 所示。

（4）单击打开 ViewController.h 文件，进行插座变量和可修改数组对象的声明，程序代码如下：

图 8.4 拖动 dataSource 选项到 File'sOwner 中

```
01  #import <UIKit/UIKit.h>
02  @interface ViewController : UIViewController{
03      IBOutlet UITableView *table;
04      NSMutableArray *number;         //可修改数组对象的声明
05  }
06  @end
```

（5）将插座变量和 ViewController.xib 文件中的拖动到用户设置界面的表视图进行动作关联。

（6）单击打开 ViewController.m 文件，编写代码，此代码实现的功能就是在表视图中添加字符串，程序代码如下：

```
01  #import "ViewController.h"
02  @interface ViewController ()
03  @end
04  @implementation ViewController
05  - (void)viewDidLoad
06  {
07      //为可修改的数组对象添加字符串
08      number = [[NSMutableArray alloc]
09  initWithObjects:@"1",@"2",@"3",@"4",@"5",@"6",@"7",@"8",nil];
10  }
11  //获取表视图的块的个数，如果不是做分组表视图，一般就设置为 1
12  - (NSInteger)numberOfSectionsInTableView:(UITableView *)tableView {
13      return 1;
14  }
15  //设置表视图的行数为可修改的数组对象的个数
```

```
16  - (NSInteger)tableView:(UITableView *)tableView
    numberOfRowsInSection:(NSInteger)section {
17      return [number count];
18  }
19  //返回一个表格元素
20  - (UITableViewCell *)tableView:(UITableView *)tableView
    cellForRowAtIndexPath:(NSIndexPath
21  *)indexPath {
22      static NSString *CellIdentifier = @"Cell";    //声明一个静态的字符串
23                                                    //设置可重用表单元
24      UITableViewCell *cell = [tableView dequeueReusable
        CellWithIdentifier:CellIdentifier];
25      if (cell == nil) {
26          cell = [[[UITableViewCell alloc] initWithStyle:
            UITableViewCellStyleDefault reuseIdentifier:
27  CellIdentifier] autorelease];
28      }
29      cell.textLabel.text = [number objectAtIndex:indexPath.row];
                                                      //设置表单元字符内容
30      return cell;
31  }
32  @end
```

运行结果如图 8.5 所示。

2．添加图片

我们还可以在表视图中添加图片。下面，就来实现在表视图中添加图片。操作步骤如下：

（1）创建一个项目，命名为 8-3。

（2）将要添加的图片放在创建好的项目的 Supporting Files 文件夹中。

（3）单击打开 ViewController.xib 文件，从 Objects 窗口中拖动一个 Table View 视图到用户设置界面。

图 8.5　添加字符串运行结果

（4）右击 Table View 视图，在弹出的快捷菜单中选择 dataSource 选项，拖动到 File's Owner 中。

（5）单击打开 ViewController.h 文件，进行插座变量和可修改数组对象的声明，程序代码如下：

```
01  #import <UIKit/UIKit.h>
02  @interface ViewController : UIViewController{
03      IBOutlet UITableView *table;
04      NSMutableArray *number;
05  }
06  @end
```

（6）将插座变量和 ViewController.xib 文件中的拖动到用户设置界面的表视图进行动作关联。

（7）单击打开 ViewController.m 文件，编写代码，此代码实现的功能就是在表视图中添加字符串以及添加图片，程序代码如下：

```
01  #import "ViewController.h"
02  @interface ViewController ()
```

第 8 章 表的操作

```
03  @end
04  @implementation ViewController
05  -(void)viewDidLoad
06  {
07      number = [[NSMutableArray alloc] initWithObjects:
        @"1",@"2",@"3",@"4",@"5",@"6",@"7",@"8",nil];
08  }
09  - (NSInteger)numberOfSectionsInTableView:(UITableView *)tableView {
10      return 1;
11  }
12  - (NSInteger)tableView:(UITableView *)tableView
    numberOfRowsInSection:(NSInteger)section {
13      return [number count];
14  }
15  - (UITableViewCell *)tableView:(UITableView *)tableView
    cellForRowAtIndexPath:(NSIndexPath
16  *)indexPath {
17      static NSString *CellIdentifier = @"Cell";
18      UITableViewCell *cell = [tableView
        dequeueReusableCellWithIdentifier:CellIdentifier];
19      if (cell == nil) {
20          cell = [[[UITableViewCell alloc]
            initWithStyle:UITableViewCellStyleDefault
21  reuseIdentifier:CellIdentifier] autorelease];
22      }
23      UIImage *ima=[UIImage imageNamed:@"22222.jpg"];       //初始化图片
24      cell.imageView.image=ima;                              //将图片添加到表单元中
25      cell.textLabel.text = [number objectAtIndex:indexPath.row];
26      return cell;
27  }
28  @end
```

运行结果如图 8.6 所示。

图 8.6　添加图片运行结果

3. 添加页眉和页脚

我们还可以给表视图添加页眉和页脚，页眉和页脚通常用于显示文档的附加信息，常用来插入时间、日期、页码、单位名称和微标等。其中，页眉在页面的顶部，页脚在页面的底部。插入页眉使用的方法是 titleForHeaderInSection()，它的语法形式如下：

```
- (NSString *)tableView:(UITableView *)tableView titleForHeaderInSection:
(NSInteger)section{
    return expression;
}
```

插入页脚的方法是 titleForFooterInSection()，它的语法形式如下：

```
- (NSString *)tableView:(UITableView *)tableView titleForFooterInSection:
(NSInteger)section {
    return expression;
}
```

其中，expression 是要在页眉和页脚显示的字符串。

【示例 8-2】 以下程序是在表视图中添加页眉和页脚。操作步骤如下：

（1）创建一个项目，命名为 8-4。

（2）单击打开 ViewController.xib 文件，从 Objects 窗口中拖动 Table View 视图到设置界面，右击 Table View 视图，在弹出的快捷菜单中选择 dataSource 选项，拖动到 File's Owner 中。

（3）单击打开 ViewController.h 文件，进行插座变量和可修改数组对象的声明，程序代码如下：

```
01  #import <UIKit/UIKit.h>
02  @interface ViewController : UIViewController{
03      IBOutlet UITableView *table;
04      NSMutableArray *aa;
05  }
06  @end
```

（4）将插座变量和 ViewController.xib 文件中的拖动到用户设置界面的表视图进行动作关联。

（5）单击打开 ViewController.m 文件，编写代码，此代码实现的功能就是在表视图中添加字符串并将页眉和页脚进行显示，程序代码如下：

```
01  #import "ViewController.h"
02  @interface ViewController ()
03  @end
04  @implementation ViewController
05  - (void)viewDidLoad
06  {
07      aa=[NSMutableArray arrayWithObjects:@"1",@"2",@"3",@"4",@"5",
    @"6",@"7",@"8", nil];
08      [super viewDidLoad];
09      // Do any additional setup after loading the view, typically from a nib.
10  }
11  - (NSInteger)numberOfSectionsInTableView:(UITableView *)tableView {
12      return 1;
13  }
14  - (NSInteger)tableView:(UITableView *)tableView
    numberOfRowsInSection:(NSInteger)section {
15      return [aa count];
16  }
17  - (UITableViewCell *)tableView:(UITableView *)tableView
    cellForRowAtIndexPath:(NSIndexPath
18  *)indexPath {
19      static NSString *CellIdentifier = @"Cell";
20  
21      UITableViewCell *cell = [tableView
    dequeueReusableCellWithIdentifier:CellIdentifier];
22      if (cell == nil) {
23          cell = [[[UITableViewCell alloc]
            initWithStyle:UITableViewCellStyleDefault
24  reuseIdentifier:CellIdentifier] autorelease];
```

第 8 章 表的操作

```
25        }
26        cell.textLabel.text = [aa objectAtIndex:indexPath.row];
27        return cell;
28   }
29   //添加页眉
30   -(NSString *)tableView:(UITableView *)tableView
     titleForHeaderInSection:(NSInteger)section{
31        return @"数字从 1 开始";
32   }
33   //添加页脚
34   -(NSString *)tableView:(UITableView *)tableView
     titleForFooterInSection:(NSInteger)section{
35        return @"数字从 8 结束";
36   }
37   - (void)didReceiveMemoryWarning
38   {
39        [super didReceiveMemoryWarning];
40        // Dispose of any resources that can be recreated.
41   }
42   @end
```

运行结果如图 8.7 所示。

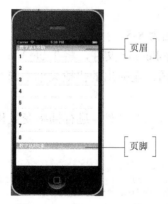

图 8.7　示例 8-2 运行结果

8.2.3　添加选取标记

在选择了某一行之后，这一行后面会有一个图标，这个图标就是选取标记。在 iPhone 开发中使用 accessoryType 属性来实现添加选取标记，它的语法形式如下：

```
cell.accessoryType = 选取标记的类型;
```

其中，选取标记的类型有 4 种：UITableViewCellAccessoryCheckmark、UITableViewCellAccessoryDetailDisclosureButton 、 UITableViewCellAccessoryDisclosureIndicator 和 UITableViewCellAccessoryNone，如果没有对 accessoryType 属性进行设置，那么就默认为 UITableViewCellAccessoryNone。这 4 种形式的标记显示效果如图 8.8 所示。

选取标记最重要的一个功能是，选择表视图的某一行后在这一行添加一个标记。如果选中的行还有详细的内容，要实现行的选中，就要使用 didSelectRowAtIndexPath()方法，它的语法形式如下：

第 2 篇　iPhone 界面开发

图 8.8　4 种选取标记的效果

```
-(void)tableView:(UITableView *)tableView didSelectRowAtIndexPath:
(NSIndexPath *)indexPath{
    ...
}
```

【示例 8-3】 以下程序通过使用 didSelectRowAtIndexPath()方法，在表视图中选中的行添加选取标记。操作步骤如下：

（1）创建一个项目，命名为 8-5。

（2）单击打开 ViewController.xib 文件，将 Table View 视图拖放到用户设置界面。

（3）右击 Table View 视图，在弹出的快捷菜单中选择 dataSource 和 delegate 选项，分别拖动到 File's Owner 中。

（4）单击打开 ViewController.h 文件，进行插座变量和可修改数组对象的声明，程序代码如下：

```
01  #import <UIKit/UIKit.h>
02  @interface ViewController : UIViewController {
03      IBOutlet UITableView *table;
04      NSMutableArray *aa;
05  }
06  @end
```

（5）将插座变量和 ViewController.xib 文件中的拖动到用户设置界面的表视图进行动作关联。

（6）单击打开 ViewController.m 文件，编写代码，此代码实现的功能就是为选中的行添加选取标记，程序代码如下：

```
01  #import "ViewController.h"
02  @interface ViewController ()
03  @end
04  @implementation ViewController
05  - (void)viewDidLoad
06  {
07      aa = [[NSMutableArray alloc] initWithObjects:@"1",@"2",@"3",@"4",
        @"5",@"6",@"7",@"8",nil];
08  }
09  - (NSInteger)numberOfSectionsInTableView:(UITableView *)tableView {
10      return 1;
11  }
12  - (NSInteger)tableView:(UITableView *)tableView
```

```
       numberOfRowsInSection:(NSInteger)section {
13         return [aa count];
14     }
15     - (UITableViewCell *)tableView:(UITableView *)tableView
       cellForRowAtIndexPath:(NSIndexPath
16     *)indexPath {
17         static NSString *CellIdentifier = @"Cell";
18         UITableViewCell *cell = [tableView
           dequeueReusableCellWithIdentifier:CellIdentifier];
19         if (cell == nil) {
20             cell = [[[UITableViewCell alloc]
               initWithStyle:UITableViewCellStyleDefault
21     reuseIdentifier:CellIdentifier] autorelease];
22         }
23         cell.textLabel.text = [aa objectAtIndex:indexPath.row];
24         cell.accessoryType=UITableViewCellAccessoryNone;
                                                        //设置选取标记的样式
25         return cell;
26     }
27     //为选中的行添加选取标记
28     -(void)tableView:(UITableView *)tableView didSelectRowAtIndexPath:
       (NSIndexPath *)indexPath{
29         UITableViewCell *cellView = [tableView cellForRowAtIndexPath:
           indexPath];                              //设置当前选中的行
30         if (cellView.accessoryType == UITableViewCellAccessoryNone) {
31             cellView.accessoryType=UITableViewCellAccessoryCheckmark;
32         }
33         else {
34             cellView.accessoryType = UITableViewCellAccessoryNone;
35             [tableView deselectRowAtIndexPath:indexPath animated:YES];
                                                        //取消选中的行
36         }
37     }
38     @end
```

运行结果如图 8.9 所示。

图 8.9　示例 8-3 运行结果

8.2.4　删除表单元

当有些数据不再需要时，就可以将此数据所在的单元格删除。要实现此功能，就要使用 deleteRowsAtIndexPaths() 方法。它的使用语法形式如下：

```
[表视图对象名 deleteRowsAtIndexPaths:(NSIndexPath *) animated:(BOOL)];
```

其中，NSIndexPath *是当前选中的行，animated()方法用于对过渡动画的属性进行设置。在对表单元进行删除之前，要先将表视图通过 setEditing 属性设置为可以编辑的，其语法形式如下：

```
[表视图对象名 setEditing:(BOOL)];
```

【示例 8-4】 以下程序实现的是删除选中的表单元。操作步骤如下：

（1）创建一个项目，命名为 8-6。

（2）单击打开 ViewController.xib 文件，将 Table View 视图拖动到用户设置界面。

（3）右击 Table View 视图，在弹出的快捷菜单中选择 dataSource 和 delegate 选项，分别拖动到 File's Owner 中。

（4）单击打开 ViewController.h 文件，进行插座变量和可修改数组对象的声明，程序代码如下：

```
01  #import <UIKit/UIKit.h>
02  @interface ViewController : UIViewController{
03      IBOutlet UITableView *table;
04      NSMutableArray *aa;
05  }
06  @end
```

（5）将插座变量和 ViewController.xib 文件中的拖动到用户设置界面的表视图进行动作关联。

（6）单击打开 ViewController.m 文件，编写代码，此代码实现的功能就是删除选中的行，程序代码如下：

```
01  #import "ViewController.h"
02  @interface ViewController ()
03  @end
04  @implementation ViewController
05  - (void)viewDidLoad
06  {
07      aa = [[NSMutableArray alloc] initWithObjects:@"1",@"2",@"3",@"4",
            @"5",@"6",@"7",@"8",nil];
08      [table setEditing:YES];                              //设置表视图的可编辑属性
09  }
10  - (NSInteger)numberOfSectionsInTableView:(UITableView *)tableView {
11          return 1;
12  }
13  - (NSInteger)tableView:(UITableView *)tableView
    numberOfRowsInSection:(NSInteger)section {
14      return [aa count];
15  }
16  - (UITableViewCell *)tableView:(UITableView *)tableView
    cellForRowAtIndexPath:(NSIndexPath
17  *)indexPath {
18      static NSString *CellIdentifier = @"Cell";
19      UITableViewCell *cell = [tableView
        dequeueReusableCellWithIdentifier:CellIdentifier];
20      if (cell == nil) {
21          cell = [[[UITableViewCell alloc] initWithStyle:
            UITableViewCellStyleDefault
```

```
22      reuseIdentifier:CellIdentifier] autorelease];
23      }
24      cell.textLabel.text = [aa objectAtIndex:indexPath.row];
25      return cell;
26  }
27  - (void)tableView:(UITableView *)tableView
28  commitEditingStyle:(UITableViewCellEditingStyle)editingStyle
    forRowAtIndexPath:(NSIndexPath
29  *)indexPath {                                    //对表单元进行编辑
30      if (editingStyle == UITableViewCellEditingStyleDelete) {
31      [aa removeObjectAtIndex:indexPath.row];   //移动选中的行
32      [table deleteRowsAtIndexPaths:[NSArray arrayWithObject:
        indexPath]withRowAnimation:
33  UITableViewRowAnimationAutomatic];                //删除
34      }
35  }
36  @end
```

运行结果如图 8.10 所示。

在图 8.10 所示的运行结果中，我们还可以将删除按钮的标题 Delete 进行更改，要实现此功能就要使用 titleForDeleteConfirmationButtonForRowAtIndexPath()方法，其语法形式如下：

```
-(NSString *)tableView:(UITableView *)table titleForDeleteConfirmation
ButtonForRowAtIndexPath:(NSIndexPath *)indexPath{
    ...
}
```

现在要将示例 8-4 的运行结果的删除按钮的标题 Delete 更改为"删除"，就要在 ViewController.m 文件中加一段程序代码，如下：

```
-(NSString *)tableView:(UITableView *)table titleForDeleteConfirmation
ButtonForRowAtIndexPath:(NSIndexPath *)indexPath{
 return @"删除";
 }
```

运行结果如图 8.11 所示。

图 8.10　示例 8-4 运行结果　　　　　图 8.11　更改按钮标题

8.2.5　插入表单元

表单元不仅可以删除，也可以进行插入，实现插入功能要使用的方法是 insertRows-

AtIndexPaths(),其语法形式如下:

```
[table insertRowsAtIndexPaths:(NSArray *) withRowAnimation:
(UITableViewRowAnimation)];
```

其中,insertRowsAtIndexPaths 后面的 NSArray *是要添加的表单元,withRowAnimation 后面的是动画的设置。

【示例 8-5】 以下程序实现的是在某一行插入表单元。操作步骤如下:

(1) 创建一个项目,命名为 8-7。

(2) 单击打开 ViewController.xib 文件,将 Table View 视图拖动到用户设置界面。

(3) 右击 Table View 视图,在弹出的快捷菜单中选择 dataSource 和 delegate 选项,分别拖动到 File's Owner 中。

(4) 单击打开 ViewController.h 文件,进行插座变量和可修改数组对象的声明,程序代码如下:

```
01  #import <UIKit/UIKit.h>
02  @interface ViewController : UIViewController{
03      IBOutlet UITableView *table;
04      NSMutableArray *aa;
05      int i;
06  }
07  @end
```

(5) 将插座变量和 ViewController.xib 文件中的拖动到用户设置界面的表视图进行动作关联。

(6) 单击打开 ViewController.m 文件,编写代码,此代码实现的功能就是在某一行插入表单元,程序代码如下:

```
01  #import "ViewController.h"
02  @interface ViewController ()
03  @end
04  @implementation ViewController
05  - (void)viewDidLoad
06  {
07      aa = [[NSMutableArray alloc] initWithObjects:@"1",@"2",@"3",@"4",
          @"5",@"6",@"7",@"8",nil];
08      [table setEditing:YES];
09  }
10  - (NSInteger)numberOfSectionsInTableView:(UITableView *)tableView {
11      return 1;
12  }
13  - (NSInteger)tableView:(UITableView *)tableView
    numberOfRowsInSection:(NSInteger)section {
14      return [aa count];
15  }
16  - (UITableViewCell *)tableView:(UITableView *)tableView
    cellForRowAtIndexPath:(NSIndexPath
17  *)indexPath {
18      static NSString *CellIdentifier = @"Cell";
19      UITableViewCell *cell = [tableView
        dequeueReusableCellWithIdentifier:CellIdentifier];
20      if (cell == nil) {
21          cell = [[[UITableViewCell alloc] initWithStyle:
            UITableViewCellStyleDefault
22  reuseIdentifier:CellIdentifier] autorelease];
```

```
23        }
24        cell.textLabel.text = [aa objectAtIndex:indexPath.row];
25        return cell;
26   }
27   //设置表单元的编辑风格
28   -(UITableViewCellEditingStyle)tableView:(UITableView *)tableView
     editingStyleForRowAtIndexPath:
29   (NSIndexPath *)indexPath{
30       return UITableViewCellEditingStyleInsert;
31   }
32   -(void)tableView:(UITableView *)tableView
33   commitEditingStyle:(UITableViewCellEditingStyle)editingStyle
     forRowAtIndexPath:(NSIndexPath
34   *)indexPath
35   {
36       if(editingStyle==UITableViewCellEditingStyleInsert)//判断编辑风格
37       {
38           i=i+1;
39           NSInteger row = [indexPath row];                    //设置当前的行
40           NSArray *insertIndexPath = [NSArray arrayWithObjects:indexPath,
     nil];
41           NSString *mes = [NSString stringWithFormat:@"添加的第%d行",i];
42           [aa insertObject:mes atIndex:row];                  //插入行的内容
43           [table insertRowsAtIndexPaths:insertIndexPath withRowAnimation:
44   UITableViewRowAnimationRight];                              //插入行
45       }
46   }
47   @end
```

运行结果如图 8.12 所示。

图 8.12 示例 8-5 运行结果

在示例 8-5 中需要注意：在对表单元进行删除、插入等编辑时，需要使用 ditingStyle-ForRowAtIndexPath()方法设置表单元的编辑风格，其语法形式如下：

```
-(UITableViewCellEditingStyle)tableView:(UITableView *)tableView
editingStyleForRowAtIndexPath:
(NSIndexPath *)indexPath{
    return 表单元的编辑风格;
}
```

其中，表单元的编辑风格有 3 种，分别为：UITableViewCellEditingStyleDelete、UITableViewCellEditingStyleInsert 和 UITableViewCellEditingStyleNone，如果不进行设置就默认为

UITableViewCellEditingStyleDelete，我们在对表单元进行删除时使用的就是此风格。

8.2.6 移动表单元

当我们创建的表单元的数据顺序不正确时，可以将数据所在的表单元进行移动，要实现移动就要使用 moveRowAtIndexPath()方法，它的语法形式如下：

```
-(void)tableView:(UITableView *)tableView moveRowAtIndexPath:(NSIndexPath
*)sourceIndexPath toIndexPath:
(NSIndexPath *)destinationIndexPath{
    ...
}
```

【示例 8-6】 以下程序实现的是表单元的移动。操作步骤如下：
（1）创建一个项目，命名为 8-8。
（2）单击打开 ViewController.xib 文件，将 Table View 视图拖放到用户设置界面。
（3）右击 Table View 视图，在弹出的快捷菜单中选择 dataSource 和 delegate 选项，分别拖动到 File's Owner 中。
（4）单击打开 ViewController.h 文件，进行插座变量和可修改数组对象的声明，程序代码如下：

```
01  #import <UIKit/UIKit.h>
02  @interface ViewController : UIViewController{
03      IBOutlet UITableView *table;
04      NSMutableArray *aa;
05  }
06  @end
```

（5）将插座变量和 ViewController.xib 文件中的拖动到用户设置界面的表视图进行动作关联。
（6）单击打开 ViewController.m 文件，编写代码，此代码实现的功能就是移动表单元，程序代码如下：

```
01  #import "ViewController.h"
02  @interface ViewController ()
03  @end
04  @implementation ViewController
05  - (void)viewDidLoad
06  {
07      aa = [[NSMutableArray alloc] initWithObjects:@"1",@"2",@"3",@"4",
    @"6",@"5",@"7",@"8",nil];
08      [table setEditing:YES animated:YES];
09  }
10  - (NSInteger)numberOfSectionsInTableView:(UITableView *)tableView {
11      return 1;
12  }
13  - (NSInteger)tableView:(UITableView *)tableView
    numberOfRowsInSection:(NSInteger)section {
14      return [aa count];
15  }
16  - (UITableViewCell *)tableView:(UITableView *)tableView
    cellForRowAtIndexPath:(NSIndexPath
17  *)indexPath {
18      static NSString *CellIdentifier = @"Cell";
```

第 8 章 表的操作

```
19      UITableViewCell *cell = [tableView
        dequeueReusableCellWithIdentifier:CellIdentifier];
20      if (cell == nil) {
21          cell = [[[UITableViewCell alloc]
            initWithStyle:UITableViewCellStyleDefault
22  reuseIdentifier:CellIdentifier] autorelease];
23      }
24      cell.textLabel.text = [aa objectAtIndex:indexPath.row];
25      return cell;
26  }
27  -(UITableViewCellEditingStyle)tableView:(UITableView *)tableView
    editingStyleForRowAtIndexPath:
28  (NSIndexPath *)indexPath{
29      return UITableViewCellEditingStyleNone;
30  }
31  -(void)tableView:(UITableView *)tableView
    moveRowAtIndexPath:(NSIndexPath *)sourceIndexPath 32
    toIndexPath:(NSIndexPath *)destinationIndexPath{
33      NSInteger fromRow = [sourceIndexPath row];      //获取需要移动的行
34      NSInteger toRow = [destinationIndexPath row];   //获取需要移动的位置
35      id object = [aa objectAtIndex:fromRow]; //从数组中读取需要移动行的数据
36      [aa removeObjectAtIndex:fromRow];
37      //把需要移动的单元格数据放在数组中，移动到要移动的数据前面
38      [aa insertObject:object atIndex:toRow];
39  }
40  @end
```

运行结果如图 8.13 所示。

图 8.13　示例 8-6 运行结果

8.2.7　缩进

为了让表视图看起来更美观，我们还可以让表单元进行缩进。要实现缩进的功能需要使用 indentationLevelForRowAtIndexPath()方法，它的使用语法形式如下：

```
-(NSInteger)tableView:(UITableView *)tableView
indentationLevelForRowAtIndexPath:(NSIndexPath *)indexPath {
    return expression;
}
```

其中，expression 表示的是缩进级别的整数。

【示例 8-7】 以下程序实现的是表单元的缩进。操作步骤、程序代码及运行结果如下：

（1）创建一个项目，命名为 8-9。

（2）单击打开 ViewController.xib 文件，将 Table View 视图拖放到用户设置界面。

（3）右击 Table View 视图，在弹出的快捷菜单中选择 dataSource 和 delegate 选项，分别拖动到 File's Owner 中。

（4）单击打开 ViewController.h 文件，进行插座变量和可修改数组对象的声明，程序代码如下：

```
01  #import <UIKit/UIKit.h>
02  @interface ViewController : UIViewController{
03      IBOutlet UITableView *table;
04      NSMutableArray *aa;
05  }
06  @end
```

（5）将插座变量和 ViewController.xib 文件中拖动到用户设置界面的表视图进行动作关联。

（6）单击打开 ViewController.m 文件，编写代码，此代码实现的功能就是表单元的缩进，程序代码如下：

```
01  #import "ViewController.h"
02  @interface ViewController ()
03  @end
04  @implementation ViewController
05  -(void)viewDidLoad
06  {
07      aa=[[NSMutableArray alloc]
          initWithObjects:@"1",@"2",@"3",@"4",@"5",@"6",@"7",@"8",nil];
08  }
09  - (NSInteger)numberOfSectionsInTableView:(UITableView *)tableView {
10      return 1;
11  }
12  - (NSInteger)tableView:(UITableView *)tableView
    numberOfRowsInSection:(NSInteger)section {
13      return [aa count];
14  }
15  - (UITableViewCell *)tableView:(UITableView *)tableView
    cellForRowAtIndexPath:(NSIndexPath
16  *)indexPath {
17      static NSString *CellIdentifier = @"Cell";
18          UITableViewCell *cell = [tableView
            dequeueReusableCellWithIdentifier:CellIdentifier];
19      if (cell == nil) {
20          cell = [[[UITableViewCell alloc]
            initWithStyle:UITableViewCellStyleDefault
21  reuseIdentifier:CellIdentifier] autorelease];
22      }
23      UIImage *ima=[UIImage imageNamed:@"22222.jpg"];
24      cell.imageView.image=ima;
25      cell.textLabel.text = [aa objectAtIndex:indexPath.row];
26      return cell;
27  }
28  //设置缩进
29  -(NSInteger)tableView:(UITableView *)tableView
    indentationLevelForRowAtIndexPath:(NSIndexPath 30  *)indexPath{
31      return [indexPath row]%2;
```

```
32    }
33  @end
```

在此代码中，表单元的缩进是在 0 和 1 之间变换的，运行结果如图 8.14 所示。

8.2.8 响应

选择了一行之后，除了可以对这行进行编辑以外，还可以对这一行进行响应。要响应所选的行，使用的方法和在选中的行中添加选取标记的方法是一样的，即 didSelectRowAtIndexPath()方法。

【示例 8-8】以下程序实现的功能是响应所选行，程序代码如下：

（1）创建一个项目，命名为 8-10。

（2）单击打开 ViewController.xib 文件，将 Table View 视图拖放到用户设置界面。

图 8.14 示例 8-7 运行结果

（3）右击 Table View 视图，在弹出的快捷菜单中选择 dataSource 和 delegate 选项，分别拖动到 File's Owner 中。

（4）单击打开 ViewController.h 文件，进行插座变量和可修改数组对象的声明，程序代码如下：

```
01  #import <UIKit/UIKit.h>
02  @interface ViewController : UIViewController{
03      IBOutlet UITableView *table;
04      NSMutableArray *aa;
05  }
06  @end
```

（5）将插座变量和 ViewController.xib 文件中的拖动到用户设置界面的表视图进行动作关联。

（6）单击打开 ViewController.m 文件，编写代码，此代码实现的功能就是所选行的响应，程序代码如下：

```
01  #import "ViewController.h"
02  @interface ViewController ()
03  @end
04  @implementation ViewController
05  -(void)viewDidLoad
06  {
07      aa=[[NSMutableArray alloc] initWithObjects:
      @"1",@"2",@"3",@"4",@"5",@"6",@"7",@"8",nil];
08  }
09  - (NSInteger)numberOfSectionsInTableView:(UITableView *)tableView {
10      return 1;
11  }
12  - (NSInteger)tableView:(UITableView *)tableView
    numberOfRowsInSection:(NSInteger)section {
13      return [aa count];
14  }
15  - (UITableViewCell *)tableView:(UITableView *)tableView
    cellForRowAtIndexPath:(NSIndexPath
16  *)indexPath {
```

```
17    static NSString *CellIdentifier = @"Cell";
18    UITableViewCell *cell = [tableView
      dequeueReusableCellWithIdentifier:CellIdentifier];
19    if (cell == nil) {
20        cell = [[[UITableViewCell alloc]
          initWithStyle:UITableViewCellStyleDefault
21 reuseIdentifier:CellIdentifier] autorelease];
22    }
23      cell.textLabel.text = [aa objectAtIndex:indexPath.row];
24      return cell;
25 }
26 -(void)tableView:(UITableView *)tableView
   didSelectRowAtIndexPath:(NSIndexPath *)indexPath{
27    NSString *a=[aa objectAtIndex:indexPath.row];        //获取选择的行
28    NSString *ma=[NSString stringWithFormat:@"你选择的是'%@'",a];
29    UIAlertView *alert=[[UIAlertView alloc]initWithTitle:@"提示"
      message:ma delegate:self
30 cancelButtonTitle:@"OK" otherButtonTitles: nil];        //创建警告视图
31    [alert show];
32 }
33 @end
```

运行结果如图 8.15 所示。

图 8.15　示例 8-8 运行结果

8.3　分组表视图的创建

在使用表视图时，表视图不仅有上两节中讲到的形式，可以对表视图进行分组。正如我们在手机上使用的通讯录，将家人、朋友等进行了分组，当我们要查找朋友时，可以在组名为"朋友"的组中进行查找。本节将主要讲解分组表视图的两种创建方式：一种是静态创建方法；另一种是动态创建方法。

8.3.1　静态创建分组表视图

静态创建分组表视图，首先还是将 Table View 视图拖动到用户设置界面，在 Show the Attributes inspector 选项中的 Table View 下，将 Style 设置为 Grouped，如图 8.16 所示。这时，用户设置界面的

图 8.16　将 Style 设置为 Grouped

效果如图 8.17 所示。

这样分组表视图就创建好了，单击 Run 按钮，就可以运行结果了，如图 8.18 所示。

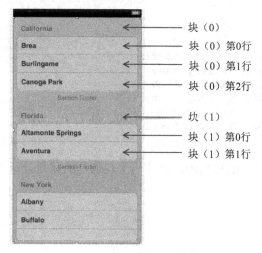

图 8.17　用户设置界面的效果　　　　　图 8.18　静态创建分组表视图

在图 8.18 所示的运行结果中是看不到任何内容的，因为我们还没有对分组表视图填充内容。

8.3.2　动态创建分组表视图

在动态创建表视图的语法中，已经为大家说过，UITableViewStyle 有两种风格，一种是 UITableViewStylePlain，一种是 UITableViewStyleGrouped。以上两节中，我们使用的都是 UITableViewStylePlain，现在要动态创建分组表视图，也要使用 UITableViewStyleGrouped 风格。

8.4　分组表视图的使用

创建了分组表视图以后，我们再来讲解分组表视图的使用。

8.4.1　分组表视图的内容填充

为了使图 8.18 所示的运行结果不再没有内容，我们就要为分组表视图添加内容。下面我们为分组表视图添加字符串。操作步骤如下：

（1）创建一个项目，命名为 8-11。

（2）单击打开 ViewController.xib 文件，将 Table View 视图拖动到设置界面，在 Show the Attributes inspector 选项中的 Table View 下，将 Style 设置为 Grouped。

（3）右击 Table View 视图，在弹出的快捷菜单中选择 dataSource，拖动到 File's Owner 中。

（4）单击打开 ViewController.h 文件，进行对象的声明和属性的设置，程序代码如下：

```
01  #import <UIKit/UIKit.h>
02  @interface ViewController : UIViewController {
03      //声明数组对象
```

```
04       NSArray *fff;
05       NSArray *aaa;
06       NSArray *bbb;
07       NSArray *ccc;
08       NSArray *ddd;
09       NSArray *eee;
10    }
11    @property (nonatomic, retain) NSArray *fff;
12    @property (nonatomic, retain) NSArray *aaa;
13    @property (nonatomic, retain) NSArray *bbb;
14    @property (nonatomic, retain) NSArray *ccc;
15    @property (nonatomic, retain) NSArray *ddd;
16    @property (nonatomic, retain) NSArray *eee;
17    @end
```

（5）单击打开 ViewController.m 文件，编写代码，此代码实现的功能就是分组表视图字符串的填充，程序代码如下：

```
01    #import "ViewController.h"
02    @interface ViewController ()
03    @end
04    @implementation ViewController
05    @synthesize fff;
06    @synthesize aaa;
07    @synthesize bbb;
08    @synthesize ccc;
09    @synthesize ddd;
10    @synthesize eee;
11    - (void)viewDidLoad
12    {
13        //为每个声明的对象添加字符串
14        NSArray *aa=[NSMutableArray arrayWithObjects:@"apple",@"arry",
            @"are",nil];
15        NSArray *bb=[NSMutableArray arrayWithObjects:@"big",
            @"bree",@"bye" ,nil];
16        NSArray *cc=[NSMutableArray arrayWithObjects:@"city",
            @"country",@"car", nil];
17        NSArray *dd=[NSMutableArray arrayWithObjects:@"dir",@"dee",
            @"dig", nil];
18        NSArray *ee=[NSMutableArray arrayWithObjects:@"era",@"err",
            @"eoo", nil];
19        NSArray *ff=[NSMutableArray arrayWithObjects:
            @"a",@"b",@"c",@"d",@"e", nil];
20        self.aaa= aa;
21        self.bbb = bb;
22        self.ccc = cc;
23        self.ddd = dd;
24        self.eee = ee;
25        self.fff = ff;
26        [super viewDidLoad];
27        // Do any additional setup after loading the view, typically from a nib.
28    }
29    //设置表视图块中的行数
30    - (NSInteger)tableView:(UITableView *)tableView
      numberOfRowsInSection:(NSInteger)section
31    {
32        if (section==0)
33        {
34            return [aaa count];
35        }
```

```
36      if (section==1)
37      {
38          return [bbb count];
39      }
40      if (section==2)
41      {
42          return [ccc count];
43      }
44      if (section==3)
45      {
46          return [ddd count];
47      }
48      return [eee count];
49  }
50  //返回表单元
51  - (UITableViewCell *)tableView:(UITableView *)tableView
    cellForRowAtIndexPath:(NSIndexPath
52  *)indexPath
53  {
54      static NSString *CellIdentifier = @"Cell";
55      UITableViewCell *cell = [tableView
        dequeueReusableCellWithIdentifier:CellIdentifier];
56      if (cell==nil)
57      {
58          cell = [[[UITableViewCell alloc]
            initWithStyle:UITableViewCellStyleSubtitle reuseIdentifier:
59  CellIdentifier] autorelease];
60      }
61      if (indexPath.section==0)
62      {
63          cell.textLabel.text = [aaa objectAtIndex:indexPath.row];
64      }
65      if (indexPath.section==1)
66      {
67          cell.textLabel.text = [bbb objectAtIndex:indexPath.row];
68      }
69      if (indexPath.section==2)
70      {
71          cell.textLabel.text = [ccc objectAtIndex:indexPath.row];
72      }
73      if (indexPath.section==3)
74      {
75          cell.textLabel.text = [ddd objectAtIndex:indexPath.row];
76      }
77      if (indexPath.section==4)
78      {
79          cell.textLabel.text = [eee objectAtIndex:indexPath.row];
80      }
81      cell.accessoryType =UITableViewCellAccessoryDisclosureIndicator;
82      return cell;
83  }
84  //返回块的行数
85  - (NSInteger )numberOfSectionsInTableView:(UITableView *)tableView
86  {
87      return fff.count;
88  }
89  //返回块的名称
90  - (NSString *)tableView:(UITableView *)tableView
    titleForHeaderInSection:(NSInteger )section
91  {
92      return [fff objectAtIndex:section];
```

```
93  }
94  - (void)didReceiveMemoryWarning
95  {
96      [super didReceiveMemoryWarning];
97      // Dispose of any resources that can be recreated.
98  }
99  @end
```

运行结果如图 8.19 所示。

8.4.2 UITableViewStylePlain 风格的表视图填充

分组表视图除了可以设置表视图的风格外，还可以使用 UITableViewStylePlain 来进行分组的显示，这里就要使用到添加页眉的方法，下面就是使用 UITableViewStylePlain 实现的分组。操作步骤如下：

（1）创建一个项目，命名为 8-12。

（2）在项目中添加一个 aa.plist 文件。选择 File|New|File…命令，在弹出的选择文件模板对话框中选择 Resource 中的 Property List，如图 8.20 所示。

图 8.19 分组表视图的内容填充

（3）单击 Next 按钮以后，就会弹出文件名称和保存位置对话框。输入文件名称，选择好存储的位置，如图 8.21 所示。

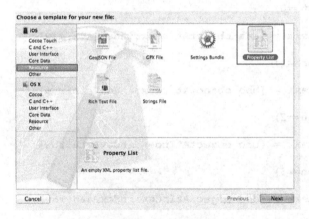

图 8.20 操作步骤 1　　　　　　　　　　　图 8.21 操作步骤 2

（4）单击 Create 按钮以后，一个名为 aa.plist 的文件就创建好了，如图 8.22 所示。这时我们就可以向 aa.plist 文件中输入内容了，如图 8.23 所示。

（5）单击打开 ViewController.xib 文件，将 Table View 视图拖动到用户设置界面。

（6）右击 Table View 视图，在弹出的快捷菜单中选择 dataSource，拖动到 File's Owner 中。

（7）单击打开 ViewController.h 文件，进行对象的声明，程序代码如下：

```
01  #import <UIKit/UIKit.h>
02  @interface ViewController : UIViewController{
03      NSDictionary *list;
04      NSArray *ff;
05  }
```

第 8 章 表的操作

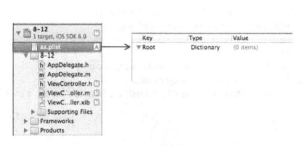

图 8.22　操作步骤 3　　　　　　　　　　　图 8.23　操作步骤 4

```
06  @property(nonatomic,retain)NSDictionary *list;
07  @property(nonatomic,retain)NSArray *ff;
08  @end
```

（8）单击打开 ViewController.m 文件，编写代码。此代码实现的功能是分组表视图，程序代码如下：

```
01  #import "ViewController.h"
02  @interface ViewController ()
03  @end
04  @implementation ViewController
05  @synthesize list;
06  @synthesize ff;
07  - (void)viewDidLoad
08  {
09      //加载 aa.plist 文件
10      NSString *path=[[NSBundle mainBundle]pathForResource:@"aa"
        ofType:@"plist"];
11      //将加载的文件放入 dic 中
12      NSDictionary *dic = [[NSDictionary alloc]
        initWithContentsOfFile:path];
13      self.list = dic;
14      NSArray *array = [[list allKeys] sortedArrayUsingSelector:
        @selector(compare:)];
15      self.ff = array;
16      [super viewDidLoad];
17      // Do any additional setup after loading the view, typically from a nib.
18  }
19  //设置分组表视图的块数
20  -(NSInteger)numberOfSectionsInTableView:(UITableView *)tableView{
21      return [ff count];
22  }
23  //设置每一个块中需要显示的内容
24  -(NSInteger)tableView:(UITableView *)tableView numberOfRowsInSection:
    (NSInteger)section{
25      NSString *year=[ff objectAtIndex:section];
26      NSArray *moviesSection=[list objectForKey:year];
27      return [moviesSection count];
28  }
```

```
29  //返回表单元中的数据
30  - (UITableViewCell *)tableView:(UITableView *)tableView
    cellForRowAtIndexPath:(NSIndexPath
31  *)indexPath {
32      static NSString *CellIdentifier = @"Cell";
33      UITableViewCell *cell = [tableView
        dequeueReusableCellWithIdentifier:CellIdentifier];
34      if (cell == nil) {
35        cell = [[[UITableViewCell alloc] initWithStyle:
          UITableViewCellStyleDefault reuseIdentifier:
36  CellIdentifier] autorelease];
37      }
38      NSString *year=[ff objectAtIndex:[indexPath section]];
39      NSArray *movieSection=[list objectForKey:year];
40      cell.textLabel.text=[movieSection objectAtIndex:[indexPath row]];
41      return cell;
42  }
43  //返回块中的名称
44  - (NSString *)tableView:(UITableView *)tableView
    titleForHeaderInSection:(NSInteger)section {
45      NSString *year = [ff objectAtIndex:section];
46      return year;
47  }
48  - (void)didReceiveMemoryWarning
49  {
50      [super didReceiveMemoryWarning];
51      // Dispose of any resources that can be recreated.
52  }
53  @end
```

运行结果如图 8.24 所示。

图 8.24 分组表视图运行结果

8.4.3 添加索引

在表视图中如果有很多的联系人，使用滚动条显得费时又费力，这时就要使用到索引，它是对表中一列或多列的值进行排序的一种结构，使用索引可以快速访问数据库表中的特定信息。要在表视图中添加索引，就要使用到 sectionIndexTitlesForTableView() 方法，它的语法形式如下：

```
-(NSArray *)sectionIndexTitlesForTableView:(UITableView *)tableView{
    ...
}
```

【示例 8-9】 以下程序使用 sectionIndexTitlesForTableView()方法，为刚才使用 UITableViewStylePlain 风格制作的分组表视图添加索引，程序代码如下：

```objc
01  #import "ViewController.h"
02  @interface ViewController ()
03  @end
04  @implementation ViewController
05  @synthesize list;
06  @synthesize ff;
07  - (void)viewDidLoad
08  {
09      NSString *path=[[NSBundle mainBundle]pathForResource:@"aa"
          ofType:@"plist"];
10      NSDictionary *dic = [[NSDictionary alloc]
          initWithContentsOfFile:path];
11      self.list = dic;
12
13      NSArray *array = [[list allKeys] sortedArrayUsingSelector:
          @selector(compare:)];
14      self.ff = array;
15
16      [super viewDidLoad];
17      // Do any additional setup after loading the view, typically from a nib.
18  }
19  -(NSInteger)numberOfSectionsInTableView:(UITableView *)tableView{
20      return [ff count];
21  }
22  -(NSInteger)tableView:(UITableView *)tableView
    numberOfRowsInSection:(NSInteger)section{
23      NSString *year=[ff objectAtIndex:section];
24      NSArray *moviesSection=[list objectForKey:year];
25      return [moviesSection count];
26  }
27  - (UITableViewCell *)tableView:(UITableView *)tableView
    cellForRowAtIndexPath:(NSIndexPath
28  *)indexPath {
29      static NSString *CellIdentifier = @"Cell";
30      UITableViewCell *cell = [tableView
          dequeueReusableCellWithIdentifier:CellIdentifier];
31      if (cell == nil) {
32          cell = [[[UITableViewCell alloc] initWithStyle:
              UITableViewCellStyleDefault
33  reuseIdentifier:CellIdentifier] autorelease];
34      }
35      NSString *year=[ff objectAtIndex:[indexPath section]];
36      NSArray *movieSection=[list objectForKey:year];
37      cell.textLabel.text=[movieSection objectAtIndex:[indexPath row]];
38      return cell;
39  }
40  - (NSString *)tableView:(UITableView *)tableView
    titleForHeaderInSection:(NSInteger)section {
41      NSString *year = [ff objectAtIndex:section];
42      return year;
43
44  }
45  //实现索引的添加
46  -(NSArray *)sectionIndexTitlesForTableView:(UITableView *)tableView{
47      return self.ff;
48  }
49  - (void)didReceiveMemoryWarning
50  {
```

```
51      [super didReceiveMemoryWarning];
52      // Dispose of any resources that can be recreated.
53    }
54    @end
```

运行结果如图 8.25 所示。

图 8.25　示例 8-9 运行结果

8.5　表视图的应用

以上几节，将所有关于表视图的操作讲解完了。本节将主要讲解导航控制器、页标签控制器以及表视图控制器，然后通过这些控制器为大家实现一个来电管理的应用程序。

8.5.1　导航控制器

UINavigationController 又名导航控制器，它的作用是控制一些视图控制器，从而控制整个应用程序的数据流和控制流。接下来讲解有关导航控制器的相关内容。

1．导航控制器的创建

要使用导航控制器首先要创建导航控制器，创建导航控制器的语法形式如下：

```
UINavigationController *导航控制器对象=[[UINavigationController alloc]init];
```

创建好导航控制器后，导航控制器还是不可以在 iPhone Simulator 模拟器中显示，这时要将它添加到 window 下才可以显示，语法形式如下：

```
[self.window addSubview:导航控制器对象名.view];
```

【示例 8-10】 以下程序是对创建的导航控制器进行显示，程序代码如下：

```
01  AppDelegate.h
02  #import <UIKit/UIKit.h>
03  @class ViewController;
04  @interface AppDelegate : UIResponder <UIApplicationDelegate>{
05      UINavigationController *navController;           //导航控制器的声明
06  }
07  @property (strong, nonatomic) UIWindow *window;
```

```
08    @property (strong, nonatomic) ViewController *viewController;
09    @end
10    AppDelegate.m
11    #import "AppDelegate.h"
12    #import "ViewController.h"
13    @implementation AppDelegate
14    - (void)dealloc
15    {
16        [ window release];
17        [ viewController release];
18        [super dealloc];
19    }
20    - (BOOL)application:(UIApplication *)application
      didFinishLaunchingWithOptions:(NSDictionary
21    *)launchOptions
22    {
23        self.window = [[[UIWindow alloc] initWithFrame:[[UIScreen
          mainScreen] bounds]] autorelease];
24        // Override point for customization after application launch.
25        self.viewController = [[[ViewController alloc] initWithNibName:
          @"ViewController" bundle:nil]
26    autorelease];
27        self.window.backgroundColor=[UIColor whiteColor];
28        navController=[[UINavigationController alloc]init];
                                                              //导航控制器的创建
29        [self.window addSubview:navController.view];        //显示
30        [self.window makeKeyAndVisible];
31        return YES;
32    }
33    @end
```

运行结果如图 8.26 所示。

2．导航控制器的使用

创建好导航控制器以后，就可以对导航控制器进行使用了。

（1）添加标题：为了使导航栏不空旷，我们可以在导航栏上面添加一些标题。这时就要设置 title 属性，其中 title 表示一个字符串，titleView 表示一个 UIView。通常我们设置的是视图控制器的标题，系统将自动通过视图控制器的标题设置导航控制器的标题。导航控制器采用了堆栈的方式对视图控制器进行管理，所以我们要将视图控制器采用 pushViewController()方法放入堆栈中，语法形式如下：

图 8.26 导航控制器运行结果

```
[导航控制器对象名 pushViewController:(NSArray *)animated:(BOOL)];
```

其中，pushViewController 后面的 NSArray *是视图控制器的对象名，animated 是对过渡动画的属性进行的设置。

（2）添加按钮：我们除了可以在导航控制器中添加标题以外，还可以在导航控制器中添加一些按钮。在添加按钮之前，先要创建一个 UIBarButtonItem，其创建的语法形式如下：

```
  UIBarButtonItem *对象名=[[UIBarButtonItem alloc]initWithTitle:(NSString *)
style:(UIBarButtonItemStyle)
target:(id)action:(SEL)];
```

其中，initWithTitle 是进行按钮标题的设置，style 是对按钮的风格进行设置，后面的两项一般设置为 nil。添加按钮的方法一般有 3 种，如表 8-2 所示。

表 8-2 按钮的添加形式

方　　法	功　　能
rightBarButtonItem	一个显示在导航栏右边的 UIBarButtonIterm
backBarButtonItem	对默认按钮进行修改
leftBarButtonItem	一个显示在导航栏左边的 UIBarButtonIterm，如果出现则代替一般的回退键

【示例 8-11】 以下程序为示例 8-10 中所创建的导航控制器添加一个名为 "你好" 的标题，再添加一个名为 "返回" 的按钮。程序代码如下：

```
01  AppDelegate.h
02  #import <UIKit/UIKit.h>
03  @class ViewController;
04  @interface AppDelegate : UIResponder <UIApplicationDelegate>{
05      UINavigationController *navController;
06  }
07  @property (strong, nonatomic) UIWindow *window;
08  @property (strong, nonatomic) ViewController *viewController;
09  @end
10  AppDelegate.m
11  #import "AppDelegate.h"
12  #import "ViewController.h"
13  @implementation AppDelegate
14  - (void)dealloc
15  {
16      [_window release];
17      [_viewController release];
18      [super dealloc];
19  }
20  - (BOOL)application:(UIApplication *)application
    didFinishLaunchingWithOptions:(NSDictionary
21  *)launchOptions
22  {
23      self.window = [[[UIWindow alloc] initWithFrame:[[UIScreen
        mainScreen] bounds]] autorelease];
24      // Override point for customization after application launch.
25      navController=[[UINavigationController alloc]init];
26      self.viewController = [[[ViewController alloc] initWithNibName:
        @"ViewController" bundle:nil]
27  autorelease];
28      self.viewController.title=@"你好";              //设置标题
29      UIBarButtonItem *button=[[UIBarButtonItem alloc]initWithTitle:
        @"返回" style:
30      UIBarButtonItemStyleBordered target:nil action:nil];
                                                //创建 UIBarBarButtonIten 对象
31      self.viewController.navigationItem.rightBarButtonItem=button;
                                                //设置按钮的显示位置
32      //将视图以堆栈的方式放入导航控制器中
33      [navController pushViewController:self.viewController
        animated:NO];
34      [self.window addSubview:navController.view];
35      [self.window makeKeyAndVisible];
36      return YES;
37  }
```

38   @end

运行结果如图 8.27 所示。

8.5.2 标签栏控制器

TabBarController 称为标签栏控制器。它的作用与导航控制器的作用一样,也是用来控制多个界面之间导航的。与导航控制器不同的是,标签栏控制器在用户界面的下方。以下主要讲解标签栏控制器的相关知识。

图 8.27　示例 8-11 运行结果

1. 创建标签栏控制器

在使用标签栏控制器之前,还是要对标签栏控制器进行创建,标签栏控制器创建的语法形式如下:

```
UITabBarController *对象名=[[UITabBarController alloc]init];
```

创建好标签栏控制器以后,同样它是不可以直接显示在 iPhone Simulator 模拟器中的,也需要将创建好的标签栏控制器使用 addSubview()方法添加到 window 下才可以进行显示。

【示例 8-12】 以下程序是将创建好的标签栏控制器进行显示。程序代码如下:

```
01  AppDelegate.h
02  #import <UIKit/UIKit.h>
03  @class ViewController;
04  @interface AppDelegate : UIResponder <UIApplicationDelegate>{
05      UITabBarController *a;                    //声明标签栏控制器
06  }
07  @property (strong, nonatomic) UIWindow *window;
08  @property (strong, nonatomic) ViewController *viewController;
09  @end
10  AppDelegate.m
11  #import "AppDelegate.h"
12  #import "ViewController.h"
13  @implementation AppDelegate
14  - (void)dealloc
15  {
16      [_window release];
17      [_viewController release];
18      [super dealloc];
19  }
20  - (BOOL)application:(UIApplication *)application
    didFinishLaunchingWithOptions:(NSDictionary
21  *)launchOptions
22  {
23      self.window = [[[UIWindow alloc] initWithFrame:[[UIScreen
        mainScreen] bounds]] autorelease];
24      // Override point for customization after application launch.
25      self.viewController = [[[ViewController alloc] initWithNibName:
        @"ViewController" bundle:nil]
26  autorelease];
27      self.window.backgroundColor=[UIColor whiteColor];
```

```
28      a=[[UITabBarController alloc]init];              //创建标签栏控制器
29      [self.window addSubview:a.view];                 //显示
30      [self.window makeKeyAndVisible];
31      return YES;
32  }
33  @end
```

运行结果如图 8.28 所示。

2. 标签栏控制器的使用

创建好标签栏控制器以后，就可以使用标签栏控制器了。下面将讲解标签栏控制器的使用。

1）添加标题：为了让用户知道标签栏的功能是什么，可以和导航栏控制器一样，使用 title 为标签栏的条目加上标题，通常我们是给视图控制器的标题，系统将自动通过视图控制器的标题设置标签栏的标题。标题添加好以后，将视图控制器添加到标签栏控制器中，语法形式如下：

图 8.28　示例 8-12 运行结果

```
标签栏控制器对象名.viewControllers=[NSArray arrayWithObjects:(id),..., nil];
```

【示例 8-13】以下程序是在示例 8-12 所创建的标签栏控制器中添加标题"你好"。程序代码如下：

```
01  AppDelegate.m
02  #import "AppDelegate.h"
03  #import "ViewController.h"
04  @implementation AppDelegate
05  - (void)dealloc
06  {
07      [ window release];
08      [ viewController release];
09      [super dealloc];
10  }
11  - (BOOL)application:(UIApplication *)application
    didFinishLaunchingWithOptions:(NSDictionary
12  *)launchOptions
13  {
14      self.window = [[[UIWindow alloc] initWithFrame:[[UIScreen
        mainScreen] bounds]] autorelease];
15      // Override point for customization after application launch.
16      self.viewController = [[[ViewController alloc] initWithNibName:
        @"ViewController" bundle:nil]
17  autorelease];
18      self.window.backgroundColor=[UIColor whiteColor];
19      self.viewController.title=@"你好";                        //设置标题
20      a=[[UITabBarController alloc]init];
21      //将视图控制器添加到标签栏中
22      a.viewControllers=[NSArray arrayWithObjects:self.viewController,
        nil];
23      [self.window addSubview:a.view];
24      [self.window makeKeyAndVisible];
25      return YES;
26  }
27  @end
```

运行结果如图 8.29 所示。

2）添加标签栏的条目：标签栏的条目可以根据不同的功能而增多，标签栏条目添加的实现就是将视图控制器添加到标签栏控制器中，添加的视图控制器的个数就是添加的标签栏条目的大小。

【示例 8-14】以下程序实现的功能是为标签栏添加条目。操作步骤如下：

（1）创建一个项目，命名为 8-19。

（2）在项目中添加一个视图控制器，视图控制器的名称为 aaViewController。

图 8.29　示例 8-13 运行结果

（3）编写代码，实现添加标签栏条目。程序代码如下：

```
01  AppDelegate.h
02  #import <UIKit/UIKit.h>
03  #import "aaViewController.h"
04  @class ViewController;
05  @interface AppDelegate : UIResponder <UIApplicationDelegate>{
06      UITabBarController *a;
07      aaViewController *b;
08  }
09  @property (strong, nonatomic) UIWindow *window;
10  @property (strong, nonatomic) ViewController *viewController;
11  @end
12  AppDelegate.m
13  #import "AppDelegate.h"
14  #import "ViewController.h"
15  @implementation AppDelegate
16  - (void)dealloc
17  {
18      [_window release];
19      [_viewController release];
20      [super dealloc];
21  }
22  - (BOOL)application:(UIApplication *)application
    didFinishLaunchingWithOptions:(NSDictionary
23  *)launchOptions
24  {
25      self.window = [[[UIWindow alloc] initWithFrame:[[UIScreen
        mainScreen] bounds]] autorelease];
26      // Override point for customization after application launch.
27      self.viewController = [[[ViewController alloc] initWithNibName:
        @"ViewController" bundle:nil]
28  autorelease];
29      self.viewController.title=@"你好";
30      b=[[aaViewController alloc]initWithNibName:@"aaViewController"
        bundle:nil];                         //创建视图控制器
31      b.title=@"世界";
32      a=[[UITabBarController alloc]init];
33      a.viewControllers=[NSArray arrayWithObjects:self.viewController,
        b, nil];                             //添加标签栏条目
34      [self.window addSubview:a.view];
35      [self.window makeKeyAndVisible];
```

```
36      return YES;
37  }
38  @end
```

（4）将 ViewController.xib 文件中的用户设置界面的背景颜色设置为绿色，将 aaViewController.xib 文件中的用户设置界面的背景颜色设置为黄色，运行结果如图 8.30 所示。

3）添加图片：我们还可以为标签栏条添加图片，添加图片的语法形式如下：

视图控制器对象名.tabBarItem.image=[UIImage imageNamed:"String"];

在添加图片时需要注意，要将图片添加到 Supporting Files 文件夹中。使用代码创建了标签栏以后，下面讲解创建标签栏的另一种方法，就是要改变创建项目时使用的模板，将模板 Single View Application 改变为 Tabbed Application，具体步骤如下：

（1）双击打开 Xcode，选择 Create a new Xcode project，如图 8.31 所示。

图 8.30　示例 8-14 运行结果　　　　　图 8.31　创建标签栏 1

（2）在弹出的选择文件模板对话框中选择 Tabbed Application 选项，如图 8.32 所示。

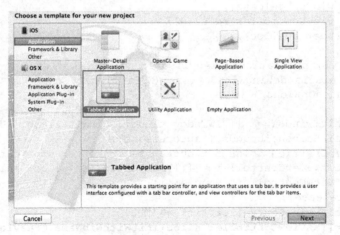

图 8.32　创建标签栏 2

（3）单击 Next 按钮，在弹出的对文件进行操作对话框中写入项目的名称，单击 Next 按钮，在弹出的保存位置对话框中单击 Create 按钮，一个类型为 Tabbed Application 的项目就创建好了，如图 8.33 所示。

使用 Tabbed Application 创建的项目和使用 Single View Application 创建的项目唯一不

同的是，Tabbed Application 创建的项目有两个视图控制器，其运行结果如图 8.34 所示。

图 8.33 创建的项目

图 8.34 示例 8-14 运行结果

8.5.3 表视图控制器

表视图也有一个专门用于管理的控制器，称为表视图控制器。表视图控制器的添加方法和我们讲的视图控制器的添加方法一样，只不过在弹出的对文件进行操作的对话框中需要将文件基于的类，也就是 subclass of 改为 UITableViewController，如图 8.35 所示。这时，表视图控制器的用户设置界面如图 8.36 所示。

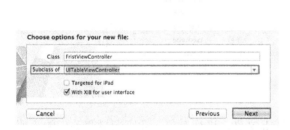

图 8.35 添加表视图控制器

图 8.36 设置界面

表视图控制器添加好以后，就可以对添加的表视图控制器进行创建了，语法形式如下：

```
表视图控制器名 *对象名=[[表视图控制器名 alloc]init];
```

8.5.4 应用

下面我们就来实现一个来电管理器。操作步骤如下：

（1）创建一个项目，命名为 8-16。

（2）单击打开 ViewController.xib 文件，进行用户设置界面的设置，将分段控件 Segmented Control 视图和两个表视图 Table View 拖到用户设置界面，并将分段控件的标题改为"已接来电"和"未接来电"，如图 8.37 所示。

（3）在表视图上右击，在弹出的快捷菜单中选择 dataSource 和 delegate 选项，分别拖动到 File's Owner 中。

(4) 将分段控件 Segmented Control 和 ViewController.h 文件进行动作关联,单击打开 ViewController.h 文件,进行插座变量、对象及动作的声明,程序代码如下:

```
01  #import <UIKit/UIKit.h>
02  @interface ViewController : UIViewController{
03      IBOutlet UITableView *table1;
04      IBOutlet UITableView *table2;
05      NSMutableArray *aa;
06      NSMutableArray *bb;
07      IBOutlet UISegmentedControl *segment;
08  }
09  - (IBAction)aa:(id)sender;
10  -(void)bian;
11  @end
```

(5) 将插座变量和 ViewController.xib 文件中拖到用户设置界面的对应视图进行关联。

(6) 添加一个表视图导航控制器,控制器的名称为 SecondViewController。

(7) 单击打开 SecondViewController.xib 文件,进行设置界面的设置,将 Search Bar 拖放到表视图控制器用户设置界面的顶端,如图 8.38 所示。

图 8.37 操作步骤 1

图 8.38 操作步骤 2

(8) 单击打开 SecondViewController.h 文件,进行对象、插座变量和动作的声明,程序代码如下:

```
01  #import <UIKit/UIKit.h>
02  @interface SecondViewController : UITableViewController{
03  //声明对象及插座变量
04      NSDictionary *list;
05      NSArray *ff;
06      IBOutlet UISearchBar *searchBar;
07      BOOL isSearchOn;
08      BOOL canSelectRow;
09      NSMutableArray *listOfMovies;
10      NSMutableArray *searchResult;
11  }
12  //对属性进行设置
13  @property(nonatomic,retain)NSDictionary *list;
14  @property(nonatomic,retain)NSArray *ff;
15  @property (nonatomic, retain) UISearchBar *searchBar;
16  - (void) searchMoviesTableView;
17  @end
```

（9）将 SecondViewController.h 文件声明的插座变量 searchBar 和 SecondViewController.xib 文件中的拖到用户设置界面的 Search Bar 视图相关联。

（10）将 8.4.2 小节中创建的 aa.plist 文件添加到此项目的 Supporting Files 文件夹中。

（11）单击打开 SecondViewController.m 文件，编写代码实现表视图的查找功能，程序代码如下：

```objc
01  #import "SecondViewController.h"
02  @interface SecondViewController ()
03  @end
04  @implementation SecondViewController
05  @synthesize list;
06  @synthesize ff;
07  @synthesize searchBar;
08  - (id)initWithStyle:(UITableViewStyle)style
09  {
10      self = [super initWithStyle:style];
11      if (self) {
12          // Custom initialization
13      }
14      return self;
15  }
16  - (void)viewDidLoad
17  {
18      //加载文件
19  NSString *path=[[NSBundle mainBundle]pathForResource:@"aa" ofType:
    @"plist"];
20  //将加载的文件放入 dic 中
21      NSDictionary *dic = [[NSDictionary alloc]
        initWithContentsOfFile:path];
22      self.list = dic;                         //将文件中的内容赋值给 list
23      NSArray *array = [[list allKeys]
        sortedArrayUsingSelector:@selector(compare:)];
24      self.ff = array;
25      self.tableView.tableHeaderView = searchBar;
26      searchBar.autocorrectionType = UITextAutocorrectionTypeYes;
27      listOfMovies = [[NSMutableArray alloc] init];
                                                //创建 listOfMovies 对象
28      //将 list 中的内容复制到 listOfMovies 中
29      for (NSString *year in array)
30      {
31         NSArray *movies = [list objectForKey:year];
32          for (NSString *title in movies)
33          {
34              [listOfMovies addObject:title];
35          }
36      }
37      searchResult = [[NSMutableArray alloc] init];
38      isSearchOn = NO;                         //将 isSearchOn 设置为 NO
39      canSelectRow = YES;                      //将 canSelectRow 设置为 YES
40      [super viewDidLoad];
41  }
42  - (void)didReceiveMemoryWarning
43  {
44      [super didReceiveMemoryWarning];
45      // Dispose of any resources that can be recreated.
46  }
47  #pragma mark - Table view data source
48  - (NSIndexPath *)tableView :(UITableView *)theTableView
```

```objc
   willSelectRowAtIndexPath:(NSIndexPath 49    *)indexPath {
50     if (canSelectRow)
51         return indexPath;
52     else
53         return nil;
54 }
55 //当用户在搜索栏中进行输入时
56 - (void)searchBar:(UISearchBar *)searchBar textDidChange:
   (NSString *)searchText {
57     if ([searchText length] > 0) {
58         isSearchOn = YES;
59         canSelectRow = YES;
60         self.tableView.scrollEnabled = YES;
61         [self searchMoviesTableView];
62     }
63     else {
64         isSearchOn = NO;
65         canSelectRow = NO;
66         self.tableView.scrollEnabled = NO;
67     }
68     [self.tableView reloadData];
69 }
70 - (void)searchBarSearchButtonClicked:(UISearchBar *)searchBar {
71     [self searchMoviesTableView];
72 }
73 //查找搜索的结果
74 - (void) searchMoviesTableView {
75     [searchResult removeAllObjects];
76     for (NSString *str in listOfMovies)
77     {
78         NSRange titleResultsRange = [str rangeOfString:searchBar.text
           options:
79 NSCaseInsensitiveSearch];
80         if (titleResultsRange.length > 0)
81             [searchResult addObject:str];
82     }
83 }
84 -(NSInteger)numberOfSectionsInTableView:(UITableView *)tableView{
85     if (isSearchOn)
86         return 1;
87     else
88     return [ff count];
89 }
90 -(NSInteger)tableView:(UITableView *)tableView numberOfRowsInSection:
   (NSInteger)section{
91     if (isSearchOn) {
92         return [searchResult count];
93     } else
94     {
95         NSString *year = [ff objectAtIndex:section];
96         NSArray *movieSection = [list objectForKey:year];
97         return [movieSection count];
98     }
99 }
100 - (UITableViewCell *)tableView:(UITableView *)tableView
    cellForRowAtIndexPath:(NSIndexPath
101 *)indexPath {
102     static NSString *CellIdentifier = @"Cell";
103     UITableViewCell *cell = [tableView
        dequeueReusableCellWithIdentifier:CellIdentifier];
104     if (cell == nil) {
```

```
105         cell = [[[UITableViewCell alloc] initWithStyle:
            UITableViewCellStyleDefault
106 reuseIdentifier:CellIdentifier] autorelease];
107     }
108     if (isSearchOn) {
109         NSString *cellValue = [searchResult objectAtIndex:
            indexPath.row];
110         cell.textLabel.text = cellValue;
111     } else {
112     NSString *year = [ff objectAtIndex:[indexPath section]];
113         NSArray *movieSection = [list objectForKey:year];
114         cell.textLabel.text = [movieSection objectAtIndex:
            [indexPath row]];
115     }
116     return cell;
117 }
118 - (NSString *)tableView:(UITableView *)tableView
    titleForHeaderInSection:(NSInteger)section {
119     NSString *year = [ff objectAtIndex:section];
120     if (isSearchOn)
121         return nil;
122     else
123         return year;
124 }
125 @end
```

（12）添加一个视图导航控制器，控制器的名称为 aaViewController。

（13）单击打开 aaViewController.xib 文件进行用户设置界面的设置，拖动两个 Label 视图到设置界面，分别将标题改为"来电时间"和"来电次数"，再拖动两个 Label 视图到来电时间和来电次数后面，将标题改为"下午 15：00"和"5 次"。拖动一个按钮到用户设置界面，将标题改为"返回"，将用户设置界面的颜色改为黄色，如图 8.39 所示。

（14）将"返回"按钮视图和 aaViewController.h 文件进行动作关联。

（15）单击打开 ViewController.m 文件，编写代码，实现分段控制及显示详细信息。程序代码如下：

图 8.39　操作步骤 3

```
01 #import "ViewController.h"
02 #import "aaViewController.h"        //添加 aaViewController.h 文件
03 @interface ViewController ()
04 @end
05 @implementation ViewController
06 - (void)viewDidLoad
07 {
08     aa = [[NSMutableArray alloc] initWithObjects:
    @"apple",@"arry",@"big",@"bree",nil];
09     [super viewDidLoad];
10     // Do any additional setup after loading the view, typically from a nib.
11 }
12 - (NSInteger)numberOfSectionsInTableView:(UITableView *)tableView {
13     return 1;
14 }
15 - (NSInteger)tableView:(UITableView *)tableView
    numberOfRowsInSection:(NSInteger)section {
16     return [aa count];
```

```
17  }
18  - (UITableViewCell *)tableView:(UITableView *)tableView
    cellForRowAtIndexPath:(NSIndexPath
19  *)indexPath {
20      static NSString *CellIdentifier = @"Cell";
21      UITableViewCell *cell = [tableView
        dequeueReusableCellWithIdentifier:CellIdentifier];
22      if (cell == nil) {
23          cell = [[[UITableViewCell alloc] initWithStyle:
            UITableViewCellStyleDefault reuseIdentifier:
24  CellIdentifier] autorelease];
25      }
26      cell.textLabel.text = [aa objectAtIndex:indexPath.row];
27      cell.accessoryType=UITableViewCellAccessory
        DetailDisclosureButton;
28      return cell;
29  }
30  //当选中某一行时
31  -(void)tableView:(UITableView *)tableView
    didSelectRowAtIndexPath:(NSIndexPath *)indexPath{
32      [self bian];
33  }
34  //实现表视图和视图之间的切换
35  -(void)bian{
36      aaViewController *b=[[aaViewController alloc]initWithNibName:
        @"aaViewController"
37  bundle:nil];
38      [table1 addSubview:b.view];
39  }
40  //实现两个表视图的切换
41  - (IBAction)aa:(id)sender {
42      NSInteger se=segment.selectedSegmentIndex;
43      if(se==0)
44      {
45          [table1 setHidden:NO];
46          [table2 setHidden:YES];
47      }else{
48          [table1 setHidden:YES];
49          [table2 setHidden:NO];
50      }
51  }
52  @end
```

（16）单击打开 aaViewController.m 文件，编写代码，实现详细信息向主菜单的切换，程序代码如下：

```
01  #import "aaViewController.h"
02  @interface aaViewController ()
03  @end
04  @implementation aaViewController
05  - (id)initWithNibName:(NSString *)nibNameOrNil bundle:
    (NSBundle *)nibBundleOrNil
06  {
07      self = [super initWithNibName:nibNameOrNil bundle:nibBundleOrNil];
08      if (self) {
09          // Custom initialization
10      }
11      return self;
12  }
13  - (void)viewDidLoad
```

第 8 章 表的操作

```
14  {
15
16      [super viewDidLoad];
17      // Do any additional setup after loading the view from its nib.
18  }
19  - (void)didReceiveMemoryWarning
20  {
21      [super didReceiveMemoryWarning];
22      // Dispose of any resources that can be recreated.
23  }
24  - (IBAction)back:(id)sender {
25      [self.view removeFromSuperview];              //删除视图
26  }
27  @end
```

（17）添加一个图片到 Supporting Files 文件夹中，本示例添加的图片是 First.png。

（18）单击打开 AppDelegate.h 文件，声明一个导航控制器和一个标签栏控制器。程序代码如下：

```
01  #import <UIKit/UIKit.h>
02  @class ViewController;
03  @interface AppDelegate : UIResponder <UIApplicationDelegate>{
04      UITabBarController *aa;                        //标签栏控制器的声明
05      UINavigationController *navController;         //导航控制器的声明
06  }
07  @property (strong, nonatomic) UIWindow *window;
08  @property (strong, nonatomic) ViewController *viewController;
09  @end
```

（19）单击打开 AppDelegate.m 文件，编写代码对标签栏和导航控制器进行设置，程序代码如下：

```
01  #import "AppDelegate.h"
02  #import "SecondViewController.h"
03  #import "ViewController.h"
04  @implementation AppDelegate
05  - (void)dealloc
06  {
07      [_window release];
08      [_viewController release];
09      [super dealloc];
10  }
11  - (BOOL)application:(UIApplication *)application
    didFinishLaunchingWithOptions:(NSDictionary
12  *)launchOptions
13  {
14      self.window = [[[UIWindow alloc] initWithFrame:[[UIScreen
        mainScreen] bounds]] autorelease];
15      // Override point for customization after application launch.
16      self.window.backgroundColor=[UIColor whiteColor];
17      aa=[[UITabBarController alloc]init];           //标签栏控制器的创建
18      ViewController *w=[[ViewController alloc]init];
19      w.title=@"来电管理";
20      [navController pushViewController:w animated:NO];
21      SecondViewController *s=[[SecondViewController alloc]init];
                                                       //创建表视图控制器
22      s.title=@"查找";                                //为标签栏添加标题
23      s.tabBarItem.image=[UIImage imageNamed:@"first"];
```

```
                                              //为标签栏添加图片
24    navController = [[UINavigationController alloc] init];
                                              //创建导航控制器
25    aa.viewControllers=[NSArray arrayWithObjects:navController,s, nil];
26    [navController pushViewController:w animated:NO];
27    [self.window addSubview:navController.view];
28    [self.window addSubview:aa.view];
29    [self.window makeKeyAndVisible];
30    return YES;
31  }
32  @end
```

运行结果如图 8.40 所示。

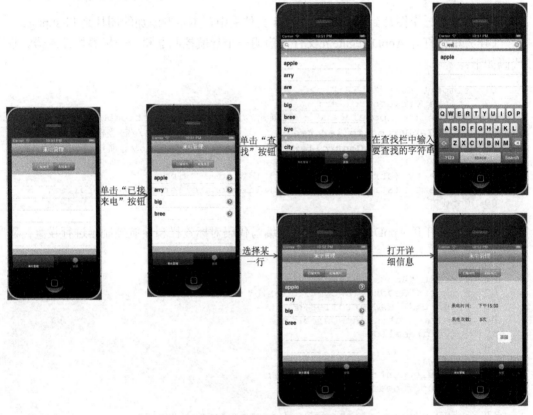

图 8.40 来电管理器运行结果

8.6 小　　结

本章讲解了表视图的两种创建方式、表视图的使用以及分组表视图的创建。本章的重点是对表单元进行的设置、分组表视图的使用、导航控制器和标签栏控制器。通过本章的学习，希望读者可以自己创建一个独特的表视图。

8.7 习　　题

【习题 8-1】 请编写代码，此代码实现的功能是静态创建一个表视图，并在表视图中添加字符串"One、Two、Three、Four、Five、Six"，运行结果如图 8.41 所示。

【习题 8-2】 请编写代码，此代码实现的功能是静态创建一个表视图，并在表视图中添加字符串"Wang、Li、Zhao、Zeng、Qian、Song"，在选择的行上添加一个对勾的选取标记，运行结果如图 8.42 所示。

图 8.41　习题 8-1 运行结果　　　　　图 8.42　习题 8-2 运行结果

【习题 8-3】 请编写代码，此代码实现的功能是静态创建分组表视图，并在其中添加数字"1、2、3、4、5"和英文"One、Two、Three、Four、Five"，运行结果如图 8.43 所示。

【习题 8-4】 请编写代码，此代码实现的功能是创建一个导航控制器，显示在 iPhone Simulator 模拟器上，其中标题为"通讯录"，在导航栏的右边有一个名为"返回"的按钮，运行结果如图 8.44 所示。

图 8.43　习题 8-3 运行结果　　　　　图 8.44　习题 8-4 运行结果

第 9 章 使用地图服务

地图是智能手机中的一个重要功能。在 iPhone 手机中内嵌了地图服务。在程序中使用地图服务，不仅可以实现常规的导航功能，还可以增强社交类应用程序的用户黏性。本章将讲解使用地图服务的一些相关操作。

9.1 获取位置信息

要想在地图上查找某一个地址，必须要知道这个地点的位置信息。在 iPhone 开发中提供了 3 种获取位置信息的类：显示位置数据的类（CLLocation）、管理和提供位置服务的类（CLLocationManager）以及显示方向的类（CLHeading）。本节将主要讲解这 3 种获取位置信息的类。

9.1.1 显示位置数据

要想显示经度、纬度以及海拔等数据信息，就要使用显示位置数据的类 CLLocation，它的属性和方法如表 9-1 所示。

表 9-1 CLLocation 类的属性和方法

属 性	
属 性 名	功 能
@property CLLocationCoordinate2D coordinate;	位置的经度和纬度
@property CLLocationDistance altitude;	位置的海拔
@property CLLocationAccuracy horizontalAccuracy;	位置的水平精度
@property CLLocationAccuracy verticalAccuracy;	位置的垂直精度
@property CLLocationDirection course;	位置的方向
@property CLLocationSpeed speed;	位置的速度
方 法	
方 法 名	功 能
-(CLLocationDistance)getDistanceFrom(const CLLocation *)location	获取与某一个点之间的距离
-(CLLocationDistance)distanceFromLocation(const CLLocation *)location	两个位置间的距离

9.1.2 管理和提供位置服务

要想显示位置还需要创建一个专门管理和提供位置服务的类 CLLocationManger，其创建语法形式如下：

```
CLLocationManager *locationManager=[[CLLocationManager alloc]init];
```

CLLocationManger 类的属性及方法如表 9-2 所示。

表 9-2 CLLocationManger 类的属性及方法

属　　性	
属 性 名	功　能
@property CLLocation *location	位置
@property CLLocationAccuracy desiredAccuracy	位置精度
方　　法	
方 法 名	功　能
-(void)starUpdatingLocation;	开始更新位置
-(void)stopUpdatingLocation;	停止更新位置
-(void)starUpdatingHeading	开始更新方向
-(void)stopUpdatingHeading	停止更新方法

【示例 9-1】 以下程序获取了当前位置的经纬度，并将其显示在 iPhone 模拟器上。操作步骤如下：

（1）创建一个项目，命名为 9-1。

（2）单击项目进入设置界面，选择 Build Phases 选项卡中的 Link Binary With Libraries (3 items)选项，打开它的下拉菜单，单击加号按钮，在弹出的菜单中选择 CoreLocation.framework 框架，单击 Add 按钮，此框架就添加到了创建的项目中。如图 9.1 所示。

（3）单击打开 ViewController.xib 文件进行用户设置界面的设置，拖动两个 Label 视图到设置界面，将标题分别改为 Latitudel 和 Longitude。拖动两个文本框视图到设置界面，分别放在两个 Label 视图后面，如图 9.2 所示。

图 9.1　操作步骤 1　　　　　　　　　　图 9.2　操作步骤 2

（4）单击打开 ViewController.h 文件进行插座变量、管理和提供位置服务类的声明，程序代码如下：

```
01  #import <UIKit/UIKit.h>
02  #import <CoreLocation/CoreLocation.h>           //头文件
03  @interface ViewController : UIViewController
    <CLLocationManagerDelegate>{
```

```
04      IBOutlet   UITextField *text1;
05      IBOutlet   UITextField *text2;
06      CLLocationManager  *im;              //管理和提供位置服务类的声明
07  }
08  @end
```

（5）将声明的插座变量和 ViewController.xib 文件中拖到设置界面的对应视图相关联。

（6）单击打开 ViewController.m 文件，编写代码实现获取当前位置的经纬度，并显示在 iPhone 模拟器上，程序代码如下：

```
01  #import "ViewController.h"
02  @interface ViewController ()
03  @end
04  @implementation ViewController
05  - (void)viewDidLoad
06  {
07      im=[[CLLocationManager alloc]init];      //创建管理和提供位置服务类
08      im.delegate=self;
09      im.desiredAccuracy=kCLLocationAccuracyBest;    //设置期望精度
10      im.distanceFilter=kCLDistanceFilterNone;
11      [im startUpdatingLocation];                    //开始更新位置
12      [super viewDidLoad];
13      // Do any additional setup after loading the view, typically from a nib.
14  }
15  //获取位置数据
16  -(void)locationManager:(CLLocationManager *)manager
    didUpdateToLocation:(CLLocation *)
17  newLocation fromLocation:(CLLocation *)oldLocation{
18      NSString *lat=[[NSString alloc]initWithFormat:
        @"%f",newLocation.coordinate.latitude];
19      text1.text=lat;
20      NSString *mat=[[NSString alloc]initWithFormat:
        @"%f",newLocation.coordinate.longitude];
21      text2.text=mat;
22  }
23  - (void)didReceiveMemoryWarning
24  {
25      [super didReceiveMemoryWarning];
26      // Dispose of any resources that can be recreated.
27  }
28  @end
```

（7）运行结果如图 9.3 所示。

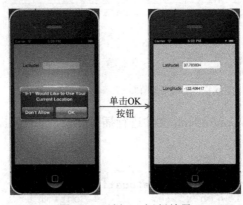

图 9.3　示例 9-1 运行结果

第 9 章 使用地图服务

在图 9.3 所示的运行结果中可以看到运行程序后，iPhone Simulator 模拟器会弹出一个警告视图，此警告视图提示用户是否想要使用当前的位置，这时要单击 OK 按钮才会出现右图的数字。

9.1.3 显示位置方向

指南针，对于大家来说并不陌生。实现指南针这一功能的类就是显示位置方向的类 CLHeading，它的属性及功能如表 9-3 所示。

表 9-3　CLHeading 的属性及功能

属 性 名	功　　能
@property CLLocationDirection magneticHeading;	位置的磁极方向
@property CLLocationDirection trueHeading;	位置的真实方向
@property CLLocationDirection headingAccuracy;	方向的精度

【示例 9-2】 以下程序通过使用显示位置方向类来实现指南针功能。操作步骤如下：

（1）创建一个项目，命名为 9-2。

（2）将 CoreLocation.framework 框架添加到创建的项目中。

（3）将指南针的图片放入 Supporting Files 文件夹中。

（4）单击打开 ViewController.xib 文件进行用户设置界面的设置，将一个 Image View 视图拖到用户设置界面，在 Show the Attributes inspector 中选择 Image View 选项，将 Image 设置为刚才添加的图片，将用户设置界面的背景设置为白色，如图 9.4 所示。

（5）单击打开 ViewController.h 文件进行插座变量和类的声明。程序代码如下：

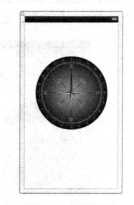

图 9.4　设置界面

```
01  #import <UIKit/UIKit.h>
02  #import <CoreLocation/CoreLocation.h>
03  @interface ViewController : UIViewController
    <CLLocationManagerDelegate>{
04      IBOutlet UIImageView *im;
05      CLLocationManager *ia;
06  }
07  @end
```

（6）将声明的插座变量和 ViewController.xib 文件中拖到设置界面的对应视图相关联。

（7）单击打开 ViewController.m 文件，编写代码实现指南针的功能，程序代码如下：

```
01  #import "ViewController.h"
02  @interface ViewController ()
03  @end
04  @implementation ViewController
05  - (void)viewDidLoad
06  {
07      ia = [[CLLocationManager alloc] init];
08      ia.delegate = self;
```

· 217 ·

```
09         ia.desiredAccuracy = kCLLocationAccuracyBest;
10         [ia startMonitoringSignificantLocationChanges];
11         [ia startUpdatingHeading];                    //更新位置方向
12         [super viewDidLoad];
13         // Do any additional setup after loading the view, typically from a nib.
14     }
15     - (void)locationManager:(CLLocationManager *)manager
16           didUpdateHeading:(CLHeading *)newHeading {
17         CGFloat heading = -1.0f * M_PI * newHeading.magneticHeading / 180.0f;
                                                          //返回指南针磁北的方向
18         im.transform = CGAffineTransformMakeRotation(heading);
                                                          //旋转
19     }
20     - (void)didReceiveMemoryWarning
21     {
22         [super didReceiveMemoryWarning];
23         // Release any cached data, images, etc that aren't in use.
24     }
25     @end
```

由于 iPhone Simulator 模拟器上不支持定位设备和磁极的设备，所以就要在 iPhone 真机上为大家运行结果，如图 9.5 所示。

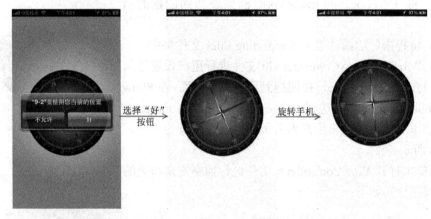

图 9.5 示例 9-2 运行结果

9.2 创建地图

关于地图的创建，大家可能很快就会想到要创建一个项目，在创建好的项目中单击 ViewController.xib 文件，在 Objects 窗口中将 Map View 视图拖放到用户设置界面就可以了。这样做按照以前的方法是正确的，但是现在运行结果就会出现一堆错误，如图 9.6 所示。

在图 9.6 所示的提示信息中，可以看到这么一行信息 "Could not instantiate class named MKMapView"，这时就知道主要是地图视图不能实例化。这时我们需要使用在示例 9-1 中将 CoreLocation.framework 框架添加到创建的项目中的方法，将 Mapkit.framework 框架添加到此项目中。这时再一次运行结果就可以看到地图了，如图 9.7 所示。

第 9 章 使用地图服务

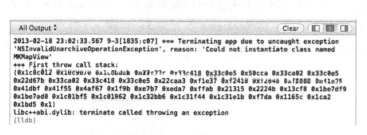

图 9.6　错误　　　　　　　　　　　　　　图 9.7　创建地图

9.3　地图的使用

创建地图之后，再来讲解地图的使用，通过这些设置可以让大家创建出来的地图与众不同。

9.3.1　设置显示类型

在 iPhone 开发中地图的类型不止在图 9.7 中所看到的这一种，还有其他的两种。要设置地图的类型有两种方法：一种是在 Show the Attributes inspector 中选择 Map View 选项，将 Type 进行设置就可以显示 3 种不同的地图了；另一种是使用代码进行类型的设置，这时就要使用到 mapType 属性，其语法形式如下：

地图对象名.mapType=地图类型;

其中，地图类型分别为 Map、Satellite 和 Hybrid。这 3 种地图的效果如图 9.8 所示。

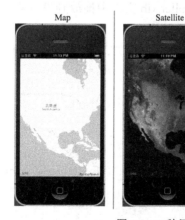

图 9.8　3 种显示类型

在图 9.8 所示的显示类型中，可以看出 Map 是普通地图，Satellite 和 Hybrid 是卫星地图，Satellite 和 Hybrid 的区别在于 7 大洲和 4 大洋是否标出。

【示例 9-3】　以下程序通过设置 MapType 属性实现地图显示的切换。操作步骤如下：

（1）创建一个项目，命名为 9-4。

（2）将 Mapkit.framework 框架添加到创建的项目中。

（3）单击打开 ViewController.xib 文件进行用户设置界面的设置。将 Map View 视图拖放到用户设置界面，将 Segmented Control 控件拖到用户设置界面，在 Show the Attributes inspector 中选择 Segmented Control 选项，将 Segments 设置为 3，如图 9.9 所示。

（4）将 Segmented Control 控件的标题分别改为 Map、Satellite 和 Hybird，用户设置界面的效果如图 9.10 所示。

图 9.9　操作步骤 1

图 9.10　操作步骤 2

（5）将 Segmented Control 控件和 ViewController.h 文件进行动作关联。

（6）单击打开 ViewController.h 文件，声明插座变量，程序代码如下：

```
01  #import <UIKit/UIKit.h>
02  #import <MapKit/MapKit.h>
03  @interface ViewController : UIViewController{
04      IBOutlet MKMapView *map;
05  }
06  - (IBAction)change:(id)sender;
07  @end
```

（7）将声明的插座变量和 ViewController.xib 文件中拖放到设置界面的 Map View 视图相关联。

（8）单击打开 ViewController.m 文件，编写代码实现切换不同的地图，程序代码如下：

```
01  #import "ViewController.h"
02  @interface ViewController ()
03  @end
04  @implementation ViewController
05  -(void)viewDidLoad
06  {
07      [super viewDidLoad];
08      // Do any additional setup after loading the view, typically from a nib.
09  }
10  - (void)didReceiveMemoryWarning
11  {
12      [super didReceiveMemoryWarning];
13      // Dispose of any resources that can be recreated.
14  }
15  - (IBAction)change:(id)sender {
16      UISegmentedControl *ct=(UISegmentedControl *)sender;
                                                          //创建分段控件
```

```
17      NSInteger temp=ct.selectedSegmentIndex;          //获取当前的按键
18      if(temp==0)
19      {
20          map.mapType=MKMapTypeStandard;               //设置地图的类型
21      }else if (temp==1){
22          map.mapType=MKMapTypeSatellite;
23      }else if (temp==2){
24          map.mapType=MKMapTypeHybrid;
25      }
26  }
27  @end
```

运行结果如图 9.11 所示。

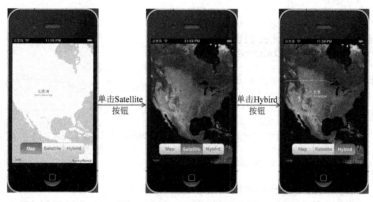

图 9.11　示例 9-3 运行结果

9.3.2　获取/指定位置

在 iPhone 开发中开发者可以获取当前的位置，还可以指定某一位置。以下介绍这两种位置的操作。

1．获取当前位置

如果不知道地图所在的位置在哪里，可以指定当前的位置，这样就可以知道现在所在的位置了。获取当前的位置可以使用 MKUserLocation 类来实现，语法形式如下：

```
MKUserLocation *对象名=地图对象名.userLocation;
```

【示例 9-4】　以下程序通过使用 MKUserLocation 类来实现获取当前的位置。操作步骤如下：

（1）创建一个项目，命名为 9-5。

（2）将 Mapkit.framework 框架添加到创建的项目中。

（3）单击打开 ViewController.xib 文件进行用户设置界面的设置。将 Map View 视图拖放到用户设置界面，将按钮视图拖放到用户设置界面中，并将按钮视图的标题改为"获取当前的位置"，如图 9.12 所示。

（4）将按钮控件和 ViewController.h 文件进行动作关联。

（5）单击打开 ViewController.h 文件，声明插座变量及转换地址变量，程序代码如下：

```
01  #import <UIKit/UIKit.h>
```

```
02  #import <MapKit/MapKit.h>
03  @interface ViewController : UIViewController{
04      IBOutlet MKMapView *map;
05      MKReverseGeocoder *re;                          //转换地址变量
06  }
07  - (IBAction)location:(id)sender;
08  @end
```

其中 MKReverseGeocoder 的功能就是转换地址。

（6）将声明的插座变量和 ViewController.xib 文件中拖放到设置界面的 Map View 视图相关联。

（7）单击打开 ViewController.m 文件，编写代码实现获取当前位置的功能，程序代码如下：

```
01  #import "ViewController.h"
02  @interface ViewController ()
03  @end
04  @implementation ViewController
05  - (void)viewDidLoad
06  {
07      [super viewDidLoad];
08      // Do any additional setup after loading the view, typically from a nib.
09  }
10  - (void)didReceiveMemoryWarning
11  {
12      [super didReceiveMemoryWarning];
13      // Dispose of any resources that can be recreated.
14  }
15  - (IBAction)location:(id)sender {
16      map.showsUserLocation=YES;                      //设置是否显示当前位置
17      MKUserLocation *ur=map.userLocation;            //创建 MKUserLocation 类
18      CLLocationCoordinate2D coordinate=ur.location.coordinate;
                                                        //将经纬度设置为地图的当前位置
19      re=[[MKReverseGeocoder alloc]initWithCoordinate:coordinate];
20      re.delegate=self;
21      [re start];
22  }
23  @end
```

运行结果如图 9.13 所示。

图 9.12 设置界面

图 9.13 示例 9-4 运行结果

在图 9.13 所示的运行结果中需要注意，由于运行结果是在模拟器上显示的，所以当前位置是 iPhone Simulator 模拟器自己定义的。在这时的 iPhone 中，只要开了定位功能就可以获取到用户当前所在的位置。

2. 指定位置

如果想要查看某一地方的地理环境，获取当前的位置就不可取了，需要使用 CLLocationCoordinate2D 来指定经纬度，它的语法形式如下：

```
CLLocationCoordinate2D 变量名={浮点型数字,浮点型数字};
```

【示例 9-5】 以下程序通过使用 CLLocationCoordinate2D 来指定伦敦的经纬度，从而获取伦敦的位置。操作步骤如下：

（1）创建一个项目，命名为 9-6。
（2）将 Mapkit.framework 框架添加到创建的项目中。
（3）单击打开 ViewController.xib 文件进行用户设置界面的设置。将 Map View 视图拖放到用户设置界面，将按钮视图拖放到用户设置界面中，并将按钮视图的标题改为"指定位置"，如图 9.14 所示。
（4）将按钮控件和 ViewController.h 文件进行动作关联。
（5）单击打开 ViewController.h 文件，声明插座变量及转换地址变量，程序代码如下：

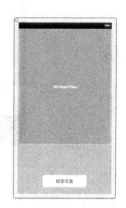

图 9.14　设置用户界面

```
01  #import <UIKit/UIKit.h>
02  #import <MapKit/MapKit.h>
03  @interface ViewController : UIViewController{
04      IBOutlet MKMapView *map;
05      MKReverseGeocoder *aa;
06  }
07  - (IBAction)go:(id)sender;
08  @end
```

（6）将声明的插座变量和 ViewController.xib 文件中拖放到设置界面的 Map View 视图相关联。
（7）单击打开 ViewController.m 文件，编写代码实现获取指定的位置，程序代码如下：

```
01  #import "ViewController.h"
02  @interface ViewController ()
03  @end
04  @implementation ViewController
05  - (void)viewDidLoad
06  {
07      [super viewDidLoad];
08      // Do any additional setup after loading the view, typically from a nib.
09  }
10  - (void)didReceiveMemoryWarning
11  {
12      [super didReceiveMemoryWarning];
13      // Dispose of any resources that can be recreated.
14  }
15  - (IBAction)go:(id)sender {
16      CLLocationCoordinate2D coor={51.507777777,0.1280555555555555555};
```

· 223 ·

```
17      aa=[[MKReverseGeocoder alloc]initWithCoordinate:coor];        //输入经纬度
18      aa.delegate=self;
19      [map setCenterCoordinate:coor animated:YES];                   //过渡动画
20      [aa start];
21  }
22  @end
```

在此程序中使用到了过渡动画,在这里只需要大家了解即可。运行结果如图9.15所示。

图 9.15　示例 9-5 运行结果

9.3.3　标记

在图9.15所示的运行结果中,当按下按钮以后,屏幕只会移到一个大致的位置。当双击后,在放大的图中才可以找到指定位置的具体位置。为了让大家一眼就可以找到所指定的位置,可以将指定的位置进行标记就可以了,这时就要使用 MKPlacemark 类,它的创建语法形式如下:

```
MKPlacemark *对象名=[[MKPlacemark alloc]initWithCoordinate:
(CLLocationCoordinate2D)  addressDictionary:
(NSDictionary *)];
```

其中,initWithCoordinate:用来指定经纬度,addressDictionary:用来指定经纬度的位置。

【示例 9-6】　以下程序通过使用 MKPlacemark 类,给指定位置加上标记。操作步骤如下:

(1)创建一个项目,命名为 9-7。

(2)将 Mapkit.framework 框架添加到创建的项目中。

(3)单击打开 ViewController.xib 文件进行用户设置界面的设置。将 Map View 视图拖放到用户设置界面,将按钮视图拖放到用户设置界面中,并将按钮视图的标题改为"标记指定位置",如图 9.16 所示。

(4)将按钮控件和 ViewController.h 文件进行动作关联。

(5)单击打开 ViewController.h 文件,声明插座变量,程序代码如下:

图 9.16　用户设置界面

```
01  #import <UIKit/UIKit.h>
```

```
02   #import <MapKit/MapKit.h>
03   @interface ViewController : UIViewController{
04       IBOutlet MKMapView *map;
05   }
06   - (IBAction)go:(id)sender;
07   @end
```

（6）将声明的插座变量和 ViewController.xib 文件中拖放到设置界面的 Map View 视图相关联。

（7）单击打开 ViewController.m 文件，编写代码实现为获取的指定位置添加标记，程序代码如下：

```
01   #import "ViewController.h"
02   @interface ViewController ()
03   @end
04   @implementation ViewController
05   - (void)viewDidLoad
06   {
07       [super viewDidLoad];
08       // Do any additional setup after loading the view, typically from a nib.
09   }
10   - (void)didReceiveMemoryWarning
11   {
12       [super didReceiveMemoryWarning];
13       // Dispose of any resources that can be recreated.
14   }
15   - (IBAction)go:(id)sender {
16       CLLocationCoordinate2D coordinate1={51.65,-0.35};
17       NSDictionary *address=[NSDictionary
         dictionaryWithObjectsAndKeys:@"英国",@"Country",@"
18       伦敦",@"Locality" ,nil];
19       MKPlacemark *lun=[[MKPlacemark alloc]initWithCoordinate:
         coordinate1 addressDictionary:
20   address];                                  //创建 MKPlacemark 类
21       [map addAnnotation:lun];               //将创建好的类添加到地图中
22       [map setCenterCoordinate:coordinate1 animated:YES];
23   }
24   @end
```

运行结果如图 9.17 所示。

图 9.17　示例 9-6 运行结果

9.3.4 标记上显示位置

在地图中并不是将所有的地方都一个不落地标出来。如果我们知道了一个地方的经纬度,并在地图上进行了标记,但是这个地方的名称没有在地图上标出,就要使用 didFindPlacemark()方法在标记上显示位置。didFindPlacemark()方法使用的语法形式如下:

```
-(void)reverseGeocoder:(MKReverseGeocoder *)geocoder didFindPlacemark:
(MKPlacemark *)placemar{
}
```

【示例 9-7】 以下程序通过使用 didFindPlacemark()方法,实现在标记上显示位置信息。操作步骤如下:

(1)创建一个项目,命名为 9-8。
(2)将 Mapkit.framework 框架添加到创建的项目中。
(3)单击打开 ViewController.xib 文件进行用户设置界面的设置。将 Map View 视图拖放到用户设置界面,将按钮视图拖放到用户设置界面中,并将按钮视图的标题改为"标记上显示位置",如图 9.18 所示。
(4)将按钮控件和 ViewController.h 文件进行动作关联。
(5)单击打开 ViewController.h 文件,声明插座变量及转换地址变量,程序代码如下:

图 9.18 用户界面设置

```
01  #import <UIKit/UIKit.h>
02  #import <MapKit/MapKit.h>
03  @interface ViewController : UIViewController{
04      IBOutlet MKMapView *map;
05      MKReverseGeocoder *aa;
06  }
07  - (IBAction)go:(id)sender;
08  @end
```

(6)将声明的插座变量和 ViewController.xib 文件中拖放到设置界面的 Map View 视图相关联。
(7)单击打开 ViewController.m 文件,编写代码实现在标记上显示位置信息,程序代码如下:

```
01  #import "ViewController.h"
02  @interface ViewController ()
03  @end
04  @implementation ViewController
05  - (void)viewDidLoad
06  {
07      [super viewDidLoad];
08      // Do any additional setup after loading the view, typically from a nib.
09  }
10  - (void)didReceiveMemoryWarning
11  {
12      [super didReceiveMemoryWarning];
13      // Dispose of any resources that can be recreated.
14  }
15  - (IBAction)go:(id)sender {
```

第 9 章 使用地图服务

```
16      CLLocationCoordinate2D c={39.908606,116.398019};
17      aa=[[MKReverseGeocoder alloc]initWithCoordinate:c];
18      aa.delegate=self;
19      [aa start];
20   }
21   //找不到地址信息时调用
22   -(void)reverseGeocoder:(MKReverseGeocoder *)geocoder
     didFailWithError:(NSError *)error{
23      NSLog(@"error");
24   }
25   //找到地址信息就标记在地图上
26   -(void)reverseGeocoder:(MKReverseGeocoder *)geocoder
     didFindPlacemark:(MKPlacemark
27   *)placemark{
28      MKPlacemark *mm=[[MKPlacemark alloc]initWithCoordinate:
29   placemark.coordinate addressDictionary:placemark.addressDictionary];
                                            //创建 MKPlacemark 类
30      [map addAnnotation:mm];             //标记在地图上
31      [map setCenterCoordinate:placemark.coordinate animated:YES];
32   }
33   @end
```

运行结果如图 9.19 所示。

9.3.5 标注

如果想要在地图上添加一些自己的东西，例如在地图标记中不显示位置或显示一行信息，这时就要使用标注，标注是与地图的位置关联的标记。要使用标注，首先要创建一个类，可以使用系统的 MKPointAnnotation 类，也可以自己创建类。这里讲解使用系统的 MKPointAnnotation 类，它的创建语法形式如下：

```
MKPointAnnotation *对象名=[[MKPointAnnotation alloc]init];
```

【**示例 9-8**】以下程序通过使用 MKPointAnnotation 类在指定位置处添加标注。操作步骤如下：

（1）创建一个项目，命名为 9-9。

（2）将 Mapkit.framework 框架添加到创建的项目中。

（3）单击打开 ViewController.xib 文件进行用户设置界面的设置。将 Map View 视图拖放到用户设置界面，将按钮视图拖放到用户设置界面中，并将按钮视图的标题改为"标注"，如图 9.20 所示。

图 9.19　示例 9-7 运行结果

图 9.20　用户界面设置

（4）将按钮控件和 ViewController.h 文件进行动作关联。

（5）单击打开 ViewController.h 文件，声明插座变量，程序代码如下：

```
01  #import <UIKit/UIKit.h>
02  #import <MapKit/MapKit.h>
03  @interface ViewController : UIViewController{
04      IBOutlet MKMapView *map;
05  }
06  - (IBAction)aa:(id)sender;
07  @end
```

（6）将声明的插座变量和 ViewController.xib 文件中拖放到设置界面的 Map View 视图相关联。

（7）单击打开 ViewController.m 文件，编写代码实现在指定位置添加标注，程序代码如下：

```
01  #import "ViewController.h"
02  @interface ViewController ()
03  @end
04  @implementation ViewController
05  - (void)viewDidLoad
06  {
07      [super viewDidLoad];
08       // Do any additional setup after loading the view, typically from a nib.
09  }
10  - (void)didReceiveMemoryWarning
11  {
12      [super didReceiveMemoryWarning];
13      // Dispose of any resources that can be recreated.
14  }
15  - (IBAction)aa:(id)sender {
16      CLLocationCoordinate2D coo={34.923964,-120.219558};
17      //坐标显示范围
18      MKCoordinateRegion reg=MKCoordinateRegionMakeWithDistance
        (coo, 1000, 1000);
19      self->map.region=reg;
20      MKPointAnnotation *ann=[[MKPointAnnotation alloc]init];
                                                    //创建 MKPointAnnotation 类
21      ann.coordinate=coo;
22      ann.title=@"Park";                          //主标题
23      ann.subtitle=@"I come here";                //副标题
24      [self->map addAnnotation:ann];
25  }
26  @end
```

运行结果如图 9.21 所示。

9.3.6　应用地图

以上将地图的使用讲解完了。下面，根据我们所讲解的知识为大家实现一个地图导航。操作步骤如下：

（1）创建一个项目，命名为 9-10。

（2）将 Mapkit.framework 和 CoreLocation.framework 框架添加到创建的项目中。

（3）单击打开 ViewController.xib 文件进行用户设置界面的设置。拖动两个 Label 视图到设置界面，将标题分别改为"当前位置的经度"和"当前位置的纬度"，拖动两个文本框视图到设置界面，分别放在两个 Label 视图后面。

（4）将 Map View 视图拖放到用户设置界面，将按钮视图拖放到用户设置界面中，并将按钮视图的标题改为"天安门"。

（5）将分段控件 Segmented Control 拖放到用户设置界面，并将标题分别改为"地图"和"卫星"。用户设置界面的效果如图 9.22 所示。

图 9.21 示例 9-8 运行结果

图 9.22 用户设置界面效果

（6）将按钮控件和分段控件分别和 ViewController.h 文件进行动作关联。

（7）单击打开 ViewController.h 文件，对插座变量以及转换地址等变量进行声明，程序代码如下：

```
01  #import <UIKit/UIKit.h>
02  #import <MapKit/MapKit.h>
03  #import <CoreLocation/CoreLocation.h>
04  @interface ViewController : UIViewController
    <CLLocationManagerDelegate>{
05      IBOutlet MKMapView *map;
06      MKReverseGeocoder *aa;
07      IBOutlet UITextField *text1;
08      IBOutlet UITextField *text2;
09      CLLocationManager *im;
10  }
11  - (IBAction)aa:(id)sender;
12  - (IBAction)bb:(id)sender;
13  @end
```

（8）将声明的插座变量和 ViewController.xib 文件中拖放到设置界面的 Map View 视图相关联。

（9）单击打开 ViewController.m 文件，编写代码实现一个地图导航，此地图导航的功能是获取当前位置、获取指定位置以及进行地图的切换，程序代码如下：

```
01  #import "ViewController.h"
02  @interface ViewController ()
03  @end
04  @implementation ViewController
05  - (void)viewDidLoad
```

```
06  {
07      im=[[CLLocationManager alloc]init];
08      im.delegate=self;
09      im.desiredAccuracy=kCLLocationAccuracyBest;
10      im.distanceFilter=kCLDistanceFilterNone;
11      [im startUpdatingLocation];
12      [aa start];
13      [super viewDidLoad];
14      // Do any additional setup after loading the view, typically from a nib.
15  }
16  //获取当前位置的经纬度
17  -(void)locationManager:(CLLocationManager *)manager didUpdateToLocation:(CLLocation
18  *)newLocation fromLocation:(CLLocation *)oldLocation{
19      NSString *lat=[[NSString alloc]initWithFormat:
        @"%f",newLocation.coordinate.latitude];
20      text1.text=lat;
21      NSString *mat=[[NSString alloc]initWithFormat:
        @"%f",newLocation.coordinate.longitude];
22      text2.text=mat;
23      map.showsUserLocation=YES;
24      MKUserLocation *ur=map.userLocation;
25      CLLocationCoordinate2D coordinate=ur.location.coordinate;
26      aa=[[MKReverseGeocoder alloc]initWithCoordinate:coordinate];
27      aa.delegate=self;
28      //旋转地图
29      [map setUserTrackingMode:MKUserTrackingModeFollowWithHeading animated:YES];
30  }
31  //进行地图类型的切换
32  -(IBAction)aa:(id)sender {
33      UISegmentedControl *ct=(UISegmentedControl *)sender;
34      NSInteger temp=ct.selectedSegmentIndex;
35      if(temp==0)
36      {
37          map.mapType=MKMapTypeStandard;
38      }else if (temp==1){
39          map.mapType=MKMapTypeHybrid;
40      }
41  }
42  //指定一个位置,在地图上做标记
43  -(IBAction)bb:(id)sender {
44      CLLocationCoordinate2D c={39.908606,116.398019};
45      NSDictionary *address=[NSDictionary
        dictionaryWithObjectsAndKeys:@"中国",@"Country",@"
46  北京",@"Locality" ,nil];
47      MKPlacemark *bei=[[MKPlacemark alloc]initWithCoordinate:c
        addressDictionary:address];
48      [map addAnnotation:bei];
49      [map setCenterCoordinate:c animated:YES];
50  }
51  @end
```

运行结果如图 9.23 所示。

图 9.23 地图导航运行结果

9.4 小　　结

本章主要讲解了地图的相关操作以及地图的应用。本章的重点在于显示位置数据、管理和提供位置服务、获取地图的当前位置和指定位置。本章的难点在于地图的标记、标记上显示位置以及标注。通过本章的学习，希望读者可以自己创建一个独特的地图导航。

9.5 习　　题

【习题 9-1】 请使用获取位置信息的类编写代码，此代码实现的功能是在 iPhone Simulator 模拟器上输出经度为 10.1111、纬度为 222.456，运行结果如图 9.24 所示。

【习题 9-2】 请编写代码，此代码实现的功能是单击"卫星"按钮，地图类型就变为 Hybrid；单击"地图"按钮，地图的类型就变为 Map。运行结果如图 9.25 所示。

图 9.24 习题 9-1 运行结果

图 9.25 习题 9-2 运行结果

【习题 9-3】 请编写代码，此代码实现的功能是为获取的当前位置和指定位置 (31.240948,121.48595)加上标记，并在标记上显示位置，运行结果如图 9.26 所示。

【习题 9-4】 请编写代码，此代码实现的功能是在指定的位置处添加标注，其主标题是"This is Zoo",副标题是"I come here",运行结果如图9.27所示。

图 9.26 习题 9-3 运行结果

图 9.27 习题 9-4 运行结果

第 10 章　使用选择器

选择器是指将很多待选项放在一个规定的视图中，此视图可以滚动地将这些待选择的项进行显示。由于选择器所占用的空间很小，所以在 iPhone 中很常用。本章将主要讲解 iPhone 中常用的两种选择器，一种是日期选择器，一种是自定义选择器。

10.1　创建日期选择器

日期选择器是为方便用户输入时间日期而提供的选择器。用户只要滚动日期选择器就可以在其中找到对应的时间。本节将主要讲解日期选择器的创建。

10.1.1　静态创建日期选择器

创建日期选择器最为简单的方法就是使用拖动的方法。创建好项目以后，单击打开 ViewController.xib 文件，将 Objects 窗口中的 Date Picker 视图拖到用户设置界面。单击就可以运行结果了，如图 10.1 所示。

在图 10.1 所示的运行结果中，可以将显示在 iPhone Simulator 模拟器上的日期选择器进行滚动。

10.1.2　动态创建日期选择器

动态创建日期选择器，首先要创建 UIDatePicker 类，创建的语法形式如下：

```
UIDatePicker *对象名=[[UIDatePicker alloc]initWithFrame:(CGRect)];
```

【示例 10-1】　以下程序使用动态的方法创建一个日期选择器。程序代码如下：

```
01  #import "ViewController.h"
02  @interface ViewController ()
03  @end
04  @implementation ViewController
05  - (void)viewDidLoad
06  {
07      //创建日期选择器
08      UIDatePicker *picker=[[UIDatePicker alloc]initWithFrame:
        CGRectMake(0, 0, 300, 200)];
09      [self.view addSubview:picker];
10      [super viewDidLoad];
11      // Do any additional setup after loading the view, typically from a nib.
12  }
13  - (void)didReceiveMemoryWarning
14  {
15      [super didReceiveMemoryWarning];
```

```
16        // Dispose of any resources that can be recreated.
17    }
18    @end
```

运行结果如图 10.2 所示。

图 10.1　静态创建日期选择器

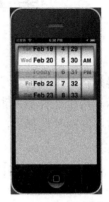

图 10.2　示例 10-1 运行结果

10.2　日期选择器的使用

创建了日期选择器以后，就可对日期选择器进行使用了。本节将主要讲解日期选择器的几种使用。

10.2.1　设置显示类型

日期选择器的显示类型不止是大家在图 10.1 中所看到的，还有另外的 3 种，我们将日期选择器的显示类型为大家做了一个总结，如表 10-1 所示。

表 10-1　日期选择器的显示类型

形　　式	功　　能
Time（时间）	只显示时间
Data（日期）	只显示日期
Data and Time（时间日期）	显示日期和时间
Count Down Timer（计时器）	显示类似于时钟的界面，用于选择持续延长时间

要设置日期选择器的显示类型，主要是对 Mode 属性进行设置。设置 Mode 属性可以有两种方法：一种是在 ViewController.xib 文件中，通过 Show the Attributes inspector 选项中选择 Date Picker 选项，将 Mode 进行设置就可以了；另一种是使用代码进行设置，使用代码设置显示类型的语法形式如下：

日期选择器对象名.datePickerMode=日期选择器的显示类型

这 4 种日期选择器的显示效果如图 10.3 所示。

第 10 章 使用选择器

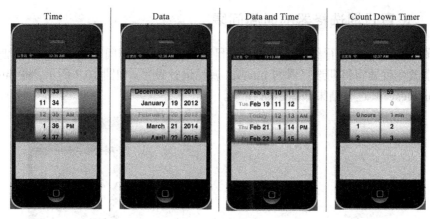

图 10.3 4 种显示类型

10.2.2 设置日期选择器所属位置

在日期选择器中可以根据所属时区的不同进行变化。要想对日期选择器的所属时区进行设置，就要使用 Locale 属性。设置 Locale 属性也有两种方法，一种是通过 Show the Attributes inspector 选项中选择 Date Picker 选项，将 Locale 进行设置就可以了，一种是使用代码进行设置，其语法形式如下：

日期选择器对象名.locale=位置

【示例 10-2】 以下程序使用 Locale 属性将日期选择器所属位置设置为 Chinese。操作步骤如下：

（1）创建一个项目，命名为 10-1。

（2）单击打开 ViewController.xib 文件，将 Date Picker 视图拖放到用户设置界面，如图 10.4 所示。

（3）在 Show the Attributes inspector 中选择 Date Picker 选项，将 Locale 设置为 Chinese，如图 10.5 所示。运行结果如图 10.6 所示。

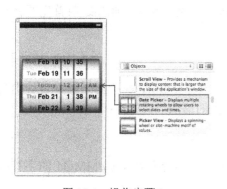

图 10.4 操作步骤 1

图 10.5 操作步骤 2

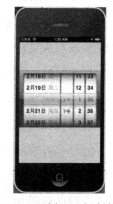

图 10.6 示例 10-2 运行结果

10.2.3 设置日期选择器的时间间隔

在图 10.6 所示的运行结果中可以看到日期选择器的时间间隔是 1 秒，要想使它的时间间隔发生改变就要将日期选择器的 Interval 属性进行设置，如图 10.7 所示。将 Interval 设置为了 6minutes，其运行结果如图 10.8 所示。

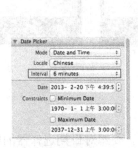

图 10.7 设置时间间隔

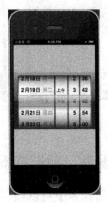

图 10.8 设置时间间隔运行结果

10.3 应用日期选择器

以上将日期选择器的使用讲解完了。本节主要讲解字符串和日期的相互转换，以及日期选择器的应用。

10.3.1 字符串和日期的相互转换

日期是使用固定的格式进行输出的，为了方便对日期的查看，可以将日期以大家熟悉的形式进行输出，这时就要将日期转换为字符串，当然转换了的字符串还可以再转换为日期。

1. 日期转换为字符串

要想将日期转换为字符串就要使用 NSDateFormatter 类，在使用此类之前首先要将头文件写入，头文件的语法形式如下：

```
#import <Foundation/NSDateFormatter.h>
```

在这里需要注意，由于现在使用的 iOS6 在使用 NSDateFormatter 类时系统就自动识别了，所以可以将头文件省略，创建 NSDateFormatter 类的语法形式如下：

```
NSDateFormatter *对象名=[[NSDateFormatter alloc]init];
```

【示例 10-3】 以下程序使用 NSDateFormatter 类将日期转换为 yyyy/MM/dd 的字符串形式。程序代码如下：

```
01  #import <UIKit/UIKit.h>
02  #import <Foundation/NSDateFormatter.h>        //头文件，可写可不写
03  #import "AppDelegate.h"
```

第 10 章 使用选择器

```
04    int main(int argc, char *argv[])
05    {
06        @autoreleasepool {
07            NSDateFormatter *f=[[NSDateFormatter alloc]init];
                                                         //创建 NSDateFormatter 类
08            [f setDateFormat:@"yyyy/MM/dd HH:mm:ss"];
                                                         //用户设置日期的显示格式
09            NSDate *date=[NSDate date];          //创建 NSDate 类，获取当前时间
10            NSString *dater=[f stringFromDate:date];
                                                         //将日期转换为字符串
11            NSLog(@"%@",dater);
12        }
13    }
```

此程序代码是在 main.m 文件中编写的。运行结果如图 10.9 所示。

2．字符串转换为日期

不仅可以将日期转换为字符串，而且可以将字符串转换为日期。要实现字符串转换为日期，同样可以使用 NSDateFormatter 类。

【示例 10-4】 以下程序使用 NSDateFormatter 类，将 yy/MM/dd 形式的字符串转换为日期。程序代码如下：

```
01    #import <UIKit/UIKit.h>
02    #import "AppDelegate.h"
03    int main(int argc, char *argv[])
04    {
05        @autoreleasepool {
06            NSDateFormatter *f=[[NSDateFormatter alloc]init];
07            [f setDateFormat:@"yy/MM/dd"];
08            NSDate *date=[f dateFromString:@"13/02/20"];//将字符串转换为日期
09            NSLog(@"%@",date);
10        }
11    }
```

此程序代码是在 main.m 文件中编写的。运行结果如图 10.10 所示。

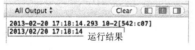 

图 10.9　日期转换为字符串运行结果　　　　图 10.10　字符串转换为日期运行结果

10.3.2　时间设置器

以上将日期选择器的基本知识讲解完了，下面根据这些基本知识来实现日期设置器的应用。操作步骤如下：

（1）创建一个项目，命名为 10-4。

（2）单击打开 ViewController.xib 文件进行用户设置界面的设置。从 Objects 窗口中拖动一个 Label 视图到设置界面，双击将标题改为"当前时间"。

（3）将 TextField 视图拖到 Label 的后面。

（4）将 Date Picker 视图拖放到用户设置界面，在 Show the Attributes inspector 选项中选择 Date Picker，将 Locale 属性进行设置为 Chinese。用户设置界面如图 10.11 所示。

·237·

（5）将日期选择器和 ViewController.h 文件进行动作关联。

（6）单击打开 ViewController.h 文件，对插座变量和字符串对象等进行声明，程序代码如下：

```
01  #import <UIKit/UIKit.h>
02  @interface ViewController : UIViewController{
03      NSDateFormatter *formatter;              //声明 NSDateFormatter 类
04      NSString *tem;                           //声明字符串对象
05      IBOutlet UIDatePicker *picker;
06      IBOutlet UITextField *field;
07  }
08  - (IBAction)curre:(id)sender;
09  @end
```

（7）将插座变量和 ViewController.xib 文件中拖放到用户设置界面的对应视图相关联。

（8）单击打开 ViewController.m 文件，编写代码实现时间设置器的选择功能，程序代码如下：

```
01  #import "ViewController.h"
02  @interface ViewController ()
03  @end
04  @implementation ViewController
05  - (void)viewDidLoad
06  {
07      [super viewDidLoad];
08      // Do any additional setup after loading the view, typically from a nib.
09  }
10  - (void)didReceiveMemoryWarning
11  {
12      [super didReceiveMemoryWarning];
13      // Dispose of any resources that can be recreated.
14  }
15  - (IBAction)curre:(id)sender {
16      formatter=[[NSDateFormatter alloc]init];  //创建 NSDateFormatter 类
17      [formatter setDateFormat:@"YYYY/MM/dd HH:mm"]; //设置日期时间的格式
18      tem=[formatter stringFromDate:picker.date];    //转换
19      field.text=tem;                                //将转换后的日期时间显示在文本框视图中
20  }
21  @end
```

运行结果如图 10.12 所示。

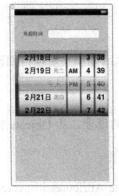

图 10.11 用户设置界面

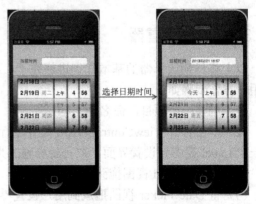

图 10.12 时间设置器运行结果

10.4 创建自定义选择器

在 iPhone 中，除了进行日期选择时使用的日期选择器，还有一个自定义选择器。它可以由用户自己定义要选择的类型。本节将主要讲解自定义选择器的创建。

10.4.1 静态创建自定义选择器

静态创建自定义选择器和创建日期选择器一样，在创建好项目以后，单击打开 ViewController.xib 文件，从 Objects 窗口中将 Picker View 视图拖放到用户设置界面，如图 10.13 所示。运行结果如图 10.14 所示。

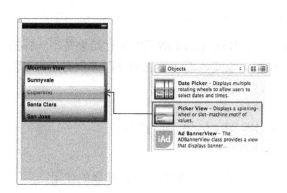
图 10.13　用户设置界面

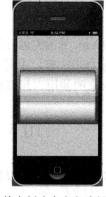
图 10.14　静态创建自定义选择器运行结果

10.4.2 动态创建自定义选择器

动态创建自定义选择器，首先要创建 UIPickerView 类，语法形式如下：

```
UIPickerView *对象名=[[UIPickerView alloc]initWithFrame:(CGRect)];
```

【示例 10-5】 以下程序使用动态的方法创建自定义选择器。程序代码如下：

```
01  #import "ViewController.h"
02  @interface ViewController ()
03  @end
04  @implementation ViewController
05  - (void)viewDidLoad
06  {
07      //创建自定义选择器
08      UIPickerView *picker=[[UIPickerView alloc]initWithFrame:
        CGRectMake(10, 15, 300, 200)];
09      [self.view addSubview:picker];
10      [super viewDidLoad];
11      // Do any additional setup after loading the view, typically from a nib.
12  }
13  - (void)didReceiveMemoryWarning
14  {
15      [super didReceiveMemoryWarning];
16      // Dispose of any resources that can be recreated.
17  }
```

```
18    @end
```

运行结果如图 10.15 所示。

图 10.15 示例 10-5 运行结果

在图 10.15 所示的运行结果中需要注意，它和图 10.14 所示的运行结果是不一样的，这是因为在 Objets 窗口中对自定义选择器进行了设置，而在动态创建时并没有进行设置。为了方便大家的使用，建议使用静态创建自定义选择器的方法。

10.5 自定义选择器的使用流程

自定义选择器在创建以后就可以使用了，本节主要讲解自定义选择器的使用。

10.5.1 填充内容

在图 10.13 中，可以看到拖到用户设置界面的自定义选择器视图中是有内容的，但是在运行结果时是空的。这时需要对自定义选择器视图进行内容填充。一般填充内容的方法有两种：一种是填充字符串，一种是填充图片。

1. 填充字符串

自定义选择器填充字符串和表视图的填充字符串是一样的。下面，实现在自定义选择器中添加字符串 "1～9"，操作步骤如下：

（1）创建一个项目，命名为 10-6。
（2）单击打开 ViewController.xib 文件，将 Picker View 视图拖放到用户设置界面。
（3）右击 Picker View 视图，在弹出的快捷菜单中选择 delegate，将其拖放到 File's Owner 中。
（4）单击打开 ViewController.h 文件，进行插座变量和数组对象的声明，程序代码如下：

```
01    #import <UIKit/UIKit.h>
02    @interface ViewController : UIViewController{
03        IBOutlet UIPickerView *picker;
04        NSArray *pickData;
05    }
06    @end
```

（5）将插座变量和 ViewController.xib 文件中拖放到用户设置界面的对应视图相关联。

（6）单击打开 ViewController.m 文件，编写代码实现将字符串填充到自定义选择器的视图中，程序代码如下：

```
01  #import "ViewController.h"
02  @interface ViewController ()
03  @end
04  @implementation ViewController
05  - (void)viewDidLoad
06  {
07      NSArray *array=[[NSArray alloc] initWithObjects:@"1",@"2",@"3",
        @"4",@"5",@"6",@"7",@"8",
08  @"9",nil];                      //初始化数组并赋值
09      pickData = array;           //将array数组赋值给pickData数组
10      [super viewDidLoad];
11  }
12  //返回自定义选择器显示的组件
13  -(NSInteger)numberOfComponentsInPickerView:(UIPickerView *)
    pickerView
14  {
15      return 1;
16  }
17  //返回自定义选择器在指定的组件中应返回多少行
18  -(NSInteger)pickerView:(UIPickerView *)pickerView
19  numberOfRowsInComponent:(NSInteger)component
20  {
21      return [pickData count];
22  }
23  //填充
24  - (NSString *)pickerView:(UIPickerView *)pickerView titleForRow:
    (NSInteger)row
25  forComponent:(NSInteger)component {
26      return [pickData objectAtIndex:row];
27  }
28  @end
```

程序中的组件会在下一小节进行讲解。运行结果如图10.16所示。

2. 填充图片

在自定义选择器的填充内容中，也可填充图片。填充图片和填充字符串方法是一致的，只不过填充图片要用到ImageView 视图的一些属性。下面是在自定义选择器中添加了图片。操作步骤如下：

（1）创建一个项目，命名为10-7。

（2）将需要添加在自定义选择器中的图片添加到创建的Supporting Files 文件夹中。

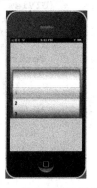

图10.16　填充字符串运行结果

（3）单击打开 ViewController.xib 文件，将 Picker View 视图拖放到用户设置界面。

（4）右击 Picker View 视图，在弹出的快捷菜单中选择 delegate，将其拖放到 File's Owner 中。

（5）单击打开 ViewController.h 文件，进行插座变量和数组对象的声明，程序代码如下：

```
01  #import <UIKit/UIKit.h>
```

```
02  @interface ViewController : UIViewController{
03      IBOutlet UIPickerView *picker;
04      NSArray *pickData;
05  }
06  @end
```

（6）将插座变量和 ViewController.xib 文件中拖放到用户设置界面的对应视图相关联。

（7）单击打开 ViewController.m 文件，编写代码实现将图片填充到自定义选择器的视图中，程序代码如下：

```
01  #import "ViewController.h"
02  @interface ViewController ()
03  @end
04  @implementation ViewController
05  - (void)viewDidLoad
06  {
07      pickData=[[NSArray alloc]initWithObjects:
08              [[UIImageView alloc] initWithImage:[UIImage imageNamed:
                @"1.png"]],
09              [[UIImageView alloc] initWithImage:[UIImage imageNamed:
                @"1.png"]],
10              [[UIImageView alloc] initWithImage:[UIImage imageNamed:
                @"1.png"]],
11              nil];                    //初始化数组，指定图片
12      [super viewDidLoad];
13  }
14  //返回自定义选择器显示的组件
15  - (NSInteger)numberOfComponentsInPickerView:(UIPickerView *)
    pickerView {
16      return 1;
17  }
18  //返回自定义选择器在指定的组件中应返回多少行
19  - (NSInteger)pickerView:(UIPickerView *)pickerView
20  numberOfRowsInComponent:(NSInteger)component {
21      return [pickData count];
22  }
23  //填充
24  - (UIView *)pickerView:(UIPickerView *)pickerView viewForRow:
    (NSInteger)row
25          forComponent:(NSInteger)component reusingView:(UIView *)
            view {
26      return [pickData objectAtIndex:row];
27  }
28  - (void)didReceiveMemoryWarning
29  {
30      [super didReceiveMemoryWarning];
31      // Dispose of any resources that can be recreated.
32  }
33  @end
```

运行结果如图 10.17 所示。

在图 10.17 所示的运行结果中需要注意，在自定义选择器中显示的图片不能太大，否则就会出现重叠的效果，如图 10.18 所示。

10.5.2　分栏显示自定义选择器

自定义选择器不仅可以以图 10.16 和图 10.17 所示的内容进行显示，它还可以以分栏的形式进行显示。图 10.16 和图 10.17 所示的运行结果是没有分栏的，图 10.6 所示的日

图 10.17 填充图片运行结果　　　　图 10.18 图片过大时的效果

期选择器可以看作是自定义选择器进行了分栏的样子。要实现分栏，就要使用到 numberOfComponentsInPickerView()方法，它是用来返回自定义选择器显示的组件的。这里的组件可以理解为分栏。

【示例 10-6】 以下程序通过使用 numberOfComponentsInPickerView()方法，将自定义选择器分为 3 栏，第一栏显示年，第二栏显示月，第三栏显示日。操作步骤如下：

（1）创建一个项目，命名为 10-8。

（2）单击打开 ViewController.xib 文件，将 Picker View 视图拖放到用户设置界面。

（3）右击 Picker View 视图，在弹出的快捷菜单中选择 delegate，将其拖放到 File's Owner 中。

（4）单击打开 ViewController.h 文件，进行插座变量和数组对象的声明，程序代码如下：

```
01  #import <UIKit/UIKit.h>
02  @interface ViewController : UIViewController{
03      IBOutlet UIPickerView *picker;
04      NSArray *Data1;
05      NSArray *Data2;
06      NSArray *Data3;
07  }
08  @end
```

（5）将插座变量和 ViewController.xib 文件中拖放到用户设置界面的对应视图相关联。

（6）单击打开 ViewController.m 文件，编写代码实现将自定义选择器分栏，程序代码如下：

```
01  #import "ViewController.h"
02  @interface ViewController ()
03  @end
04  @implementation ViewController
05  - (void)viewDidLoad
06  {
07      Data1=[[NSArray
08  alloc]initWithObjects:@"2008",@"2009",@"2010",@"2011",@"2012",
    @"2013",@"2014", nil];
09      Data2=[[NSArray
10  alloc]initWithObjects:@"01",@"02",@"03",@"04",@"05",@"06",@"07",
    @"08",@"09",@"10",@"11" ,
11  @"12",nil];
```

```objc
12      Data3=[[NSArray
13  alloc]initWithObjects:@"01",@"02",@"03",@"04",@"05",@"06",@"07",
    @"08",@"09",@"10",@"11",
14  @"12",@"13",@"14",@"15",@"16",@"17",@"18",@"19",@"20",@"21",@"22",
    @"23",@"24",@"25",@
15  "26",@"27",@"28",@"29",@"30",@"31",nil];
16      [super viewDidLoad];
17      // Do any additional setup after loading the view, typically from a nib.
18  }
19  //返回自定义选择器显示的组件
20  - (NSInteger)numberOfComponentsInPickerView:(UIPickerView *)pickerView {
21      return 3;
22  }
23  //返回自定义选择器在指定的组件中应返回多少行
24  - (NSInteger)pickerView:(UIPickerView *)pickerView
25  numberOfRowsInComponent:(NSInteger)component {
26      if (component == 0) {
27          return [Data1 count];
28      }else if (component==1){
29          return [Data2 count];
30      }else
31          return [Data3 count];
32  }
33  //填充内容
34  - (NSString *)pickerView:(UIPickerView *)pickerView titleForRow:(NSInteger)row forComponent:
35  (NSInteger)component {
36      if (component == 0) {
37          return [Data1 objectAtIndex:row];
38      }else if (component==1){
39          return [Data2 objectAtIndex:row];
40      }else{
41          return [Data3 objectAtIndex:row];
42      }
43  }
44  @end
```

运行结果如图 10.19 所示。

10.5.3 应用自定义选择器

以上将自定义选择器的创建和使用讲解完了，下面就来实现一个翻译器，当在自定义选择器中选择某一单词时，就会出现单词的中文解释和配套的图片。操作步骤如下：

（1）创建一个项目，命名为 10-9。

（2）将需要添加在自定义选择器中的图片添加到创建的 Supporting Files 文件夹中。

（3）单击打开 ViewController.xib 文件，将 Picker View 视图拖放到用户设置界面。

（4）右击 Picker View 视图，在弹出的快捷菜单中选择 delegate，将其拖放到 File's Owner 中。

（5）拖动一个 Label 视图到用户设置界面，双击将 Label 的标题设置为"中文翻译"。

（6）拖动文本框视图到用户设置界面，放到 Label 视图后面。

（7）拖动 Image View 视图到用户设置界面。用户设置界面的效果如图 10.20 所示。

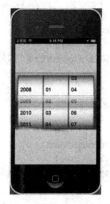
图 10.19　示例 10-6 运行结果

图 10.20　用户设置界面

（8）单击打开 ViewController.h 文件，进行插座变量和数组对象的声明，程序代码如下：

```
01  #import <UIKit/UIKit.h>
02  @interface ViewController : UIViewController{
03      IBOutlet UIPickerView *picker;
04      IBOutlet UITextField *field;
05      IBOutlet UIImageView *im;
06      NSArray *Data1;
07  }
08  @end
```

（9）将插座变量和 ViewController.xib 文件中拖放到用户设置界面的对应视图相关联。

（10）单击打开 ViewController.m 文件，编写代码实现翻译器的功能，程序代码如下：

```
01  #import "ViewController.h"
02  @interface ViewController ()
03  @end
04  @implementation ViewController
05  - (void)viewDidLoad
06  {
07      Data1=[[NSArray alloc]initWithObjects:@"goose",@"cat",@"dog",
        @"snake",@"bear",@"pig", 08 nil];
09      [super viewDidLoad];
10      // Do any additional setup after loading the view, typically from a nib.
11  }
12  -(NSInteger)numberOfComponentsInPickerView:(UIPickerView *)
    pickerView{
13      return 1;
14  }
15  -(NSInteger)pickerView:(UIPickerView *)pickerView
16  numberOfRowsInComponent:(NSInteger)component{
17      return [Data1 count];
18  }
19  - (NSString *)pickerView:(UIPickerView *)pickerView titleForRow:
    (NSInteger)row forComponent:
20  (NSInteger)component {
21      return [Data1 objectAtIndex:row];
22  }
23  //实现选择一行后，输出翻译结果和显示对应图片
24  -(void)pickerView:(UIPickerView *)pickerView didSelectRow:
    (NSInteger)row inComponent:
25  (NSInteger)component {
26      int a;
```

```
27      a=[pickerView selectedRowInComponent:0];              //设置当前选中行
28      if(a==0){
29          NSInteger row=[picker selectedRowInComponent:0];
30          NSString *select=[Data1 objectAtIndex:row];
31          NSString *ms=[[NSString alloc]initWithFormat:@"你的选择是%@,
            它的中文是鹅",select];
32          field.text=ms;
33          im.image=[UIImage imageNamed:@"goose.png"];        //显示图片
34      }
35      if(a==1){
36          NSInteger row=[picker selectedRowInComponent:0];
37          NSString *select=[Data1 objectAtIndex:row];
38          NSString *ms=[[NSString alloc]initWithFormat:@"你的选择是%@,
            它的中文是猫",select];
39          field.text=ms;
40           im.image=[UIImage imageNamed:@"cat.png"];
41      }
42      if(a==2){
43          NSInteger row=[picker selectedRowInComponent:0];
44          NSString *select=[Data1 objectAtIndex:row];
45          NSString *ms=[[NSString alloc]initWithFormat:@"你的选择是%@,
            它的中文是狗",select];
46          field.text=ms;
47           im.image=[UIImage imageNamed:@"dog.png"];
48      }
49      if(a==3){
50          NSInteger row=[picker selectedRowInComponent:0];
51          NSString *select=[Data1 objectAtIndex:row];
52          NSString *ms=[[NSString alloc]initWithFormat:@"你的选择是%@,
            它的中文是蛇",select];
53           im.image=[UIImage imageNamed:@"snake.png"];
54          field.text=ms;
55      }
56      if(a==4){
57          NSInteger row=[picker selectedRowInComponent:0];
58          NSString *select=[Data1 objectAtIndex:row];
59          NSString *ms=[[NSString alloc]initWithFormat:@"你的选择是%@,
            它的中文是熊",select];
60          field.text=ms;
61           im.image=[UIImage imageNamed:@"bear.png"];
62      }
63      if(a==5){
64          NSInteger row=[picker selectedRowInComponent:0];
65          NSString *select=[Data1 objectAtIndex:row];
66          NSString *ms=[[NSString alloc]initWithFormat:@"你的选择是%@,
            它的中文是猪",select];
67           im.image=[UIImage imageNamed:@"pig.png"];
68          field.text=ms;
69      }
70  }
71  - (void)didReceiveMemoryWarning
72  {
73      [super didReceiveMemoryWarning];
74      // Dispose of any resources that can be recreated.
75  }
76  @end
```

运行结果如图 10.21 所示。

图 10.21　翻译器运行结果

10.6　小　　结

本章主要讲解了日期选择器和自定义选择器的两种创建方法。本章的重点是日期选择器的使用及自定义选择器的使用。本章的难点是字符串和日期的相互转换以及分栏显示自定义选择器。通过对本章的学习，希望大家可以自己动手制作一个别致的选择器。

10.7　习　　题

【习题 10-1】　请编写代码，此代码实现的功能是动态创建一个日期选择器，其中选择器的位置及大小为(0, 20, 200,300)。

【习题 10-2】　请编写代码，此代码实现的功能是将现在的时间转换为"dd/MM/yy"的形式，运行结果如图 10.22 所示。

【习题 10-3】　请编写代码，此代码实现的功能是在警告视图中显示选中的日期，运行结果如图 10.23 所示。

【习题 10-4】　请编写代码，此代码实现的功能是在自定义选择器中填入字符串"One、Two、Three、Four、Five、Six、Seven"，运行结果如图 10.24 所示。

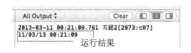

图 10.22　习题 10-2 运行结果　　图 10.23　习题 10-3 运行结果　　图 10.24　习题 10-4 运行结果

【习题 10-5】 请编写代码，此代码实现的功能是将自定义选择器分为两栏，其中一栏为"one、two、three、four、five、six、seven"，另一栏为"1、2、3、4、5、6、7"，当选择选择器的内容时，将内容显示在文本框中，运行结果如图 10.25 所示。

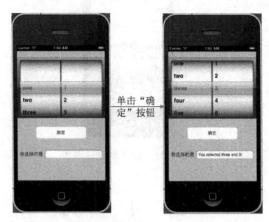

图 10.25 习题 10-5 运行结果

第 11 章 动 画

在 iPhone 手机的使用中，为了使用户由一个界面切换到另一个界面不会显得枯燥无味，所以就添加了一些动画效果。iPhone 中预置了很多动画效果，这些动画效果可以用于视图间的切换、游戏等方面。本章将主要讲解动画的一些基本操作。

11.1 动画的使用设置

在使用动画之前要了解一些关于动画的使用设置。本节将主要讲解动画的使用设置等方面的知识。

11.1.1 开始准备动画

在对动画进行操作前，首先要使用 beginAnimations 方法使动画开始，其语法形式如下：

```
+ (void)beginAnimations:(NSString *)context:(void *)
```

其中，beginAnimations 方法后面的参数是用来做动画标识的，context 方法后面的参数是用来传递给动画消息的，一般设置为 nil。

11.1.2 设置动画的持续时间

每一个动画都不是以同一个持续时间进行播放的，可以使用 setAnimationDuration 属性来对动画的持续时间进行设置，语法形式如下：

```
+(void)setAnimationDuration:(NSTimeInterval);
```

其中，setAnimationDuration 后面的 NSTimeInterval 就是动画持续的时间，可以使用数字来表示。

11.1.3 设置动画的相对速度

动画的相对速度也就是动画所做的加速、减速运动。要设置动画的加速、减速运动就要对 setAnimationCurve 属性进行设置，语法形式如下：

```
+(void)setAnimationCurve:(UIViewAnimationCurve);
```

其中，setAnimationCurve 后面的 UIViewAnimationCurve 就是加、减速，UIViewAnimationCurve 一共有 4 种类型，分别为 UIVIewAnimationCurveEaseInOut、UIViewAnimationCurveEaseIn、UIViewAnimationCurveEaseOut 和 UIViewAnimationCurveLinear。

11.1.4 结束动画

动画设置完毕以后，就要使用 commitAnimations 来结束动画，其语法形式如下：

```
+ (void)commitAnimations
```

其中，一个完整的动画要以 beginAnimations 开始，以 commitAnimations 结束。setAnimationDuration 和 setAnimationCurve 是可以进行选择的设置。

【示例 11-1】以下程序通过动画的设置，来实现单击按钮为用户设置界面进行涂色的操作。操作步骤如下：

（1）创建一个项目，命名为 11-1。

（2）单击打开 ViewController.xib 文件中，单击用户设置界面，将背景颜色设置为黄色。从 Objects 窗口拖动 UIView 视图到用户设置界面。

（3）从 Objects 窗口拖动按钮视图到用户设置界面，在 Show the Size inspector 中设置按钮视图的位置，使按钮视图不在刚才 Objects 窗口中拖到用户设置界面的 UIView 视图中。双击将按钮视图的标题改为"涂色"。这时用户设置界面的效果如图 11.1 所示。

（4）将按钮视图和 ViewController.h 文件进行动作关联。

（5）单击打开 ViewController.h 文件，声明插座变量，程序代码如下：

图 11.1 用户设置界面

```
01  #import <UIKit/UIKit.h>
02  @interface ViewController : UIViewController{
03      IBOutlet UIView *v;
04  }
05  - (IBAction)aa:(id)sender;
06  @end
```

（6）将声明的插座变量和 ViewController.xib 文件中拖到用户设置界面的对应视图相关联。

（7）单击打开 ViewController.m 文件，编写代码实现涂色的功能，程序代码如下：

```
01  #import "ViewController.h"
02  @interface ViewController ()
03  @end
04  @implementation ViewController
05  - (void)viewDidLoad
06  {
07      [super viewDidLoad];
08      // Do any additional setup after loading the view, typically from a nib.
09  }
10  - (void)didReceiveMemoryWarning
11  {
12      [super didReceiveMemoryWarning];
13      // Dispose of any resources that can be recreated.
14  }
15  - (IBAction)aa:(id)sender {
16      [UIView beginAnimations:@"filing" context:NULL];   //开始准备动画
17      CGPoint p=v.center;
18      p.y-=100;
```

```
19      v.center=p;
20      [UIView commitAnimations];                              //结束动画
21    }
22  @end
```

运行结果如图 11.2 所示。

图 11.2　示例 11-1 运行结果

11.2　使用过渡动画

过渡动画常用于界面的切换，所谓过渡是指从一个阶段进入到另一个阶段。要使用过渡动画就要使用 setAnimationTransition 属性进行设置，语法形式如下：

```
+(void)setAnimationTransition:(UIViewAnimationTransition)
forView:(UIView *) cache:(BOOL);
```

其中，setAnimationTransition:用来设置过渡动画的效果；forView:用来设置视图；cache:用来设置缓存的内容，当设置为 YES 时，表示马上缓存内容，当为 NO 时，表示不马上进行缓存内容，一般我们将此项设置为 YES。过渡动画的动画效果有 5 种，如表 11-1 所示。

表 11-1　过渡动画的效果

效　　果	功　　能
UIViewAnimationTransitionCurlDown	卷曲翻页，从上往下
UIViewAnimationTransitionCurlUp	卷曲翻页，从下往上
UIViewAnimationTransitionFlipFromleft	从左向右旋转
UIViewAnimationTransitionFlipFromRight	从右向左旋转
UIViewAnimationTransitionNone	没有动画

11.2.1　翻页动画

在图书阅读器中，当看完一页内容后，要看下一页的内容时，为了使内容切换的过程不枯燥，就使用了翻页这一动画效果。

【示例 11-2】以下程序通过使用 UIViewAnimationTransitionCurlUp 和 UIViewAnimation-TransitionCurlDown，在两视图进行切换的过程中实现翻页动画。操作步骤如下：

（1）创建一个项目，命名为 11-2。

（2）单击打开 ViewController.xib 文件，单击用户设置界面，将背景颜色设置为蓝色。从 Objects 窗口拖动按钮视图到用户设置界面，双击将按钮视图的标题改为"下一页"。用户设置界面的效果如图 11.3 所示。

（3）添加一个视图控制器，命名为 aViewController。

（4）单击打开 aViewController.xib 文件中，单击用户设置界面，将背景颜色设置为绿色。从 Objects 窗口拖动按钮视图到用户设置界面，双击将按钮视图的标题改为"上一页"。用户设置界面的效果如图 11.4 所示。

图 11.3　ViewController.xib 文件设置效果

图 11.4　aViewController.xib 文件设置效果

（5）将 ViewController.xib 文件中的按钮和 ViewController.h 文件进行动作关联。

（6）单击打开 ViewController.h 文件，进行视图控制器的声明，程序代码如下：

```
01  #import <UIKit/UIKit.h>
02  #import "aViewController.h"              //头文件
03  @interface ViewController : UIViewController{
04      aViewController *aa;                 //视图控制器的声明
05  }
06  - (IBAction)next:(id)sender;
07  @end
```

（7）单击打开 ViewController.m 文件，编写代码实现 ViewController 的用户界面向 aViewController 的用户界面过渡的效果，程序代码如下：

```
01  #import "ViewController.h"
02  @interface ViewController ()
03  @end
04  @implementation ViewController
05  - (void)viewDidLoad
06  {
07      [super viewDidLoad];
08      // Do any additional setup after loading the view, typically from a nib.
09  }
10  - (void)didReceiveMemoryWarning
11  {
12      [super didReceiveMemoryWarning];
13      // Dispose of any resources that can be recreated.
14  }
15  - (IBAction)next:(id)sender {
```

```
16      aa=[[aViewController alloc]initWithNibName:@"aViewController"
        bundle:nil];                                          //创建视图控制器
17      [UIView beginAnimations:@"flipping view" context:nil];
                                                              //开始准备动画
18      //设置动画持续时间
19      [UIView setAnimationDuration:10];
20      //设置动画的相对速度
21      [UIView setAnimationCurve:UIViewAnimationCurveEaseInOut];
22      //实现卷曲翻页,从下往上
23      [UIView setAnimationTransition:UIViewAnimationTransitionCurlUp
        forView:self.view
24   cache:YES];
25      [self.view addSubview:aa.view];
26      [UIView commitAnimations];                            //结束动画
27   }
28   @end
```

（8）将 aViewController.xib 文件中的按钮和 aViewController.h 文件进行动作关联。

（9）单击打开 ViewController.m 文件，编写代码实现 aViewController 的用户界面向 ViewController 的用户界面过渡的效果，程序代码如下：

```
01  #import "aViewController.h"
02  @interface aViewController ()
03  @end
04  @implementation aViewController
05  - (id)initWithNibName:(NSString *)nibNameOrNil bundle:(NSBundle *)
    nibBundleOrNil
06  {
07      self = [super initWithNibName:nibNameOrNil bundle:nibBundleOrNil];
08      if (self) {
09          // Custom initialization
10      }
11      return self;
12  }
13  - (void)viewDidLoad
14  {
15      [super viewDidLoad];
16      // Do any additional setup after loading the view from its nib.
17  }
18  - (void)didReceiveMemoryWarning
19  {
20      [super didReceiveMemoryWarning];
21      // Dispose of any resources that can be recreated.
22  }
23  - (IBAction)back:(id)sender {
24      [UIView beginAnimations:@"flipping view" context:nil];
25      [UIView setAnimationDuration:10];
26      [UIView setAnimationCurve:UIViewAnimationCurveEaseIn];
27      [UIView setAnimationTransition:UIViewAnimationTransitionCurlDown
28   forView:self.view.superview cache:YES];       //实现卷曲翻页,从上往下
29      [self.view removeFromSuperview];
30      [UIView commitAnimations];
31  }
32  @end
```

运行结果如图 11.5 所示。

第 2 篇 iPhone 界面开发

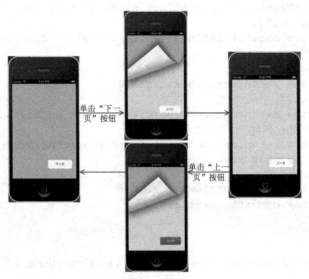

图 11.5 示例 11-2 运行结果

11.2.2 旋转动画

一般在浏览图片的过程中，当从一个图片切换到另一个图片时，为了使切换过程不太单调，就要使用旋转动画来吸引人们的眼球。

【示例 11-3】 以下程序通过使用 UIViewAnimationTransitionFlipFromleft 和 UIView-AnimationTransitionFlipFromRight 这两个过渡动画来实现图片浏览器的浏览。操作步骤如下：

（1）创建一个项目，命名为 11-3。
（2）添加图片到创建好的项目的 Supporting Files 文件夹中。
（3）单击打开 ViewController.xib 文件中，进行用户设置界面的设置。从 Objects 窗口中拖动 Image View 视图到用户设置界面，将一张图片放在 Image View 视图中作为图片浏览器的背景。
（4）从 Objects 窗口中将 Page Control 视图拖到用户设置界面，选择 Show the Attributes inspector 选项中的 Page Control，将 Pages 设置为 4，将 Tint Color 设置为粉色，将 Current Page 设置为蓝色。
（5）从 Objects 窗口中拖动两个 Image View 视图到用户设置界面，将两个视图的大小调整为一样的，选择其中的一个视图，在 Show the Attributes inspector 选项中的 View 下，将 Tag 设置为 1。这时用户设置界面如图 11.6 所示。
（6）单击打开 ViewController.h 文件，进行插座变量等的声明，程序代码如下：

图 11.6 用户设置界面

```
01  #import <UIKit/UIKit.h>
02  @interface ViewController : UIViewController{
03      IBOutlet UIImageView *im1;
04      IBOutlet UIImageView *im2;
05      IBOutlet UIPageControl *page;
```

```
06      UIImageView *dp,*bg;
07  }
08  @end
```

（7）将声明的插座变量和 ViewController.xib 文件中拖到用户设置界面的对应视图相关联。

（8）单击打开 ViewController.m 文件，编写代码实现图片浏览器在切换图片时图片的旋转，程序代码如下：

```
01  #import "ViewController.h"
02  @interface ViewController ()
03  @end
04  @implementation ViewController
05  - (void)viewDidLoad
06  {
07      [im2 setImage:[UIImage imageNamed:@"2.jpg"]];         //设置显示的图片
08      dp= im2;
09      [page addTarget:self action:@selector(pageTurning:)
        forControlEvents:                                     //声明方法
10       UIControlEventValueChanged];
11      [super viewDidLoad];
12      // Do any additional setup after loading the view, typically from a nib.
13  }
14  -(void)pageTurning:(UIPageControl *)pageController
15  {
16      //图片的切换
17      NSInteger nextPage=[pageController currentPage];      //设置当前的按键
18      if(nextPage==0){
19          [dp setImage:[UIImage imageNamed:@"3.jpg"]];
20      }else if(nextPage==1){
21      [dp setImage:[UIImage imageNamed:@"6.jpg"]];
22      }else if(nextPage==2){
23          [dp setImage:[UIImage imageNamed:@"7.jpg"]];
24      }else if(nextPage==3){
25       [dp setImage:[UIImage imageNamed:@"8.jpg"]];
26      }else if (nextPage==4){
27          [dp setImage:[UIImage imageNamed:@"9.jpg"]];
28      }else if (nextPage==5){
29          [dp setImage:[UIImage imageNamed:@"10.jpg"]];
30      }else if (nextPage==6){
31          [dp setImage:[UIImage imageNamed:@"11.jpg"]];
32      }else{
33          [dp setImage:[UIImage imageNamed:@"2.jpg"]];
34      }
35      if (dp.tag==0) {
36          dp = im2;
37          bg = im1;
38      }else {
39          dp = im1;
40          bg = im2;
41      }
42      //图片从左向右旋转
43      [UIView beginAnimations:@"flipping view" context:nil];
44      [UIView setAnimationDuration:1];
45      [UIView setAnimationCurve:UIViewAnimationCurveEaseInOut];
46      [UIView setAnimationTransition:
        UIViewAnimationTransitionFlipFromLeft forView:dp
47  cache:YES];
48      [dp setHidden:YES];
```

```
49      [UIView commitAnimations];
50      //图片从右向左旋转
51      [UIView beginAnimations:@"flipping view" context:nil];
52      [UIView setAnimationDuration:1];
53      [UIView setAnimationCurve:UIViewAnimationCurveEaseInOut];
54      [UIView setAnimationTransition:
        UIViewAnimationTransitionFlipFromRight forView:bg
55      cache:YES];
56      [bg setHidden:NO];
57      [UIView commitAnimations];
58  }
59  - (void)didReceiveMemoryWarning
60  {
61      [super didReceiveMemoryWarning];
62      // Dispose of any resources that can be recreated.
63  }
64  @end
```

运行结果如图 11.7 所示。

图 11.7　示例 11-3 运行结果

11.3　时间定时器

时间定时器可以每隔一段时间将图像进行更新，这样也可以使图片有一种动态的感觉。本节主要讲解时间定时器的创建和使用。

11.3.1　创建时间定时器

要使用时间定时器，首先要创建 NSTimer 类，创建的语法形式有两种，第一种语法形式如下：

```
NSTimer *对象名=[NSTimer scheduledTimerWithTimeInterval:(NSTimeInterval)
target:(id)selector:(SEL)userInfo:
(id) repeats:(BOOL)];
```

其中，scheduledTimerWithTimeInterval 用来指定两次触发所间隔的秒数；target 用来指定消息发送的对象；selector 用来指定触发器所调用的方法；userInfo 参数可以设定为 nil，当定时器失效时，由用户指定的对象保留和释放该定时器；repeats 用来指定是否重复调用自身。

第二种语法形式如下：

```
NSTimer *对象名=[NSTimer scheduledTimerWithTimeInterval:(NSTimeInterval)
invocation:(NSInvocation *)repeats(BOOL)];
```

其中，scheduledTimerWithTimeInterval 用来指定两次触发所间隔的秒数；invocation 用来指定调用某个对象的消息；repeats 用来指定是否重复调用自身。一般建议使用第一种时间定时器的创建形式。

11.3.2 使用时间定时器

知道了时间定时器的创建以后，就来使用时间定时器完成最简单的 3 个动画效果，分别是平移、旋转和缩放。

1. 平移

所谓平移就是指在同一平面内，将一个图形整体按照某个直线方向移动一定的距离。下面，就来使用时间定时器来实现一个小球沿 x 轴所做的平移动画。操作步骤如下：

（1）创建一个项目，命名为 11-4。

（2）添加图片到创建好的项目的 Supporting Files 文件夹中。

（3）单击打开 ViewController.xib 文件，进行用户设置界面的设置。从 Objects 窗口中拖动 Image View 视图到用户设置界面，将刚才添加的图片放在 Image View 视图中。

（4）从 Objects 窗口中拖动 Slider 控件到用户设置界面。这时用户设置界面的效果如图 11.8 所示。

（5）将 Slider 控件和 ViewController.h 文件进行动作关联。

（6）单击打开 ViewController.h 文件，进行插座变量和所需变量等的声明，程序代码如下：

图 11.8　用户设置界面

```
01    import <UIKit/UIKit.h>
02    @interface ViewController : UIViewController{
03        IBOutlet UIImageView *imageView;
04        IBOutlet UISlider *slider;
05        CGPoint position;
06        CGPoint translation;
07        NSTimer *timer;                    //时间定时器的声明
08        float ballRadius;
09    }
10
11    - (IBAction)slider:(id)sender;
12    @end
```

（7）将插座变量和 ViewController.xib 文件中拖放到用户设置界面的对应视图相关联。

（8）单击打开 ViewController.m 文件，编写代码实现小球的平移动画，程序代码如下：

```
01    #import "ViewController.h"
02    @interface ViewController ()
03    @end
04    @implementation ViewController
```

```
05  -(void)onTimer{
06      [UIView beginAnimations:@"" context:nil];              //开始准备动画
07      //设置图像位置
08      imageView.transform=CGAffineTransformMakeTranslation
        (translation.x, translation.y);
09      translation.x=translation.x+position.x;
10       translation.y=translation.x+position.y;
11      //判断是否触碰到了边缘,如果触碰到将position的值设置为负数
12      if(imageView.center.x+translation.x>320-ballRadius||
        imageView.center.x+translation.x
13  <ballRadius)
14      position.x=-position.x;
15      if(imageView.center.y+translation.y>460-ballRadius||
        imageView.center.y+translation.y
16  <ballRadius)
17          position.y=-position.y;
18      [UIView commitAnimations];
19  }
20  - (void)viewDidLoad
21  {
22      ballRadius=imageView.frame.size.width/2;               //求球的半径
23      position=CGPointMake(12.0, 4.0);
                                //指定每次触发器触发时图像要移动的位置
24      timer=[NSTimer scheduledTimerWithTimeInterval:slider.value
        target:self selector:
25  @selector(onTimer) userInfo:nil repeats:YES];              //创建时间定时器
26      [super viewDidLoad];
27      // Do any additional setup after loading the view, typically from a nib.
28  }
29  - (void)didReceiveMemoryWarning
30  {
31      [super didReceiveMemoryWarning];
32      // Dispose of any resources that can be recreated.
33  }
34  - (IBAction)slider:(id)sender {
35      [timer invalidate];                                    //使创建的时间定时器无效
36      timer=[NSTimer scheduledTimerWithTimeInterval:slider.value
        target:self selector:
37  @selector(onTimer) userInfo:nil repeats:YES];    //重新创建时间定时器
38      }
39  @end
```

在此程序中,将时间定时器两次触发所需的时间设置为 Slider 控件的值,其值的范围为 0.0~1.0。运行结果如图 11.9 所示。

在图 11.9 所示的运行结果中,当移动 Slider 控件时,小球平移的速度就会改变。

2. 旋转

要想让小球做旋转运动,可以不断地改变小球的角度。下面,通过时间定时器来实现小球做旋转运动。操作步骤如下:

(1)创建一个项目,命名为 11-5。

(2)添加图片到创建好的项目的 Supporting Files 文件夹中。

(3)单击打开 ViewController.xib 文件,进行用户设置界面的设置。从 Objects 窗口中拖动 Image View 视图到用户设置界面,将刚才添加的图片放在 Image View 视图中。

(4)从 Objects 窗口中拖动 Slider 控件到用户设置界面。这时用户设置界面的效果如

图 11.10 所示。

(5) 将 Slider 控件和 ViewController.h 文件进行动作关联。

图 11.9　平移运行结果

图 11.10　用户设置界面

(6) 单击打开 ViewController.h 文件，进行插座变量和所需变量等的声明，程序代码如下：

```
01  #import <UIKit/UIKit.h>
02  @interface ViewController : UIViewController{
03      IBOutlet UIImageView *image;
04      IBOutlet UISlider *slider;
05      CGPoint position;
06      NSTimer *timer;
07      float angle;
08      float ballRadius;
09  }
10  - (IBAction)aa:(id)sender;
11  @end
```

(7) 将插座变量和 ViewController.xib 文件中拖放到用户设置界面的对应视图相关联。

(8) 单击打开 ViewController.m 文件，编写代码实现小球的旋转，程序代码如下：

```
01  #import "ViewController.h"
02  @interface ViewController ()
03  @end
04  @implementation ViewController
05  -(void)onTimer{
06      [UIView beginAnimations:@"" context:nil];
07      image.transform=CGAffineTransformMakeRotation(angle);
                                          //设置旋转角度
08      angle+=0.01;                      //每次旋转后将角度提高 0.01 弧度
09      if (angle>6.2857)                 //判断角度是否旋转一周
10      angle=0;                          //旋转一周后，将 angle 设置为 0
11      [UIView commitAnimations];
12  }
13  - (void)viewDidLoad
14  {
15      angle=0;
16      ballRadius = image.frame.size.width/2;
17      [slider setShowValue:YES];        //显示 Slider 控件的值
18      position = CGPointMake(12.0,4.0);
19      timer = [NSTimer scheduledTimerWithTimeInterval:slider.value
        target:self selector:
20  @selector(onTimer) userInfo:nil repeats:YES];
21      [super viewDidLoad];
```

```
22        // Do any additional setup after loading the view, typically from a nib.
23    }
24    - (void)didReceiveMemoryWarning
25    {
26        [super didReceiveMemoryWarning];
27        // Dispose of any resources that can be recreated.
28    }
29    - (IBAction)aa:(id)sender {
30        [timer invalidate];
31        timer = [NSTimer scheduledTimerWithTimeInterval:slider.value
          target:self selector:
32    @selector(onTimer) userInfo:nil repeats:YES];
33    }
34    @end
```

运行结果如图 11.11 所示。

在图 11.11 所示的运行结果中，可以看到在 Slider 视图的右边出现了数值。数值越大旋转的速度就会越慢。

3．缩放

要实现小球的缩放，就要使用 transform 中的 CGAffineTransformMakeScale 来进行设置。下面，就来实现小球的缩放动画。操作步骤如下：

（1）创建一个项目，命名为 11-6。

（2）添加图片到创建好的项目的 Supporting Files 文件夹中。

（3）单击打开 ViewController.xib 文件，进行用户设置界面的设置。从 Objects 窗口中拖动 Image View 视图到用户设置界面，将刚才添加的图片放在 Image View 视图中。

（4）从 Objects 窗口中拖动 Slider 控件到用户设置界面。这时用户设置界面的效果如图 11.12 所示。

图 11.11　旋转运行结果　　　　　　　　图 11.12　用户设置界面的效果

（5）将 Slider 控件和 ViewController.h 文件进行动作关联。

（6）单击打开 ViewController.h 文件，进行插座变量和所需变量等的声明，程序代码如下：

```
01  #import <UIKit/UIKit.h>
02  @interface ViewController : UIViewController{
03      IBOutlet UIImageView *imageView;
04      IBOutlet UISlider *slider;
05      NSTimer *timer;
```

```
06        float i;
07        float ballRadius;
08    }
09    - (IBAction)aa:(id)sender;
10    @end
```

（7）将插座变量和 ViewController.xib 文件中拖放到用户设置界面的对应视图相关联。

（8）单击打开 ViewController.m 文件，编写代码实现小球的缩放，程序代码如下：

```
01    #import "ViewController.h"
02    @interface ViewController ()
03    @end
04    @implementation ViewController
05    -(void)onTimer{
06        i+=0.03;
07        if (imageView.center.x>320-ballRadius) {
08            i=0;
09        }
10        [UIView beginAnimations:@"" context:nil];
11        imageView.transform=CGAffineTransformMakeScale(i, i);    //设置缩放
12        [UIView commitAnimations];
13    }
14    - (void)viewDidLoad
15    {
16        i=0;
17        ballRadius = imageView.frame.size.width/2;
18        timer = [NSTimer scheduledTimerWithTimeInterval:slider.value
          target:self selector:
19    @selector(onTimer) userInfo:nil repeats:YES];
20        [super viewDidLoad];
21        // Do any additional setup after loading the view, typically from a nib.
22    }
23    - (void)didReceiveMemoryWarning
24    {
25        [super didReceiveMemoryWarning];
26        // Dispose of any resources that can be recreated.
27    }
28    - (IBAction)aa:(id)sender {
29        [timer invalidate ];
30        timer = [NSTimer scheduledTimerWithTimeInterval:slider.value
          target:self selector:
31    @selector(onTimer) userInfo:nil repeats:YES];
32    }
33    @end
```

运行结果如图 11.13 所示。

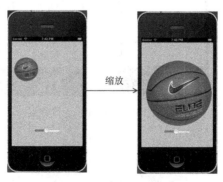

图 11.13　缩放运行结果

11.4 小　　结

本章主要讲解了动画的使用。本章的重点是过渡动画的使用。本章的难点是时间定时器的创建以及使用时间定时器制作的 3 个简单动画。通过对本章的学习，希望读者可以使用过渡动画以及时间定时器创建一个独特的动画效果。

11.5 习　　题

【习题 11-1】　请编写代码，此代码实现的是一张图片从左往右进行展开的动画，运行结果如图 11.14 所示。

【习题 11-2】　请编写代码，此代码实现的功能是在两个视图进行切换时，添加过渡动画向左或向右进行旋转，运行结果如图 11.15 所示。

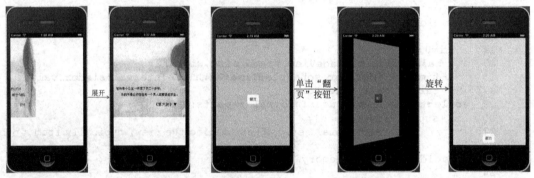

图 11.14　习题 11-1 运行结果　　　　　图 11.15　习题 11-2 运行结果

【习题 11-3】　请编写代码，此代码实现的功能是通过使用 Slider 视图控制小球的缩放速度，运行结果如图 11.16 所示。

图 11.16　习题 11-3 运行结果

第 3 篇　iPhone 应用开发

▶▶ 第 12 章　操作地址簿和电子邮件

▶▶ 第 13 章　多媒体

▶▶ 第 14 章　手势

第 12 章　操作地址簿和电子邮件

在 iPhone 中，地址簿和电子邮件的使用是很频繁的。当用户需要向某一个联系人打电话或者发送信息时，打开地址簿就可以很快地查找到联系人的相关信息。本章将主要讲解地址簿以及电子邮件的相关操作。

12.1　使用地址簿

地址簿是一个共享的联系人信息数据库，任何的 iPhone 应用程序都可以使用它。它可以用于存储和编辑联系人的电话和住址等相关信息。本节将主要讲解地址簿的使用。

12.1.1　显示地址簿

要想使用地址簿，就要使用 ABPeoplePickerNavigationController 控制器将地址簿进行显示，该控制器的创建形式如下：

```
ABPeoplePickerNavigationController *对象名=
[[ABPeoplePickerNavigationController alloc]init];
```

创建好 ABPeoplePickerNavigationController 控制器以后，就可以使用 presentViewController 来显示地址簿了，其语法形式如下：

```
[self presentViewController:(UIViewController *) animated:(BOOL)
completion:^(void)completion];
```

其中，presentViewController 用来指定要显示的视图，animated 用来指定是否使用动画效果，completion 一般设置为 NO。

【示例 12-1】以下程序使用 ABPeoplePickerNavigationController 控制器来显示地址簿。操作步骤如下：

（1）创建一个项目，命名为 12-1。

（2）将 AddressBook.framework 框架和 AddressBookUI.framework 框架添加到创建好的项目中。

（3）单击打开 ViewController.xib 文件，从 Objects 窗口中拖动一个按钮视图到用户设置界面，双击将标题改为"显示地址簿"。

（4）将按钮视图和 ViewController.h 文件进行动作关联。

（5）单击打开 ViewController.h 文件，将 AddressBook.framework 和 AddressBookUI.framework 框架的头文件写入。程序代码如下：

```
01  import <UIKit/UIKit.h>
02  #import <AddressBook/AddressBook.h>
```

```
03  #import <AddressBookUI/AddressBookUI.h>
04  @interface ViewController : UIViewController
05  - (IBAction)show:(id)sender;
06  @end
```

(6)单击打开 ViewController.m 文件,编写代码实现显示地址簿,程序代码如下:

```
01  #import "ViewController.h"
02  @interface ViewController ()
03  @end
04  @implementation ViewController
05  - (void)viewDidLoad
06  {
07      [super viewDidLoad];
08      // Do any additional setup after loading the view, typically from a nib.
09  }
10  - (void)didReceiveMemoryWarning
11  {
12      [super didReceiveMemoryWarning];
13      // Dispose of any resources that can be recreated.
14  }
15  - (IBAction)show:(id)sender {
16      //创建 ABPeoplePickerNavigationController 控制器
17      ABPeoplePickerNavigationController *aa=
          [[ABPeoplePickerNavigationController alloc]init];
18      //显示地址簿
19      [self presentViewController:aa animated:YES completion:NO];
20  }
21  @end
```

运行结果如图 12.1 所示。

12.1.2 添加联系人

在图 12.1 所示的运行结果中可以看到在地址簿中有几个联系人,如果要再添加联系人就要使用添加联系人界面,如图 12.2 所示。

图 12.1 示例 12-1 运行结果　　　　图 12.2 添加联系人界面

创建 ABNewPersonViewController 控制器的语法形式如下:

```
ABNewPersonViewController *对象名 = [[ABNewPersonViewController alloc]
init]
```

当进入添加联系人界面添加信息后,使用 didCompleteWithNewPerson()方法来实现联系人信息的保存,其语法形式如下:

```
- (void)newPersonViewController:(ABNewPersonViewController *)
newPersonView didCompleteWithNewPerson:
(ABRecordRef)person{
    ...
}
```

【示例 12-2】 以下程序使用 ABNewPersonViewController 控制器添加一个联系人,添加完毕以后,将联系人保存在地址簿中。操作步骤如下:

(1) 创建一个项目,命名为 12-2。

(2) 将 AddressBook.framework 框架和 AddressBookUI.framework 框架添加到创建好的项目中。

(3) 单击打开 AppDelegate.h 文件,声明一个导航控制器,代码如下:

```
01  #import <UIKit/UIKit.h>
02  @class ViewController;
03  @interface AppDelegate : UIResponder <UIApplicationDelegate>{
04      UINavigationController *b;              //导航控制器的声明
05  }
06  @property (strong, nonatomic) UIWindow *window;
07  @property (strong, nonatomic) ViewController *viewController;
08  @end
```

(4) 单击打开 AppDelegate.m 文件,编写代码实现导航控制器的创建以及标题的设置,程序代码如下:

```
01  #import "AppDelegate.h"
02  #import "ViewController.h"
03  @implementation AppDelegate
04  - (void)dealloc
05  {
06      [_window release];
07      [_viewController release];
08      [super dealloc];
09  }
10  - (BOOL)application:(UIApplication *)application
    didFinishLaunchingWithOptions:(NSDictionary
11  *)launchOptions
12  {
13      self.window = [[[UIWindow alloc] initWithFrame:[[UIScreen
        mainScreen] bounds]] autorelease];
14      // Override point for customization after application launch.
15      self.viewController = [[[ViewController alloc] initWithNibName:
        @"ViewController" bundle:nil
16  autorelease];
17      b=[[UINavigationController alloc]init]; //创建导航控制器
18      self.viewController.title=@"通讯录";      //设置导航的标题
19      [b pushViewController:self.viewController animated:YES];
                                                //添加视图
20      [self.window addSubview:b.view];         //将导航控制器添加到窗口中
21      [self.window makeKeyAndVisible];
22      return YES;
23  }
24  @end
```

（5）单击打开 ViewController.xib 文件，从 Objects 窗口中拖动两个按钮视图到用户设置界面，双击将标题分别改为"显示地址簿"及"添加联系人"。

（6）将两个按钮分别与 ViewController.h 文件进行动作声明。

（7）单击打开 ViewController.h 文件，进行两个添加框架的头文件声明以及要遵守的协议的定义，程序代码如下：

```
01  #import <UIKit/UIKit.h>
02  #import <AddressBook/AddressBook.h>
03  #import <AddressBookUI/AddressBookUI.h>
04  @interface ViewController : UIViewController
    <ABPeoplePickerNavigationControllerDelegate,
05  ABNewPersonViewControllerDelegate>
06  - (IBAction)aa:(id)sender;
07  - (IBAction)bb:(id)sender;
08  @end
```

（8）单击打开 ViewController.m 文件，编写代码实现显示添加联系人界面，并将联系人信息保存在地址簿中。程序代码如下：

```
01  #import "ViewController.h"
02  @interface ViewController ()
03  @end
04  @implementation ViewController
05  - (void)viewDidLoad
06  {
07      [super viewDidLoad];
08      // Do any additional setup after loading the view, typically from a nib.
09  }
10  - (void)didReceiveMemoryWarning
11  {
12      [super didReceiveMemoryWarning];
13      // Dispose of any resources that can be recreated.
14  }
15  - (IBAction)aa:(id)sender {
16      ABPeoplePickerNavigationController *aa=
        [[ABPeoplePickerNavigationController alloc]init];
17      aa.peoplePickerDelegate = self;
18      [self presentViewController:aa animated:YES completion:NO];
19  }
20  //关闭地址簿
21  - (void)peoplePickerNavigationControllerDidCancel:
    (ABPeoplePickerNavigationController
22  *)peoplePicker
23  {
24      [self dismissModalViewControllerAnimated:YES];
25  }
26  - (IBAction)bb:(id)sender {
27      //创建 ABNewPersonViewController 控制器
28      ABNewPersonViewController *newPersonViewController =
        [[ABNewPersonViewController alloc]
29  init];
30      newPersonViewController.newPersonViewDelegate = self;
31      //显示添加联系人界面
32      [self.navigationController pushViewController:
        newPersonViewController animated:YES];
33  }
34  //单击 Save 按钮以后，调用此方法，将添加的联系人信息保存在地址簿中
```

```
35  - (void)newPersonViewController:(ABNewPersonViewController *)
    newPersonView
36  didCompleteWithNewPerson:ABRecordRef)person{
37     [self.navigationController popViewControllerAnimated:YES];
38  }
39  @end
```

运行结果如图 12.3 所示。

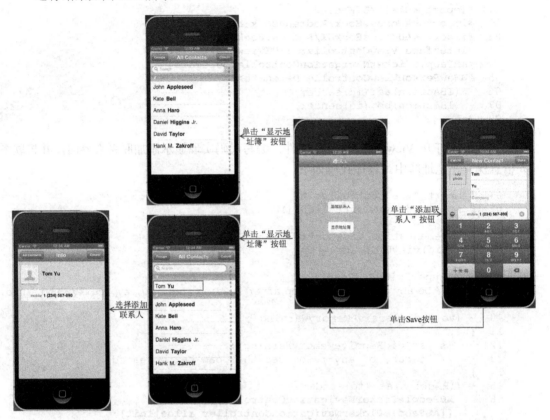

图 12.3　示例 12-2 运行结果

12.1.3　显示并编辑个人信息

在不打开地址簿的情况下打开某一个联系人的个人信息，就要使用 ABPersonView-Controller 控制器，其创建的语法形式如下：

```
ABPersonViewController *对象名 = [[ABPersonViewController alloc] init] ;
```

【示例 12-3】以下程序使用 ABPersonViewController 控制器，将在示例 12-2 中添加的联系人 Tom yu 进行个人信息的显示。操作步骤如下：

（1）创建一个项目，命名为 12-3。

（2）将 AddressBook.framework 框架和 AddressBookUI.framework 框架添加到创建的项目中。

（3）单击打开 AppDelegate 的两个文件夹编写代码，实现导航控制器的创建以及导航控制器的标题设置，程序代码如下：

```
01  AppDelegate.h
02  #import <UIKit/UIKit.h>
03  @class ViewController;
04  @interface AppDelegate : UIResponder <UIApplicationDelegate>{
05      UINavigationController *b;
06  }
07  @property (strong, nonatomic) UIWindow *window;
08  @property (strong, nonatomic) ViewController *viewController;
09  @end
10  AppDelegate.m
11  #import "AppDelegate.h"
12  #import "ViewController.h"
13  @implementation AppDelegate
14  - (void)dealloc
15  {
16      [_window release];
17      [_viewController release];
18      [super dealloc];
19  }
20  - (BOOL)application:(UIApplication *)application
    didFinishLaunchingWithOptions:(NSDictionary
21  *)launchOptions
22  {
23      self.window = [[[UIWindow alloc] initWithFrame:[[UIScreen
        mainScreen] bounds]] autorelease];
24      // Override point for customization after application launch.
25      self.viewController = [[[ViewController alloc] initWithNibName:
        @"ViewController" bundle:nil]
26  autorelease];
27      b=[[UINavigationController alloc]init];
28      self.viewController.title=@"通讯录";
29      [b pushViewController:self.viewController animated:YES];
30      [self.window addSubview:b.view];
31      [self.window makeKeyAndVisible];
32      return YES;
33  }
34  @end
```

（4）单击打开 ViewController.xib 文件，从 Objects 窗口中拖动一个按钮视图到用户设置界面，双击将标题改为"显示 Tom yu 的个人信息"。

（5）将按钮视图和 ViewController.h 文件进行动作关联。

（6）单击打开 ViewController.h 文件，写入 AddressBook.framework 和 AddressBookUI.framework 框架的头文件及要遵守的协议的定义。程序代码如下：

```
01  #import <UIKit/UIKit.h>
02  #import <AddressBookUI/AddressBookUI.h>
03  #import <AddressBook/AddressBook.h>
04  @interface ViewController : UIViewController
    <ABPersonViewControllerDelegate>
05  - (IBAction)aa:(id)sender;
06  @end
```

（7）单击打开 ViewController.m 文件，编写代码实现显示个人信息，程序代码如下：

```
01  #import "ViewController.h"
02  @interface ViewController ()
03  @end
04  @implementation ViewController
```

```
05  - (void)viewDidLoad
06  {
07      [super viewDidLoad];
08      // Do any additional setup after loading the view, typically from a nib.
09  }
10  - (void)didReceiveMemoryWarning
11  {
12      [super didReceiveMemoryWarning];
13      // Dispose of any resources that can be recreated.
14  }
15  - (IBAction)aa:(id)sender {
16      ABAddressBookRef addressBook = ABAddressBookCreate();
                                                              //创建地址簿管理器
17      NSArray *people = (NSArray *)
        ABAddressBookCopyPeopleWithName(addressBook,
18  CFSTR("Tom yu"));                                          //获取 Tom yu 的个人信息
19      if ((people != nil) && [people count])
20      {
21          ABRecordRef person = (ABRecordRef)[people objectAtIndex:0];
22          //创建 ABPersonViewController 控制器
23          ABPersonViewController *picker = [[ABPersonViewController alloc]
            init] ;
24          picker.personViewDelegate = self;
25          picker.displayedPerson = person;              //设置显示要显示的联系人
26          picker.allowsEditing = YES;                   //设置可编辑性
27          [self.navigationController pushViewController:picker
            animated:YES];
28      }
29      else
30      {
31          UIAlertView *alert = [[UIAlertView alloc] initWithTitle:@"Error
            message:@"Could not find
32  Appleseed in the Contacts application" delegate:nil
    cancelButtonTitle:@"Cancel"
33  otherButtonTitles:nil];
34          [alert show];
35          [alert release];
36      }
37  }
38  @end
```

运行结果如图 12.4 所示。

图 12.4　示例 12-3 运行结果

12.1.4 完善联系人信息

如果觉得现在的联系人信息还不够完善，可以使用 ABUnknownPersonViewController 控制器将联系人的信息进行完善，其语法形式如下：

```
ABUnknownPersonViewController *对象名 = [[ABUnknownPersonViewController alloc] init];
```

【示例 12-4】 以下程序使用 ABUnknownPersonViewController 控制器来完善联系人的信息。操作步骤如下：

（1）创建一个项目，命名为 12-4。

（2）将 AddressBook.framework 框架和 AddressBookUI.framework 框架添加到创建的项目中。

（3）单击打开 AppDelegate 的两个文件夹编写代码，实现导航控制器的创建以及导航控制器的标题设置，程序代码如下：

```
01  AppDelegate.h
02  #import <UIKit/UIKit.h>
03  @class ViewController;
04  @interface AppDelegate : UIResponder <UIApplicationDelegate>{
05      UINavigationController *nav;
06  }
07  @property (strong, nonatomic) UIWindow *window;
08  @property (strong, nonatomic) ViewController *viewController;
09  @end
10  AppDelegate.m
11  #import "AppDelegate.h"
12  #import "ViewController.h"
13  @implementation AppDelegate
14  
15  - (void)dealloc
16  {
17      [ window release];
18      [ viewController release];
19      [super dealloc];
20  }
21  - (BOOL)application:(UIApplication *)application
    didFinishLaunchingWithOptions:(NSDictionary
22  *)launchOptions
23  {
24      self.window = [[[UIWindow alloc] initWithFrame:[[UIScreen
        mainScreen] bounds]] autorelease];
25      // Override point for customization after application launch.
26      self.viewController = [[[ViewController alloc]
        initWithNibName:@"ViewController" bundle:nil]
27  autorelease];
28      self.viewController.title=@"通讯录";
29      nav = [[UINavigationController alloc]init];
30      [nav pushViewController:self.viewController animated:YES];
31      [self.window addSubview:nav.view];
32      [self.window makeKeyAndVisible];
33      return YES;
34  }
```

（4）单击打开 ViewController.xib 文件，从 Objects 窗口中拖动一个按钮视图到用户设置界面，双击将标题改为"完善信息"。

（5）将按钮视图和 ViewController.h 文件进行动作关联。

（6）单击打开 ViewController.h 文件，写入 AddressBook.framework 和 AddressBookUI.framework 框架的头文件及要遵守的协议的定义。程序代码如下：

```
01  #import <UIKit/UIKit.h>
02  #import <AddressBook/AddressBook.h>
03  #import <AddressBookUI/AddressBookUI.h>
04  @interface ViewController : UIViewController
    <ABUnknownPersonViewControllerDelegate>
05  - (IBAction)aa:(id)sender;
06  @end
```

（7）单击打开 ViewController.m 文件，编写代码实现完善联系人信息，程序代码如下：

```
01  #import "ViewController.h"
02  @interface ViewController ()
03  @end
04  @implementation ViewController
05  - (void)viewDidLoad
06  {
07      [super viewDidLoad];
08      // Do any additional setup after loading the view, typically from a nib.
09  }
10  - (void)didReceiveMemoryWarning
11  {
12      [super didReceiveMemoryWarning];
13      // Dispose of any resources that can be recreated.
14  }
15  - (IBAction)aa:(id)sender {
16      //创建新的联系人记录
17      ABRecordRef person = ABPersonCreate();
18      //获取多值属性
19      ABMultiValueRef qq= ABMultiValueCreateMutable
        (kABMultiStringPropertyType);
20      //为多值属性添加新值
21      ABMultiValueAddValueAndLabel(qq,@"xxxxxxxx",CFSTR("qq号"),
        NULL);
22      //设置属性
23      ABRecordSetValue(person,kABPersonEmailProperty,qq,NULL);
24      //创建 ABUnknownPersonViewController 控制器
25      ABUnknownPersonViewController *picker =
        [[ABUnknownPersonViewController alloc] init];
26      picker.unknownPersonViewDelegate = self;
27      //联系人的设置
28      picker.displayedPerson =person ;
29      //添加
30      picker.allowsAddingToAddressBook = YES;
31      //添加
32      picker.allowsActions = YES;
33      [self.navigationController pushViewController:picker
        animated:YES];
34  }
35  //在编写完联系人后调用的方法
36  - (void)unknownPersonViewController:(ABUnknownPersonViewController
37  *)unknownCardViewController didResolveToPerson:(ABRecordRef)person
38  {
39      [self.navigationController popViewControllerAnimated:YES];
40  }
41  @end
```

在此程序中，有两个添加操作：一个是 allowsAddingToAddressBook，一个是 allowsActions。allowsAddingToAddressBook 设置为 YES，则添加一个 Create New Contact 链接和一个 Add to Existing Contact 链接；allowsActions 设置为 YES，则添加一个 Share Contact 链接。运行结果如图 12.5 所示。

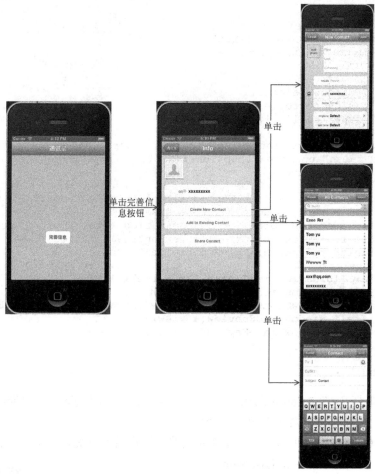

图 12.5　示例 12-4 运行结果

12.1.5　应用地址簿

以上将关于地址簿的使用讲解完了。下面通过所学到的知识来制作一个地址簿管理器。操作步骤如下：

（1）创建一个项目，命名为 12-6。

（2）将 AddressBook.framework 框架和 AddressBookUI.framework 框架添加到创建的项目中。

（3）单击打开 AppDelegate 的两个文件夹编写代码，实现导航控制器的创建以及导航控制器的标题设置，程序代码如下：

```
01  AppDelegate.h
02  #import <UIKit/UIKit.h>
03  @class ViewController;
```

```
04
05   @interface AppDelegate : UIResponder <UIApplicationDelegate>{
06       UINavigationController *a;
07   }
08   @property (strong, nonatomic) UIWindow *window;
09   @property (strong, nonatomic) ViewController *viewController;
10   @end
11   AppDelegate.m
12   #import "AppDelegate.h"
13   #import "ViewController.h"
14   @implementation AppDelegate
15   - (void)dealloc
16   {
17       [ window release];
18       [ viewController release];
19       [super dealloc];
20   }
21   - (BOOL)application:(UIApplication *)application
     didFinishLaunchingWithOptions:(NSDictionary
22   *)launchOptions
23   {
24       self.window = [[[UIWindow alloc] initWithFrame:[[UIScreen
         mainScreen] bounds]] autorelease];
25       // Override point for customization after application launch.
26       self.viewController = [[[ViewController alloc]
         initWithNibName:@"ViewController" bundle:nil]
27   autorelease];
28       a= [[UINavigationController alloc]init];
29       self.viewController.title=@"通讯录";
30       [a pushViewController:self.viewController animated:YES];
31       [self.window addSubview:a.view];
32       [self.window makeKeyAndVisible];
33       return YES;
34   }
35   @end
```

（4）单击打开 ViewController.xib 文件，从 Objects 窗口中拖动一个 View 视图到用户设置界面，将 View 视图的背景颜色设置为蓝色。

（5）从 Objects 窗口中拖动 3 个 Label 视图到用户设置界面，双击将标题分别改为"选择的联系人"、First Name 和 Last Name。

（6）拖动两个 TextField 视图到用户设置界面，分别放在 First Name 和 Last Name 后面。

（7）拖动一个按钮视图到用户设置界面，双击将标题改为"查看联系人的信息"。这时用户设置界面的效果如图 12.6 所示。

（8）将按钮视图和 ViewController.h 文件进行动作关联。

（9）拖动一个 Table View 视图到用户设置界面，右击，在弹出的快捷菜单中将 dataSource 和 delegate 选项分别拖动到 File's Owner 中。

（10）单击打开 ViewController.h 文件，进行操作变量及动作等的声明，程序代码如下：

图 12.6 用户设置界面

```
01   #import <UIKit/UIKit.h>
02   #import <AddressBook/AddressBook.h>
03   #import <AddressBookUI/AddressBookUI.h>
```

第 12 章　操作地址簿和电子邮件

```
04  @interface ViewController : UIViewController
    <ABNewPersonViewControllerDelegate,
05  ABPeoplePickerNavigationControllerDelegate,
    ABPersonViewControllerDelegate,
06  ABUnknownPersonViewControllerDelegate>{
07      IBOutlet UITextField *f;
08      IBOutlet UITextField *l;
09      IBOutlet UITableView *t;
10      IBOutlet UIView *v;
11  }
12  -(void)show1;
13  -(void)show2;
14  -(void)show3;
15  - (IBAction)aa:(id)sender;
16  @end
```

（11）将插座变量和 ViewController.xib 文件中拖到用户设置界面的视图进行关联。

（12）单击打开 ViewController.m 文件，编写代码实现地址簿管理器中需要实现的功能，程序代码如下：

```
01  #import "ViewController.h"
02  @interface ViewController ()
03  @end
04  @implementation ViewController
05  - (void)viewDidLoad
06  {
07      [super viewDidLoad];
08      // Do any additional setup after loading the view, typically from a nib.
09  }
10  //为表视图中添加内容
11  - (NSInteger)numberOfSectionsInTableView:(UITableView *)tableView {
12      return 3;
13  }
14  - (NSInteger)tableView:(UITableView *)tableView
    numberOfRowsInSection:(NSInteger)section
15  {
16      return 1;
17  }
18  - (UITableViewCell *)tableView:(UITableView *)tableView
    cellForRowAtIndexPath:(NSIndexPath
19  *)indexPath {
20      static NSString *CellIdentifier = @"Cell";
21      UITableViewCell *cell = [tableView
        dequeueReusableCellWithIdentifier:CellIdentifier];
22      if (cell == nil) {
23          cell = [[[UITableViewCell alloc] initWithStyle:
24  UITableViewCellStyleDefault reuseIdentifier:CellIdentifier]
    autorelease];
25      }
26      switch (indexPath.section)
27      {
28          case 0:
29              cell.textLabel.text = @"显示所有联系人";
30              break;
31          case 1:
32              cell.textLabel.text = @"新建联系人信息";
```

```objc
33              break;
34          case 2:
35              cell.textLabel.text=@"完善联系人资料";
36      }
37      cell.accessoryType = UITableViewCellAccessoryDisclosureIndicator;
38      return cell;
39  }
40  //在选择某一行后需要调用的方法
41  - (void)tableView:(UITableView *)tableView
    didSelectRowAtIndexPath:(NSIndexPath *)indexPath
42  {
43      if (indexPath.section==0)
44      {
45          [self show1];
46      }
47      if (indexPath.section==1)
48      {
49          [self show2];
50      }
51      if (indexPath.section==2)
52      {
53          [self show3];
54      }
55  }
56  //显示地址簿
57  -(void)show1{
58      ABPeoplePickerNavigationController *people =
        [[ABPeoplePickerNavigationController alloc]
59  init];
60      people.peoplePickerDelegate = self;
61      [self presentViewController:people animated:YES completion:NO];
62  }
63  //关闭地址簿
64  - (void)peoplePickerNavigationControllerDidCancel:
65  (ABPeoplePickerNavigationController *)peoplePicker {
66      [self dismissModalViewControllerAnimated:YES];
67  }
68  //实现地址簿中的选择
69  - (BOOL)peoplePickerNavigationController:
70  (ABPeoplePickerNavigationController *)peoplePicker
71     shouldContinueAfterSelectingPerson:(ABRecordRef)person {
72      //获取姓
73      NSString* name = (NSString *)ABRecordCopyValue
        (person,kABPersonFirstNameProperty);
74      f.text = name;
75      //获取名
76      name = (NSString *)ABRecordCopyValue(person,
        kABPersonLastNameProperty);
77      l.text = name;
78      [self dismissModalViewControllerAnimated:YES];
79      [t setHidden:YES];
80      return NO;
81  }
82  //显示所选联系人的个人信息
83  - (IBAction)aa:(id)sender {
84      ABAddressBookRef addressBook = ABAddressBookCreate();
```

```
85      NSString *textValue = [NSString stringWithFormat:@"%@", f.text];
86      CFStringRef aCFString = (CFStringRef)textValue;
87      textValue = (NSString *)aCFString;
88      NSArray *people = (NSArray *)
        ABAddressBookCopyPeopleWithName(addressBook, aCFString);
89      ABRecordRef person = (ABRecordRef)[people objectAtIndex:0];
90      ABPersonViewController *p = [[ABPersonViewController alloc] init];
91      p.personViewDelegate = self;
92      p.displayedPerson = person;
93      p.allowsEditing = YES;
94      [self.navigationController pushViewController:p animated:YES];
95         [t setHidden:NO];
96  }
97  //显示添加联系人界面
98  - (void)show2
99  {
100     ABNewPersonViewController *newPersonViewController =
        [[ABNewPersonViewController alloc] 101 init];
102     newPersonViewController.newPersonViewDelegate = self;
103     [self.navigationController pushViewController:
        newPersonViewController animated:YES];
104     [newPersonViewController release];
105 }
106 //添加联系人完成后所调用的方法
107 - (void)newPersonViewController:(ABNewPersonViewController *)
    newPersonView
108 didCompleteWithNewPerson:(ABRecordRef)person
109 {
110     [self.navigationController popViewControllerAnimated:YES];
111 }
112 //显示完善联系人界面
113 -(void)show3{
114     ABRecordRef person = ABPersonCreate();
115     ABMultiValueRef qq =
        ABMultiValueCreateMutable(kABMultiStringPropertyType);
116     ABMultiValueAddValueAndLabel(qq, @"xxxxxxxx", CFSTR("qq号"),
        NULL);
117     ABRecordSetValue(person, kABPersonEmailProperty, qq, NULL);
118     ABUnknownPersonViewController *picker =
        [[ABUnknownPersonViewController alloc] init];
119     picker.unknownPersonViewDelegate = self;
120     picker.displayedPerson =person ;
121     picker.allowsAddingToAddressBook = YES;
122     picker.allowsActions = YES;
123     [self.navigationController pushViewController:picker
        animated:YES];
124 }
125 //在编写完联系人后调用的方法
126 - (void)unknownPersonViewController:(ABUnknownPersonViewController
127 *)unknownCardViewController didResolveToPerson:(ABRecordRef)person
128 {
129     [self.navigationController popViewControllerAnimated:YES];
130 }
131 @end
```

运行结果如图 12.7 所示。

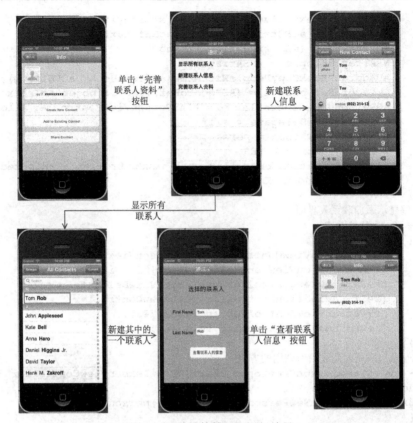

图 12.7 地址簿管理器运行结果

12.2 使用电子邮件

电子邮件是传送和接收信息的通信设备。因为使用它用户可以用非常低廉的价格，以非常快速的方式，与世界上任何一个角落的网络用户联系，所以电子邮件是 Internet 应用最广的服务。本节主要讲解有关电子邮件的使用。

12.2.1 显示系统邮件

要使用邮件首先要将邮件进行显示，这时就要使用到 MFMailComposeViewController 控制器。创建 MFMailComposeViewController 控制器的语法形式如下：

```
MFMailComposeViewController *对象名=[[MFMailComposeViewController alloc]init]
```

创建好 MFMailComposeViewController 控制器以后，就可以使用 presentViewController 显示电子邮件了。

【示例 12-5】以下程序使用 MFMailComposeViewController 控制器和 presentViewController()方法将电子邮件进行显示。操作步骤如下：

（1）创建一个项目，命名为 12-7。
（2）将 MessageUI.framework 框架添加到创建的项目中。

（3）单击打开 ViewController.xib 文件，从 Objects 窗口中拖动一个按钮视图到用户设置界面，双击将标题改为"系统邮件"。

（4）将按钮视图和 ViewController.h 文件进行动作关联。

（5）单击打开 ViewController.h 文件，写入框架的头文件，并将 MFMailCompose-ViewController 控制器进行声明。程序代码如下：

```
01  #import <UIKit/UIKit.h>
02  #import <MessageUI/MessageUI.h>
03  @interface ViewController : UIViewController{
04      MFMailComposeViewController *mail;
                              //声明 MFMailComposeViewController 控制器
05  }
06  - (IBAction)aa:(id)sender;
07  @end
```

（6）单击打开 ViewController.m 文件，编写程序代码实现显示系统邮件，程序代码如下：

```
01  #import "ViewController.h"
02  @interface ViewController ()
03  @end
04  @implementation ViewController
05  - (void)viewDidLoad
06  {
07      [super viewDidLoad];
08      // Do any additional setup after loading the view, typically from a nib.
09  }
10  - (void)didReceiveMemoryWarning
11  {
12      [super didReceiveMemoryWarning];
13      // Dispose of any resources that can be recreated.
14  }
15  - (IBAction)aa:(id)sender {
16      //MFMailComposeViewController 控制器
17      mail=[[MFMailComposeViewController alloc]init];
18      //显示系统邮件
19      [self presentViewController:mail animated:YES completion:NO];
20  }
21  @end
```

运行结果如图 12.8 所示。

图 12.8　示例 12-5 运行结果

12.2.2 发送电子邮件

写好的电子邮件信息要实现发送就要使用 didFinishWithResult()方法，其语法形式如下：

```
-(void)mailComposeController:(MFMailComposeViewController*)controller
didFinishWithResult:
(MFMailComposeResult)result error:(NSError*)error{
   …
}
```

【示例 12-6】 以下程序使用 didFinishWithResult()方法来实现电子邮件的发送。操作步骤如下：

（1）创建一个项目，命名为 12-8。

（2）将 MessageUI. framework 框架添加到创建的项目中。

（3）单击打开 ViewController.xib 文件，从 Objects 窗口中拖动一个按钮视图到用户设置界面，双击将标题改为"打开邮件"。

（4）将按钮视图和 ViewController.h 文件进行动作关联。

（5）单击打开 ViewController.h 文件，写入框架的头文件，并将 MFMailCompose-ViewController 控制器进行声明。程序代码如下：

```
01  #import <UIKit/UIKit.h>
02  #import <MessageUI/MessageUI.h>
03  @interface ViewController : UIViewController
    <MFMailComposeViewControllerDelegate>{
04      MFMailComposeViewController *mail;
05  }
06  - (IBAction)aa:(id)sender;
07  @end
```

（6）单击打开 ViewController.m 文件，编写程序代码实现电子邮件的发送，程序代码如下：

```
01  #import "ViewController.h"
02  @interface ViewController ()
03  @end
04  @implementation ViewController
05  - (void)viewDidLoad
06  {
07      [super viewDidLoad];
08      // Do any additional setup after loading the view, typically from a nib.
09  }
10  - (void)didReceiveMemoryWarning
11  {
12      [super didReceiveMemoryWarning];
13      // Dispose of any resources that can be recreated.
14  }
15  - (IBAction)aa:(id)sender {
16      mail = [[MFMailComposeViewController alloc] init];
17      [self presentViewController:mail animated:YES completion:NO];
18      //填充邮件内容
```

```
19      [mail setSubject:@"Hello,I Love China!"];              //设置主题
20      mail.mailComposeDelegate = self;
21      NSArray *toRecipients = [NSArray arrayWithObject:@"Love@163.com"];
22      NSArray *ccRecipients = [NSArray arrayWithObjects:
        @"kong@163.com",nil];
23      NSArray *bccRecipients = [NSArray arrayWithObject:
        @"Annia@163.com"];
24      [mail setToRecipients:toRecipients];                   //设置收信人
25      [mail setCcRecipients:ccRecipients];                   //设置抄信人
26      [mail setBccRecipients:bccRecipients];
27      NSString *emailBody = @"               邮件内容";        //设置邮件的内容
28      [mail setMessageBody:emailBody isHTML:NO];
29  }
30  //发送邮件
31  - (void)mailComposeController:(MFMailComposeViewController*)
    controller didFinishWithResult:
32  (MFMailComposeResult)result error:(NSError*)error
33  {
34      switch (result) {
35          case MFMailComposeResultCancelled:
36          {
37              UIAlertView *alert=[[UIAlertView alloc]initWithTitle:
                @"Send e-mail Cancel"
38  message:@"" delegate:self cancelButtonTitle:@"OK" otherButtonTitles:
    nil];
39              [alert show];
40          }
41              break;
42          case MFMailComposeResultFailed:
43          {
44              UIAlertView *alert=[[UIAlertView alloc]initWithTitle:
                @"Send e-mail Failed" message:@"" 45 delegate:self
                cancelButtonTitle:@"OK" otherButtonTitles: nil];
46              [alert show];
47          }
48              break;
49          case MFMailComposeResultSent:
50          {
51              UIAlertView *alert=[[UIAlertView alloc]initWithTitle:@"Send
    e-mail OK" message:@""
52  delegate:self cancelButtonTitle:@"OK" otherButtonTitles: nil];
53              [alert show];
54          }
55              break;
56          default:
57          {
58              UIAlertView *alert=[[UIAlertView alloc]initWithTitle:@"Send
                e-mail Saved" message:@""
59  delegate:self cancelButtonTitle:@"OK" otherButtonTitles: nil];
60              [alert show];
61
62          }
63              break;
64      }
65      [self dismissViewControllerAnimated:YES completion:NO];
66  }
67  @end
```

运行结果如图 12.9 所示。

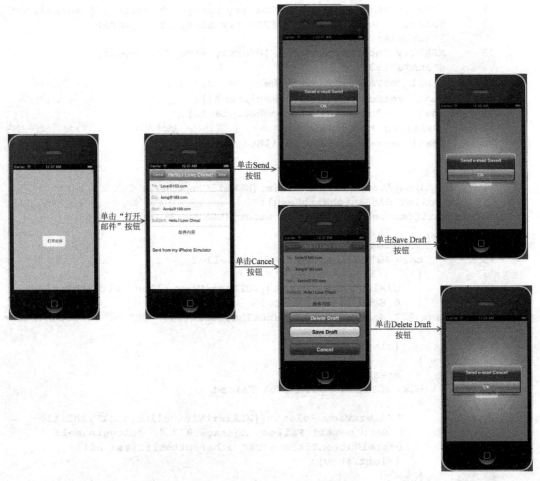

图 12.9　示例 12-6 运行结果

12.3　小　　结

本章主要讲解了使用地址簿以及使用电子邮件。本章的重点是显示地址簿以及显示系统邮件。本章的难点是添加联系人、显示并编辑联系人、完善联系人信息以及发送电子邮件。通过对本章的学习，希望读者可以完成一个独特的通讯录管理器。

12.4　习　　题

【习题 12-1】　请编写代码，此代码实现的功能为：当单击"通讯录"按钮，就会打开通讯录；当不使用通讯录时可以单击 Cancel 按钮关闭。运行结果如图 12.10 所示。

【习题 12-2】　请编写代码，此代码实现的功能是将在通讯录中选中的联系人显示在用户设置界面上，运行结果如图 12.11 所示。

第 12 章 操作地址簿和电子邮件

图 12.10 习题 12-1 运行结果

图 12.11 习题 12-2 运行结果

【习题 12-3】 请编写代码，此代码实现的功能是单击"新建联系人"按钮，就会出现添加联系人界面，运行结果如图 12.12 所示。

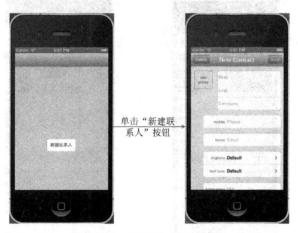

图 12.12 习题 12-3 运行结果

【习题 12-4】 请编写代码，此代码实现的功能是在添加联系人的基础上，加上公司地址的信息，运行结果如图 12.13 所示。

图 12.13　习题 12-4 运行结果

【习题 12-5】请编写代码，此代码实现的功能是单击"电子邮件"按钮，在弹出的电子邮件中输入内容，单击"发送"按钮，就会弹出邮件发送成功的警告视图。由于某些原因邮件没被发送，就会弹出邮件发送失败的警告视图，运行结果如图 12.14 所示。

图 12.14　习题 12-5 运行结果

第 13 章 多 媒 体

多媒体是指能传播文字、声音、图形、图像、动画和电视等多种类型信息的手段、方式或载体。通过对多媒体的使用,可以将需要表达的信息更快地表达出来。在手机行业中,iPhone 的多媒体播放平台是相当引人注目的。本章将主要讲解多媒体的相关操作。

13.1 操作照片

iPhone 具有一个很特别的功能就是拍照功能,它将拍下的照片放在 Photos 照片库中。本节将主要讲解如何将照片添加到 iPhone Simulator 模拟器上的 Photos 照片库中,以及如何删除 Photos 照片库中的照片。

13.1.1 添加照片

要查看照片,必须要将 Photos 照片库打开。在打开 iPhone 模拟器后,单击 Photos 照片库就可以将 Photos 照片库打开,如图 13.1 所示。

在图 13.1 所示的照片库中,会发现里面是没有图片的。此时需要为 Photos 照片库添加照片,操作步骤如下:

(1) 选择要添加到 Photos 照片库的照片,将其拖动到 iPhone Simulator 模拟器中,如图 13.2 所示。

图 13.1 打开照片库

图 13.2 操作步骤 1

(2) 照片自动出现在 iPhone 浏览器中,如图 13.3 所示。
(3) 长按照片,会出现动作表单,选择 Save Image 选项,图片就添加到了 Photos 照片库中,如图 13.4 所示。
(4) 再次打开 Photos 照片库,就可以看到添加的照片了,如图 13.5 所示。

图 13.3　操作步骤 2　　　图 13.4　操作步骤 3　　　图 13.5　操作步骤 4

13.1.2　删除照片

如果添加到 Photos 照片库中的照片不再使用时，就可以对该照片进行删除操作，操作步骤如下：

（1）打开 Photos 照片库，选择 Saved Photos 选项，进入 Saved Photos 界面，如图 13.6 所示。

（2）选择要删除的图片，进入该图片的界面，如图 13.7 所示。

（3）选择删除图标，弹出动作表单，如图 13.8 所示。

（4）选择 Delete Photo 选项，图片就删除了，如图 13.9 所示。

图 13.6　操作步骤 1　　图 13.7　操作步骤 2　　图 13.8　操作步骤 3　　图 13.9　操作步骤 4

13.1.3　设置照片的过渡动画

当在 Photos 中添加了多个照片，要浏览这些照片时可以选择手动切换，也可以使用一些过渡动画让图片进行切换。设置照片过渡动画的操作步骤如下：

（1）将 iPhone Simulator 模拟器上的使用语言设置为中文。

（2）打开 Photos 照片库，选择一张照片，不可以选最后一张。

（3）进入该图片的界面，选择标签栏中的三角图标，如图 13.10 所示。

（4）进入幻灯片显示选项设置界面，如图 13.11 所示。

（5）选择"过渡"，可以设置过渡动画，如图 13.12 所示。

第 13 章 多媒体

图 13.10　操作步骤 1　　　　图 13.11　操作步骤 2　　　　图 13.12　操作步骤 3

（6）设置好过渡动画以后，返回到幻灯片的显示选项中，选择"开始播放幻灯片显示"，幻灯片就可以播放了。

13.2　照片的使用

了解了照片的基本操作之后，就可以对 Photos 照片库中的照片进行使用了。本节主要讲解 Photos 照片库中照片的使用。

13.2.1　访问照片

要想使用 Photos 照片库中的照片，首先要打开照片库。要打开照片库，必须要用 UIImagePickerController 控制器，其创建形式如下：

```
UIImagePickerController *对象名=[[UIImagePickerController alloc]init];
```

【示例 13-1】　以下程序使用 UIImagePickerController 控制器来访问 Photos 照片库中的照片。操作步骤如下：

（1）创建一个项目，命名为 13-1。

（2）单击打开 ViewController.xib 文件，进行用户设置界面的设置。从 Objects 窗口中拖动一个按钮视图到用户设置界面，双击将标题改为"打开 Photos 照片库"。

（3）将按钮视图和 ViewController.h 文件进行动作关联。单击打开 ViewController.h 文件，进行 UIImagePickerController 控制器的声明，程序代码如下：

```
01  #import <UIKit/UIKit.h>
02  @interface ViewController : UIViewController{
03      UIImagePickerController *a;  //UIImagePickerController 控制器的声明
04  }
05  - (IBAction)aa:(id)sender;
06  @end
```

（4）单击打开 ViewController.m 文件，编写代码实现访问 Photos 照片库中的照片，程序代码如下：

```
01  #import "ViewController.h"
```

```
02  @interface ViewController ()
03  @end
04  @implementation ViewController
05  - (void)viewDidLoad
06  {
07
08      [super viewDidLoad];
09      // Do any additional setup after loading the view, typically from a nib.
10  }
11  - (void)didReceiveMemoryWarning
12  {
13      [super didReceiveMemoryWarning];
14      // Dispose of any resources that can be recreated.
15  }
16  - (IBAction)aa:(id)sender {
17      //创建 UIImagePickerController 控制器
18      a=[[UIImagePickerController alloc]init];
19      [self presentViewController:a animated:YES completion:NO];
                                                                //显示照片库
20  }
21  @end
```

运行结果如图 13.13 所示。

图 13.13　示例 13-1 运行结果

13.2.2　设置照片的来源

在访问照片时，照片都是有来源的，要设置照片的来源可以使用 sourceType 来进行设置。sourceType 的语法形式如下：

`UIImagePickerController 对象名.sourceType=照片的来源;`

其中，照片的来源主要有 3 种，分别为 UIImagePickerControllerSourceTypePhotoLibrary、UIImagePickerControllerSourceTypeSavedPhotosAlbum 和 UIImagePickerControllerSource-TypeCamera。

【示例 13-2】 以下程序使用 sourceType 来访问 UIImagePickerControllerSourceType-PhotoLibrary 和 UIImagePickerControllerSourceTypeSavedPhotosAlbum 来源的照片。操作步骤如下：

（1）创建一个项目，命名为 13-2。

（2）单击打开 ViewController.xib 文件，进行用户设置界面的设置。从 Objects 窗口中拖动一个分段控件视图到用户设置界面，双击将标题分别改为"照片来源 Photos"和"照片来源 ALum"。

（3）将分段控件视图和 ViewController.h 文件进行动作关联。单击打开 ViewController.h 文件，进行 UIImagePickerController 控制器和操作变量的声明，程序代码如下：

```
01  #import <UIKit/UIKit.h>
02  @interface ViewController : UIViewController{
03      UIImagePickerController *a;
04      IBOutlet UISegmentedControl *seg;
05  }
06  - (IBAction)aa:(id)sender;
07  @end
```

（4）将操作变量和 ViewController.xib 文件中拖放到用户设置界面对应视图相关联。

（5）单击打开 ViewController.m 文件，编写代码实现访问 UIImagePickerControllerSourceTypePhotoLibrary 和 UIImagePickerControllerSourceTypeSavedPhotosAlbum 来源的照片，程序代码如下：

```
01  #import "ViewController.h"
02  @interface ViewController ()
03  @end
04  @implementation ViewController
05  - (void)viewDidLoad
06  {
07      [super viewDidLoad];
08      // Do any additional setup after loading the view, typically from a nib.
09  }
10  - (void)didReceiveMemoryWarning
11  {
12      [super didReceiveMemoryWarning];
13      // Dispose of any resources that can be recreated.
14  }
15  - (IBAction)aa:(id)sender {
16      a=[[UIImagePickerController alloc]init];
17      NSInteger s=seg.selectedSegmentIndex;            //获取当前按键
18      if(s==0){
19          a.sourceType=UIImagePickerControllerSourceTypePhotoLibrary;
                                                         //设置照片的来源
20          [self presentViewController:a animated:YES completion:NO];
21
22      } else{
23          a.sourceType=UIImagePickerControllerSourceTypeSavedPhotosAlbum;
24          [self presentViewController:a animated:YES completion:NO];
25      }
26  }
27  @end
```

运行结果如图 13.14 所示。

13.2.3 设置照片的可编辑性

照片是可以进行编辑的，要实现照片的编辑可以使用 allowsEditing 属性，其语法形式如下：

图 13.14 示例 13-2 运行结果

```
UIImagePickerController 对象名.allowsEditing=BOOL;
```

其中，当 BOOL 的值设置为 YES 时，表示照片是可以进行编辑的；当 BOOL 的值设置为 NO 时，表示照片是不可以编辑的，一般默认照片是不可以进行编译的。

【示例 13-3】 以下程序使用 allowsEditing 属性实现访问的照片具有可编辑性。程序代码如下：

```
01  #import "ViewController.h"
02  @interface ViewController ()
03  @end
04  @implementation ViewController
05  - (void)viewDidLoad
06  {
07      UIImagePickerController *a=[[UIImagePickerController alloc]init];
08      a.sourceType=UIImagePickerControllerSourceTypeSavedPhotosAlbum;
09      a.allowsEditing=YES;                    //设置照片的编辑性
10      [self.view addSubview:a.view];
11      [super viewDidLoad];
12      // Do any additional setup after loading the view, typically from a nib.
13  }
14  - (void)didReceiveMemoryWarning
15  {
16      [super didReceiveMemoryWarning];
17      // Dispose of any resources that can be recreated.
18  }
19  @end
```

运行结果如图 13.15 所示。

13.2.4 设置拍摄照片

在 iPhone 的照片来源中，有一种是 UIImagePickerControllerSourceTypeCamera，它是来源于相机的，而相机的功能就是拍摄照片，下面主要讲解拍摄照片的设置。

1. 打开照相机

要想实现拍照功能，必须要将照相机打开，这时就要使用到照片来源中的 UIImagePickerControllerSourceTypeCamera。

图 13.15 示例 13-3 运行结果

【示例 13-4】 以下程序实现的功能是通过一个按钮将照相机打开。操作步骤如下：

（1）创建一个项目，命名为 13-8。

（2）单击打开 ViewController.xib 文件，进行用户设置界面的设置。从 Objects 窗口中拖动一个按钮视图到用户设置界面，双击将标题改为"打开相机"。

（3）将按钮视图和 ViewController.h 文件进行动作关联。

（4）单击打开 ViewController.m 文件，编写代码实现相机的打开，程序代码如下：

```
01  #import "ViewController.h"
02  @interface ViewController ()
03  @end
04  @implementation ViewController
05  - (void)viewDidLoad
06  {
07      [super viewDidLoad];
08      // Do any additional setup after loading the view, typically from a nib.
09  }
10  - (void)didReceiveMemoryWarning
11  {
12      [super didReceiveMemoryWarning];
13      // Dispose of any resources that can be recreated.
14  }
15  - (IBAction)aa:(id)sender {
16      UIImagePickerController *imagePickerCamera =
        [[UIImagePickerController alloc] init];
17      imagePickerCamera.sourceType =
        UIImagePickerControllerSourceTypeCamera;
18      [self presentViewController:imagePickerCamera animated:YES
        completion:NO];
19  }
20  @end
```

运行结果如图 13.16 所示。

2. 设置照片的质量

通常，照片有高品质、低品质区分。要设置照片的质量就需要将 videoQuality 属性进行设置，其语法形式如下：

```
UIImagePickerController 对象名.videoQuality=照片的质量;
```

其中，照片的质量有 4 种，如表 13-1 所示。

图 13.16　示例 13-4 运行结果

表 13-1　照片的质量

质　　量	名　　称
UIImagePickerControllerQualityTypeHigh	高画质
UIImagePickerControllerQualityTyp640x480	VGA 画质
UIImagePickerControllerQualityTypMedium	中画质
UIImagePickerControllerQualityTypLow	低画质

3. 设置相机的模式

iPhone 在照相时有两种模式，一种是照相模式；另一种是视频模式。这些模式通过 cameraCaptureMode 属性进行设置，其语法形式如下：

```
imagePickerCamera.cameraCaptureMode=相机的模式
```

其中，照相模式是 UIImagePickerControllerCameraCaptureModePhoto，视图模式是 UIImagePickerControllerCameraCaptureModeVideo。

4. 设置闪光灯的模式

在晚上，拍摄的照片是不清楚的，此时需要对照相机的闪光灯进行设置。要设置闪光灯需要对 cameraFlashMode 属性进行设置，其语法形式如下：

```
imagePickerCamera.cameraFlashMode=闪光灯的模式；
```

其中，闪光灯的模式有 3 种：闪光灯开 UIImagePickerControllerCameraFlashModeOn、闪光灯关 UIImagePickerControllerCameraFlashModeOff 以及闪光灯开关自动 UIImagePickerControllerCameraFlashModeAuto。

5. 设置摄像头

如果摄像头有两个的话，就可以对摄像头进行设置。要设置摄像头，就要对 cameraDevice 属性进行设置，其语法形式如下：

```
UIImagePickerController 对象名.cameraDevice=摄像头；
```

其中，摄像头有两种：一种是 UIImagePickerControllerCameraDeviceFront；另一种是 UIImagePickerControllerCameraDeviceRear。

【示例 13-5】 以下程序将相机的模式设置为照相模式,将闪光灯设置为 on,将摄像头设置为 UIImagePickerControllerCameraDeviceRear。操作步骤如下:

(1) 创建一个项目,命名为 13-9。

(2) 单击打开 ViewController.xib 文件,进行用户设置界面的设置。从 Objects 窗口中拖动一个按钮视图到用户设置界面,双击将标题改为 "打开相机"。

(3) 将按钮视图和 ViewController.h 文件进行动作关联。

(4) 单击打开 ViewController.m 文件,编写代码实现相机的打开,并对打开的照相机进行设置。程序代码如下:

```
01  #import "ViewController.h"
02  @interface ViewController ()
03  @end
04  @implementation ViewController
05  - (void)viewDidLoad
06  {
07      [super viewDidLoad];
08      // Do any additional setup after loading the view, typically from a nib.
09  }
10  - (void)didReceiveMemoryWarning
11  {
12      [super didReceiveMemoryWarning];
13      // Dispose of any resources that can be recreated.
14  }
15  - (IBAction)aa:(id)sender {
16      UIImagePickerController *a = [[UIImagePickerController alloc] init];
17      a.sourceType = UIImagePickerControllerSourceTypeCamera;
18      //设置相机的模式
19      a.cameraCaptureMode=UIImagePickerControllerCameraCaptureModePhoto;
20      //设置闪光灯
21      a.cameraFlashMode=UIImagePickerControllerCameraFlashModeOn;
22      //设置相机的摄像头
23      a.cameraDevice=UIImagePickerControllerCameraDeviceRear;
24      [self presentViewController:a animated:YES completion:NO];
25  }
26  @end
```

运行结果如图 13.17 所示。

图 13.17 示例 13-5 运行结果

13.2.5 应用照片

以上将关于照片的使用讲解完了。利用上述的内容,我们来完成一个更换背景选择器,操作步骤如下:

(1)创建一个项目,命名为 13-6。

(2)单击打开 ViewController.xib 文件,对用户设置界面进行设置。从 Objects 窗口中拖动一个 Image View 视图到用户设置界面。

(3)从 Objects 窗口中拖动一个按钮视图到用户设置界面,调整大小,将其覆盖整个用户设置界面。在 Show the Attributes inspector 选项中选择 Button 下的 Type,将其设置为 Custom。

(4)拖动一个按钮视图到用户设置界面,双击将标题改为"选择背景照片"。用户设置界面的效果如图 13.18 所示。

(5)将两个按钮视图分别和 ViewController.h 文件进行动作关联。

图 13.18 用户设置界面

(6)单击打开 ViewController.h 文件,进行操作变量以及控制器的声明,程序代码如下:

```
01  #import <UIKit/UIKit.h>
02  @interface ViewController : UIViewController
    <UIImagePickerControllerDelegate>{
03      IBOutlet UIImageView *im;
04      IBOutlet UIButton *b;
05      UIImagePickerController *a;
06  }
07  - (IBAction)aa:(id)sender;
08  - (IBAction)bb:(id)sender;
09  @end
```

(7)将插座变量和在 ViewController.xib 文件中拖到用户设置界面的对应视图相关联。

(8)单击打开 ViewController.m 文件,编写代码实现背景的选择,程序代码如下:

```
01  #import "ViewController.h"
02  @interface ViewController ()
03  @end
04  @implementation ViewController
05  - (void)viewDidLoad
06  {
07      [super viewDidLoad];
08      // Do any additional setup after loading the view, typically from a nib.
09  }
10  - (void)didReceiveMemoryWarning
11  {
12      [super didReceiveMemoryWarning];
13      // Dispose of any resources that can be recreated.
14  }
15  - (IBAction)aa:(id)sender {
16      [b setHidden:YES];
17      a=[[UIImagePickerController alloc]init];
18      //检测照相设备是否可用
19      if([UIImagePickerController
20      isSourceTypeAvailable:UIImagePickerControllerSourceTypeCamera]){
21          a.sourceType = UIImagePickerControllerSourceTypeCamera;
22          a.delegate = self;
```

第 13 章 多媒体

```
23        [self presentViewController:a animated:YES completion:NO];
24     }else
25     {
26        a.sourceType=UIImagePickerControllerSource
          TypeSavedPhotosAlbum;
27        a.delegate=self;
28        a.allowsEditing=YES;                //设置照片的可编辑性
29        [self presentViewController:a animated:YES completion:NO];
30     }
31  }
32  //选择照片后调用的方法
33  -(void)imagePickerController:(UIImagePickerController *)picker
    didFinishPickingMediaWithInfo:
34  (NSDictionary *)info{
35     [a dismissViewControllerAnimated:YES completion:NO];
36     UIImage *ima=[info objectForKey:
          UIImagePickerControllerEditedImage];
37     im.image=ima;
38  }
39  - (IBAction)bb:(id)sender {
40     [b setHidden:NO];
41  }
42  @end
```

运行结果如图 13.19 所示。

图 13.19　背景选择器运行结果 1

当对选择的背景照片不满意时，可以单击背景照片，就会弹出"选择背景照片"按钮，对背景再次进行选择，如图 13.20 所示

图 13.20　背景选择器运行结果 2

13.3 使用音频

音频就是声音，例如在人们创建的游戏中，为了使游戏更为生动，创建游戏的人们常常会在游戏中加入声音。本节主要讲解音频的使用。

13.3.1 系统声音

在 iPhone 手机中，短信铃声、闹铃等都是系统声音。系统声音都是比较短的音频。系统声音文件支持的格式主要有 3 种：PCM、IMA4 和 CAF。在使用系统声音时要将 AudioToolbox.framework 框架添加到项目文件中。接下来主要讲解系统声音的操作。

1. 声明系统 ID

在播放系统声音之前，先要声明一个系统 ID。声明系统 ID 需要 SystemSoundID 类型，其语法形式如下：

```
SystemSoundID 系统ID名称;
```

2. 获取系统声音的 ID

声明完系统 ID 之后，就要使用 AudioServicesCreateSystemSoundID()方法来获取系统声音的 ID，其语法形式如下：

```
AudioServicesCreateSystemSoundID(CFURLRef inFileURL,SystemSoundID *out
SystemSoundID);
```

其中，参数 CFURLRef inFileURL 是声音文件，SystemSoundID 是声明的系统 ID。

3. 系统声音的使用

获取了系统声音的 ID 后，就可以使用系统声音了。

（1）播放声音：当要播放系统声音时，可以使用 AudioServicesPlaySystemSound()方法，其语法形式如下：

```
AudioServicesPlaySystemSound(SystemSoundID inSystemSoundID);
```

其中，参数 SystemSoundID inSystemSoundID 是声明的系统 ID。

（2）从系统上清除播放声音 ID：当播放完系统声音以后，应当及时释放资源，从系统上清除播放声音 ID（即释放资源）的方法是 AudioServicesDisposeSystemSoundID()，它的语法形式如下：

```
AudioServicesDisposeSystemSoundID(SystemSoundID inSystemSoundID);
```

其中，参数 SystemSoundID inSystemSoundID 是声明的系统 ID。

【示例 13-6】 以下程序实现的系统声音的播放。操作步骤如下：

（1）创建一个项目，命名为 13-7。

（2）添加 AudioToolbox.framework 框架到创建的项目中。

（3）将要进行播放的系统声音文件添加到项目的 Supporting Files 文件夹中。

（4）单击打开 ViewController.xib 文件，进行用户设置界面的设置。从 Objects 窗口中拖动按钮视图到用户设置界面，双击将标题改为"播放系统声音"。

（5）将按钮视图和 ViewController.h 文件进行动作关联。

（6）单击打开 ViewController.h 文件，声明系统 ID，程序代码如下：

```
01  #import <UIKit/UIKit.h>
02  #import <AudioToolbox/AudioToolbox.h>
03  @interface ViewController : UIViewController{
04      SystemSoundID soundID;           //声明系统ID
05  }
06  - (IBAction)aa:(id)sender;
07  @end
```

（7）单击打开 ViewController.m 文件，编写代码实现系统声音的播放，程序代码如下：

```
01  #import "ViewController.h"
02  @interface ViewController ()
03  @end
04  @implementation ViewController
05  - (void)viewDidLoad
06  {
07      [super viewDidLoad];
08      // Do any additional setup after loading the view, typically from a nib.
09  }
10  - (void)didReceiveMemoryWarning
11  {
12      [super didReceiveMemoryWarning];
13      // Dispose of any resources that can be recreated.
14  }
15  - (IBAction)aa:(id)sender {
16          //获取文件
17          NSString *soundFile=[[NSBundle mainBundle]pathForResource:@"soundeffect" ofType:
18  @"wav"];
19          //获取ID
20          AudioServicesCreateSystemSoundID((CFURLRef)[NSURL fileURLWithPath:
21  soundFile],&soundID);
22          //播放系统声音
23          AudioServicesPlaySystemSound(soundID);
24          //创建警告视图
25          UIAlertView *alert=[[UIAlertView alloc]initWithTitle:@"声音开始播放"
26  message:@""delegate:self cancelButtonTitle:@"OK" otherButtonTitles:nil];
27          [alert show];
28  }
29  //播放声音结束后调用此方法
30  void SoundFinished(SystemSoundID soundID,void* sample){
31          AudioServicesDisposeSystemSoundID(soundID);
                                                          //从系统上去掉声音
32      }
33  @end
```

运行结果如图 13.21 所示。

图 13.21　示例 13-6 运行结果

13.3.2　声音播放器

音频文件是有长有短的，较短的音频适用于系统声音播放的方式，对于较长的音频就要使用声音播放器。在使用播放器之前，要添加一个 AVFoundation.framework 框架到项目中。要使用声音播放器，除了添加框架之外，还需要创建一个 AVAudioPlayer 类，它就是声音播放器，其创建的语法形式如下：

```
AVAudioPlayer *对象名=[[AVAudioPlayer alloc]initWithContentsOfURL(NSURL *)
error(NSError **)];
```

其中，initWithContentsOfURL 是用来指定 NSURL 对象的；error 是错误的，一般将其设置为 nil。声音播放器创建好以后，就可以对声音播放器进行使用了：

1. 播放

要将声音进行播放，就要使用 play() 方法，其语法形式如下：

```
[声音播放器对象名 play];
```

2. 暂停

如果想让播放的声音暂停在当前播放位置，就要使用 pause() 方法，其语法形式如下：

```
[声音播放器对象名 pause];
```

3. 停止

如果要将播放的声音停止，就要使用 stop() 方法，其语法形式如下：

```
[声音播放器对象名 stop];
```

4. 重复播放

如果声音播放完毕以后，想让声音重复播放，就要对 numberOfLoops 属性进行设置，其语法形式如下：

```
声音播放器对象名.numberOfLoops = 数值;
```

其中，如果将数值赋值为负数，会导致声音无限重复播放直到遇到 stop 才结束。

【示例 13-7】 以下程序实现的是使用 3 个按钮来控制声音播放器的播放。操作步骤如下：

（1）创建一个项目，命名为 13-11。

（2）添加 AVFoundation.framework 框架到创建的项目中。

（3）将要进行播放的音频文件添加到项目的 Supporting Files 文件夹中。

（4）单击打开 ViewController.xib 文件，进行用户设置界面的设置。从 Objects 窗口中拖动 3 个按钮视图到用户设置界面，双击将标题改为 play、pause 以及 stop。

（5）拖动一个 Label 视图到用户设置界面，将标题删除。这时，用户设置界面的效果如图 13.22 所示。

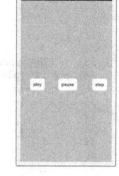

图 13.22 用户设置界面

（6）将按钮视图和 ViewController.h 文件进行动作关联。

（7）单击打开 ViewController.h 文件，进行插座变量和声音播放器的声明，程序代码如下：

```
01  #import <UIKit/UIKit.h>
02  #import <AVFoundation/AVFoundation.h>
03  @interface ViewController : UIViewController{
04      AVAudioPlayer *player;
05      IBOutlet UILabel *aa;
06  }
07  - (IBAction)a:(id)sender;
08  - (IBAction)b:(id)sender;
09  - (IBAction)c:(id)sender;
10  @end
```

（8）单击打开 ViewController.h 文件，实现按钮控制声音播放器，程序代码如下：

```
01  #import "ViewController.h"
02  @interface ViewController ()
03  @end
04  @implementation ViewController
05  - (void)viewDidLoad
06  {
07      NSString *path=[[NSBundle mainBundle]pathForResource:@"狐狸雨"
         ofType:@"mp3"];
08      NSURL *url=[NSURL fileURLWithPath:path];
09      if(path){
10          player=[[AVAudioPlayer alloc]initWithContentsOfURL:url
             error:nil];
11          [player prepareToPlay];
12          player.numberOfLoops = -1;
13          aa.text=@"音乐准备中";
14      }
15      [super viewDidLoad];
16      // Do any additional setup after loading the view, typically from a nib.
17  }
18  - (void)didReceiveMemoryWarning
19  {
20      [super didReceiveMemoryWarning];
21      // Dispose of any resources that can be recreated.
22  }
23  - (IBAction)a:(id)sender {
```

```
24      if(player){
25          if(![player isPlaying])
26          {
27              [player play];
28              aa.text=@"音乐开始播放";
29          }
30      }
31  }
32
33  - (IBAction)b:(id)sender {
34      if (player) {
35          if ([player isPlaying]) {
36              [player pause];
37              aa.text=@"音乐暂停";
38          }
39      }
40  }
41  - (IBAction)c:(id)sender {
42      if (player) {
43          if ([player isPlaying]) {
44              [player stop];
45              aa.text=@"音乐结束";
46          }
47      }
48  }
49  @end
```

运行结果如图 13.23 所示。

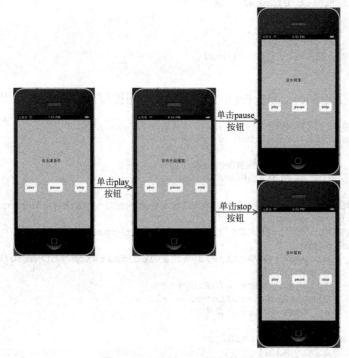

图 13.23　示例 13-7 运行结果

5. 音量

如果播放的音频文件声音太小，就可以对 volume 属性进行设置。volume 属性的功能就是用来调节音量的，其语法形式如下：

第 13 章 多媒体

```
声音播放器对象名.volume = 数值;
```

6. 声音的长度

如果想要查询声音的长度，可以使用 duration 属性实现声音文件长度的计算，其语法形式如下：

```
声音播放器对象.duration
```

7. 指定播放位置

当不喜欢某段音乐时，可以设置 currentTime 属性，将声音从某个位置进行播放，其语法形式如下：

```
播放器.currentTime = 数值;
```

【**示例 13-8**】以下程序制作一个能调节声音大小，且可以看到播放进度的声音播放器，操作步骤：

（1）创建一个项目，命名为 13-14。

（2）添加 AVFoundation.framework 框架到创建的项目中。

（3）将要进行播放的音频文件添加到项目的 Supporting Files 文件夹中。

（4）单击打开 ViewController.xib 文件，进行用户设置界面的设置。从 Objects 窗口中拖动分段控件视图到用户设置界面，并将其 Show the Attributes inspector 选项中的 Segmented Control 下的 sements 设置为 3，并将标题改为"播放"、"暂停"和"停止"。

（5）从 Objects 窗口中拖动 Slider 视图、Progress View 视图和 Switch 视图到用户设置界面。这时用户设置界面的效果如图 13.24 所示。

（6）单击打开 ViewController.h 文件，进行插座变量和声音播放器的声明，程序代码如下：

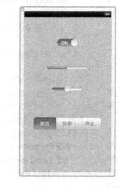

图 13.24　用户设置界面的效果

```
01  #import <UIKit/UIKit.h>
02  #import <AVFoundation/AVFoundation.h>
03  @interface ViewController : UIViewController{
04      IBOutlet UISegmentedControl *segment;
05      AVAudioPlayer *player;
06      IBOutlet UIProgressView *progressV;
07      IBOutlet UISlider *volumeSlider;
08      NSTimer *timer;
09      IBOutlet UISwitch *swith;
10  }
11  - (IBAction)aa:(id)sender;
12  @end
```

（7）单击打开 ViewController.m 文件，编写代码实现能调节声音大小且可以看到播放进度的声音播放器，程序代码如下：

```
01  #import "ViewController.h"
02  @interface ViewController ()
```

```objc
03  @end
04  @implementation ViewController
05  - (void)viewDidLoad
06  {
07      NSString *string = [[NSBundle mainBundle] pathForResource:
        @"狐狸雨" ofType:@"mp3"];
08      NSURL *url = [NSURL fileURLWithPath:string];
09      player = [[AVAudioPlayer alloc] initWithContentsOfURL:
        url error:nil];
10      player.delegate = self;
11      player.volume = 1;                          //设置播放器的初始音量大小
12      player.numberOfLoops = -1;                  //设置循环播放
13      [player prepareToPlay];
14      timer = [NSTimer scheduledTimerWithTimeInterval:0.1 target:self
15  selector:@selector(playProgress)
16  userInfo:nil repeats:YES];                      //用 NSTimer 来监控音频播放进度
17      [volumeSlider addTarget:self action:@selector(volumeChange)
18  forControlEvents:UIControlEventValueChanged];   //为进度条声明方法
19      volumeSlider.minimumValue = 0.0f;    //设置最小音量
20      volumeSlider.maximumValue = 10.0f;   //设置最大音量
21      volumeSlider.value = 5.0f;           //初始化音量
22      [self.view addSubview:volumeSlider];
23      [swith addTarget:self action:@selector(onOrOff:)
24  forControlEvents:UIControlEventValueChanged];
25      swith.on = YES;
26      [self.view addSubview:swith];
27      float duration = (float)player.duration;    //查看声音的长度
28      NSLog(@"duration:%f",duration);
29      [super viewDidLoad];
30      // Do any additional setup after loading the view, typically from a nib.
31  }
32  - (void)didReceiveMemoryWarning
33  {
34      [super didReceiveMemoryWarning];
35      // Dispose of any resources that can be recreated.
36  }
37  //设置控制播放
38  - (IBAction)aa:(id)sender {
39      NSInteger selectedSegment=segment.selectedSegmentIndex;
40      if(selectedSegment==0){
41          [player play];
42
43      } else if (selectedSegment==1){
44          [player pause];
45      }else{
46          [player stop];
47      }
48  }
49  //进度条
50  - (void)playProgress
51  {
52      progressV.progress = player.currentTime/player.duration;
53  }
54  //设置禁音效果
55  - (void)onOrOff:(UISwitch *)sender
56  {
57      player.volume = sender.on;
58  }
59
60  //音量控制
61  - (void)volumeChange
62  {
```

```
63          player.volume = volumeSlider.value;
64      }
65  //播放完以后调用的方法
66  - (void)audioPlayerDidFinishPlaying:(AVAudioPlayer *)player
    successfully:(BOOL)flag
67  {
68      [timer invalidate];
69  }
70  @end
```

运行结果如图 13.25 和图 13.26 所示。

在图 13.25 所示的运行结果中，单击"播放"按钮时声音开始播放，进度条会随着声音前进。当滑动音量条时，音量会随着放大或缩小。当打开 Slider 时，播放的声音会实现静音。声音的长度如图 13.26 所示。

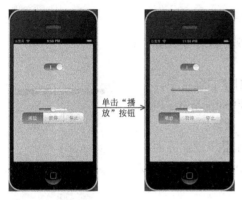

图 13.25　示例 13-8 运行结果

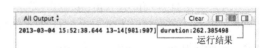

图 13.26　声音的长度

13.3.3　录音

当在网上没有合适的声音进行播放时，可以使用自己的声音，这时就需要录音。在录音之前，需要将框架 AVFoundation.framework 添加到项目中，还必须创建一个 AVAudioRecorder 类，其创建的语法形式如下：

```
AVAudioRecorder *对象名=[[AVAudioRecorder alloc] initWithURL:(NSURL *)
settings:(NSDictionary)
error:(NSError **)];
```

其中，initWithURL 指定的是 NSURL 对象，settings 用来设置录音控制，error 用来指定错误，一般设置为 nil。创建好 AVAudioRecorder 类之后，就可以录音了。

1. 开始录音

在录音时，要使用一个开始录音的方法 record()，其语法形式如下：

```
[AVAudioRecorder 对象名 record];
```

2. 暂停录音

在录音时，若有其他急事可以使用 pause()方法暂停录音，当事情处理完毕后再继续录音，其语法形式如下：

```
[AVAudioRecorder 对象名 pause];
```

3. 结束录音

当录音完毕后，要使用 stop()方法结束录音，其语法形式如下：

```
[AVAudioRecorder 对象名 stop];
```

4. 删除录音文件

当录音的效果不好时，可以使用 deleteRecording()方法将录制的文件进行删除，其语法形式如下：

```
[AVAudioRecorder 对象名 deleteRecording];
```

【示例 13-9】 以下程序实现的是声音的录制。操作步骤如下：
（1）创建一个项目，命名为 13-15。
（2）添加 AVFoundation.framework 框架到创建的项目中。
（3）将要进行播放的音频文件添加到项目的 Supporting Files 文件夹中。
（4）单击打开 ViewController.xib 文件，进行用户设置界面的设置。从 Objects 窗口中拖动 3 个按钮视图到用户设置界面，双击将标题改为 play、pause 以及 stop。
（5）拖动一个 Label 视图到用户设置界面，将标题删除。这时，用户设置界面的效果如图 13.27 所示。
（6）将按钮视图和 ViewController.h 文件进行动作关联。
（7）单击打开 ViewController.h 文件，进行插座变量和声音播放器的声明，程序代码如下：

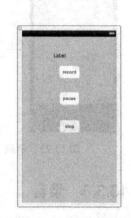

图 13.27　用户设置界面

```
01  #import <UIKit/UIKit.h>
02  #import <AVFoundation/AVFoundation.h>
03  @interface ViewController : UIViewController{
04      IBOutlet UILabel *label;
05      AVAudioRecorder *soundRecorder;
06  }
07  - (IBAction)aa:(id)sender;
08  - (IBAction)bb:(id)sender;
09  - (IBAction)cc:(id)sender;
10  @end
```

（8）单击打开 ViewController.m 文件，编写代码实现声音的录制，程序代码如下：

```
01  #import "ViewController.h"
02  @interface ViewController ()
03  @end
04  @implementation ViewController
05  - (void)viewDidLoad
06  {
07      //创建临时文件
08      NSString *tem=NSTemporaryDirectory();
09      NSURL *soun=[NSURL fileURLWithPath:[tem
            stringByAppendingString:@"sound.caf"]];
```

```
10      //设置录音控制
11      NSDictionary *soundSetting = [NSDictionary
        dictionaryWithObjectsAndKeys:
12      [NSNumber numberWithFloat: 44100.0],AVSampleRateKey,
13      [NSNumber numberWithInt: kAudioFormatMPEG4AAC],AVFormatIDKey,
14  [NSNumber numberWithInt: 2],AVNumberOfChannelsKey,
15      [NSNumber numberWithInt: AVAudioQualityHigh],
        AVEncoderAudioQualityKey,nil];
16      //创建 AVAudioRecorder 类
17      soundRecorder=[[AVAudioRecorder alloc]initWithURL:soun settings:
        soundSetting error:nil];
18      //准备录音
19      [soundRecorder prepareToRecord];
20      label.text=@"准备录音";
21      [super viewDidLoad];
22  }
23  - (IBAction)aa:(id)sender {
24      [soundRecorder record];                     //开始录音
25      label.text=@"开始录音";
26  }
27  - (IBAction)bb:(id)sender {
28      [soundRecorder pause];                      //暂停录音
29      label.text=@"暂停录音";
30  }
31  - (IBAction)cc:(id)sender {
32      [soundRecorder stop];                       //结束录音
33      label.text=@"结束录音";
34  }
35  - (void)didReceiveMemoryWarning
36  {
37      [super didReceiveMemoryWarning];
38      // Dispose of any resources that can be recreated.
39  }
40  @end
```

运行结果如图 13.28 所示。

图 13.28　示例 13-9 运行结果

注意：在声音的录制完毕之后，还可以使用声音播放器将录制的声音进行播放。

13.3.4　访问音乐库

在播放声音文件时，除了播放指定的文件还可以访问音乐库，播放音乐库中的声音。在使用音乐库时，除了需要将 MediaPlayer.framework 框架添加到项目中，还需要创建一个 MPMediaPickerController 控制器，其创建语法形式如下：

```
MPMediaPickerController *对象名=[[MPMediaPickerController
alloc]initWithMediaTypes:(MPMediaType)];
```

其中，initWithMediaTypes 是用来初始化媒体类型的。创建好 MPMediaPickerController 类以后，就可以访问音乐库了。

【示例 13-10】 以下程序实现的功能是访问音乐库。操作步骤如下：

（1）创建一个项目，命名为 13-17。

（2）添加 MediaPlayer.framework 框架到创建的项目中。

（3）单击打开 ViewController.xib 文件，从 Objects 窗口中拖动按钮视图到用户设置界面。

（4）将按钮视图和 ViewController.h 文件进行动作关联。

（5）单击打开 ViewController.h 文件，进行 MPMediaPickerController 控制器的声明，程序代码如下：

```
01  #import <UIKit/UIKit.h>
02  #import <MediaPlayer/MediaPlayer.h>
03  @interface ViewController : UIViewController{
04      MPMediaPickerController *media;
                                      //声明 MPMediaPickerController 控制器
05  }
06  - (IBAction)aa:(id)sender;
07  @end
```

（6）单击打开 ViewController.m 文件，编写代码实现访问音乐库，程序代码如下：

```
01  #import "ViewController.h"
02  @interface ViewController ()
03  @end
04  @implementation ViewController
05  - (void)viewDidLoad
06  {
07      [super viewDidLoad];
08      // Do any additional setup after loading the view, typically from a nib.
09  }
10  - (void)didReceiveMemoryWarning
11  {
12      [super didReceiveMemoryWarning];
13      // Dispose of any resources that can be recreated.
14  }
15  - (IBAction)aa:(id)sender {
16      //创建 MPMediaPickerController 控制器
17      media = [[MPMediaPickerController alloc]
            initWithMediaTypes:MPMediaTypeMusic];
18      //显示
19      [self presentViewController:media animated:YES completion:NO];
20  }
21  @end
```

运行结果如图 13.29 所示。

音乐库的使用如下：

1. 指定文件

当要指定音乐库中的文件时，需要对 allowsPickingMultipleItems 属性进行设置，其语法形式如下：

第 13 章 多媒体

图 13.29 示例 13-10 运行结果

```
MPMediaPickerController 对象名.allowsPickingMultipleItems=BOOL;
```

2. 选择文件后

当选择文件后，需要文件执行什么样的操作，就要使用 didPickMediaItems()方法，其语法形式如下：

```
- (void)mediaPicker: (MPMediaPickerController *)mediaPicker
didPickMediaItems:(MPMediaItemCollection *)mediaItemCollection {
…
}
```

3. 选择后取消选择

当不小心选错文件后，需要将选择后的文件取消，这时就要使用 mediaPickerDidCancel()方法，其语法形式如下：

```
- (void)mediaPickerDidCancel:(MPMediaPickerController *)mediaPicker {
…
}
```

4. 使选中的文件进行播放

其实，选中的声音文件大多数都是用来进行播放的，要想播放选中的声音文件，需要创建一个 MPMusicPlayerController 控制器，其创建的语法形式如下：

```
MPMusicPlayerController *对象名=[MPMusicPlayerController iPodMusicPlayer];
```

其中，iPodMusicPlayer 是生成一个在 ipod 上运行的播放器。

```
MPMusicPlayerController *对象名=[MPMusicPlayerController
applicationMusicPlayer];
```

其中，applicationMusicPlayer 是生成一个在 app 上运行的播放器。在这两种创建形式中，最常用到的是第一种创建形式。

【示例 13-11】 以下程序实现的是将音乐库中选择的声音文件进行播放。操作步骤如下：
（1）创建一个项目，命名为 13-16。
（2）添加 MediaPlayer.framework 框架到创建的项目中。

（3）单击打开 ViewController.xib 文件，从 Objects 窗口中拖动两个按钮视图到用户设置界面，双击将标题改为"打开音乐库"和"播放"。

（4）将按钮视图和 ViewController.h 文件进行动作关联。

（5）单击打开 ViewController.h 文件，进行 MPMediaPickerController 控制器和 MPMusicPlayerController 控制器的声明，程序代码如下：

```
01  #import <UIKit/UIKit.h>
02  #import <MediaPlayer/MediaPlayer.h>
03  @interface ViewController : UIViewController
    <MPMediaPickerControllerDelegate>{
04      MPMediaPickerController *picker;
05      MPMusicPlayerController  *player;
06  }
07  - (IBAction)select:(id)sender;
08  - (IBAction)play:(id)sender;
09  @end
```

（6）单击打开 ViewController.m 文件，编写代码实现访问音乐库，并且播放音乐库中选择的声音文件，程序代码如下：

```
01  #import "ViewController.h"
02  @interface ViewController ()
03  @end
04
05  @implementation ViewController
06  - (void)viewDidLoad
07  {
08      //创建 MPMusicPlayerController 控制器
09      player=[MPMusicPlayerController iPodMusicPlayer];
10      [super viewDidLoad];
11       // Do any additional setup after loading the view, typically from a nib.
12  }
13  - (void)didReceiveMemoryWarning
14  {
15      [super didReceiveMemoryWarning];
16      // Dispose of any resources that can be recreated.
17  }
18  //访问音乐库
19  - (IBAction)select:(id)sender {
20      [player stop];
21      picker = [[MPMediaPickerController alloc]initWithMediaTypes:
            MPMediaTypeMusic];
22      picker.allowsPickingMultipleItems = YES;          //指定文件
23      picker.delegate = self;
24      [self presentViewController:picker animated:YES completion:NO];
25  }
26  - (IBAction)play:(id)sender {
27          [player play];
28  }
29  //选择声音文件后调用的方法
30  - (void)mediaPicker: (MPMediaPickerController *)mediaPicker
31   didPickMediaItems:(MPMediaItemCollection *)mediaItemCollection {
32  [player setQueueWithItemCollection: mediaItemCollection];
                                                    //设置播放器的播放队列
33      [self dismissViewControllerAnimated:YES completion:NO];
34  }
35  //选择后取消选择调用的方法
36  - (void)mediaPickerDidCancel:(MPMediaPickerController *)mediaPicker {
37      [self dismissModalViewControllerAnimated:YES];
38  }
39  @end
```

运行结果如图 13.30 所示。

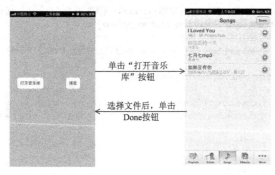

图 13.30　示例 13-11 运行结果

13.4　使 用 视 频

在 iPhone 开发中，只有音频还是不够完美的，还需要将动画添加进去，这时一个应用程序才算完美。其中的动画指的就是视频。本节将主要讲解视频的操作。

13.4.1　视频播放器的创建

要想为应用程序添加视频，必须要将 MediaPlayer.framework 框架添加到项目中。添加好以后，还需要创建一个 MPMoviePlayerController 控制器，其创建的语法形式如下：

```
MPMoviePlayerController *对象名=[[MPMoviePlayerController
alloc]initWithContentURL:(NSURL)];
```

【示例 13-12】 以下程序实现的功能是将一个视频添加到应用程序中。操作步骤如下：
（1）创建一个项目，命名为 13-20。
（2）添加 MediaPlayer.framework 框架到创建的项目中。
（3）将视频添加到创建项目的 Supporting Files 文件夹中。
（4）单击打开 ViewController.h 文件，声明控制器及文件包含，程序代码如下：

```
01  #import <UIKit/UIKit.h>
02  #import <MediaPlayer/MediaPlayer.h>
03  @interface ViewController : UIViewController{
04      MPMoviePlayerController *move;
05  }
06  @end
```

（5）单击打开 ViewController.m 文件，编写代码实现视频的添加，程序代码如下：

```
01  #import "ViewController.h"
02  @interface ViewController ()
03  @end
04  @implementation ViewController
05  - (void)viewDidLoad
06  {
07      NSString *file=[[NSBundle mainBundle]pathForResource:@"Movie"
        ofType:@"m4v"];
08      NSURL *url=[NSURL fileURLWithPath:file];
```

```
09      move=[[MPMoviePlayerController alloc]initWithContentURL:url];
                                                      //创建控制器
10      [move.view setFrame:CGRectMake(30.0, 20.0, 250.0, 300.0)];
11      [self.view addSubview:move.view];
12      [super viewDidLoad];
13       // Do any additional setup after loading the view, typically from a nib.
14  }
15  - (void)didReceiveMemoryWarning
16  {
17      [super didReceiveMemoryWarning];
18       // Dispose of any resources that can be recreated.
19  }
20  @end
```

运行结果如图 13.31 所示。

在图 13.31 所示的运行结果中，视频还是不可以进行播放的，因为缺少了控制视频的流程。

13.4.2 视频的使用

以下主要讲解视频的使用。

1. 播放

要想让添加的视频进行播放，必须要使用 play()方法，其语法形式如下：

图 13.31　示例 13-12 运行结果

```
[MPMoviePlayerController 对象名 play];
```

2. 停止

如果不想再看添加的视频，就要使用 stop()方法将其停止，其语法形式如下：

```
[MPMoviePlayerController 对象名 stop];
```

3. 设置播放时的工具条

在播放视频时会出现播放工具条，如果觉得工具条不好看，可以通过设置 controlStyle 属性来改变工具条的格式，语法形式如下：

```
MPMoviePlayerController 对象名.controlStyle=工具条的格式;
```

其中，工具条的格式有 4 种，如图 13.32 所示。

4. 视频播放的屏幕

想要视频在规定的范围内播放，或者使用全屏模式进行播放，就要对 fullscreen 属性进行设置，其语法形式如下：

```
MPMoviePlayerController 对象名.fullscreen=BOOL;
```

其中，BOOL 设置为 YES 时，视频以全屏模式进行播放；BOOL 设置为 NO 时，视频在规定的范围内播放。一般情况下其默认为 NO。

第13章 多媒体

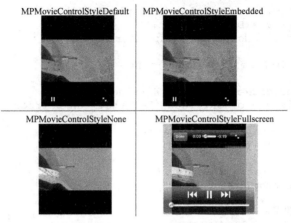

图 13.32 工具条的 4 种格式

【示例 13-13】 以下程序实现的是对视频的控制。操作步骤如下：

（1）创建一个项目，命名为 13-21。
（2）添加 MediaPlayer.framework 框架到创建的项目中。
（3）将视频添加到创建项目的 Supporting Files 文件夹中。
（4）单击打开 ViewController.xib 文件，从 Objects 窗口中拖动两个按钮视图到用户设置界面，双击将标题改为"播放"和"停止"。
（5）拖动一个 Switch 视图到用户设置界面。
（6）将两个按钮视图和一个 Switch 视图分别和 ViewController.h 文件进行动作关联。
（7）单击打开 ViewController.h 文件，声明变量，程序代码如下：

```
01  import <UIKit/UIKit.h>
02  #import <MediaPlayer/MediaPlayer.h>
03  @interface ViewController : UIViewController{
04      MPMoviePlayerController *move;
05      IBOutlet UISwitch *swith;
06  }
07  - (IBAction)play:(id)sender;
08  - (IBAction)aa:(id)sender;
09  - (IBAction)full:(id)sender;
10  @end
```

（8）将声明的插座变量和 ViewController.xib 文件中拖到用户设置界面的对应视图相关联。
（9）单击打开 ViewController.m 文件，编写代码实现对视频进行控制，程序代码如下：

```
01  #import "ViewController.h"
02  @interface ViewController ()
03  @end
04  @implementation ViewController
05  - (void)viewDidLoad
06  {
07      NSString *file=[[NSBundle mainBundle]pathForResource:@"Movie"
        ofType:@"m4v"];
08      NSURL *url=[NSURL fileURLWithPath:file];
09      move=[[MPMoviePlayerController alloc]initWithContentURL:url];
10      [move.view setFrame:CGRectMake(10.0, 20.0, 300.0, 300.0)];
11      move.controlStyle=MPMovieControlStyleFullscreen;
```

```
12      [self.view addSubview:move.view];       //设置播放时的工具条
13      [super viewDidLoad];
14       // Do any additional setup after loading the view, typically from a nib.
15  }
16  - (void)didReceiveMemoryWarning
17  {
18      [super didReceiveMemoryWarning];
19       // Dispose of any resources that can be recreated.
20  }
21  - (IBAction)play:(id)sender {
22      [move play];                             //播放
23  }
24  - (IBAction)aa:(id)sender {
25      [move stop];                             //停止
26  }
27  //对全屏的设置
28  - (IBAction)full:(id)sender {
29      if ([swith isOn]) {
30          [move setFullscreen:YES animated:YES];
31      }
32  }
33  @end
```

运行结果如图 13.33 所示。

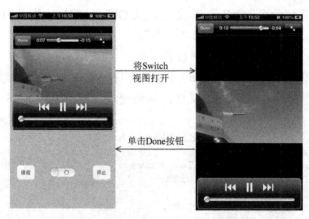

图 13.33　示例 13-13 运行结果

13.5　小　　结

本章主要讲解了操作照片、使用音频和使用视频。本章的重点是访问照片、系统声音、声音播放器、录音以及对音乐库的访问。本章的难点是视频播放器。通过对本章的学习，希望读者可以创建一个自己的音频和视频播放器。

13.6　习　　题

【习题 13-1】　请读者在 iPhone Simulator 模拟器中添加一些照片。

【习题 13-2】　请读者编写代码，此代码实现的功能是单击"访问照片库"按钮就能访问照片库中的照片，运行结果如图 13.34 所示。

【习题 13-3】 请编写代码，此代码实现的功能是单击"播放"按钮，音乐文件就会进行播放；单击"停止"按钮，音乐文件就会停止播放。进度条会随着音乐播放的时间前进（音乐文件读者可以在网上进行下载）。运行结果如图 13.35 所示。

图 13.34　习题 13-2 运行结果　　　　图 13.35　习题 13-3 运行结果

【习题 13-4】 请编写代码，此代码实现的功能是当单击"播放"按钮时，视频会在(60.0, 50.0, 200.0, 260.0)范围内开始播放，当单击"停止"按钮时视频就停止播放（视频文件用户可以在网上进行下载）。运行结果如图 13.36 所示。

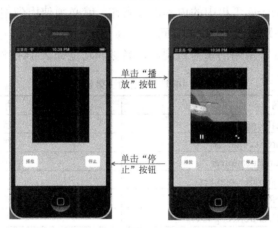

图 13.36　习题 13-4 运行结果

第 14 章 手　　势

在 iPhone 中是没有键盘的，为了给屏幕争取更大的空间，用户对手机的大部分操作都是通过手势来完成的。例如，在查看照片时，就可以通过滑动手势来实现显示下一张照片的功能。本章将主要讲解手势的相关操作。

14.1 iPhone 中常用的手势

在 iPhone 开发中，已经将常用的手势在 Objects 窗口中给出了，本节将主要讲解在 iPhone 中常用到的手势。

14.1.1 手势的简介

手势是指从用户用一个或者多个手指开始触摸屏幕，直到手指离开屏幕为止所发生的全部事件。要想对 iPhone 手机中的内容进行操作，就必须使用到相关的操作。识别这些手势的就被称为手势识别器。手势识别器可以认为是一个容器，在其中可以添加任何的子类。在 iPhone 开发中有 6 种常用的手势识别器，名称和功能如表 14-1 所示。

表 14-1　常用的手势识别器

名　　称	功　　能
UITapGestureRecognizer	轻拍
UIPinchGestureRecognizer	捏
UISwipeGestureRecognizer	滑动
UIRotationGestureRecognizer	旋转
UIPanGestureRecognizer	移动
UILongPressGestureRecognizer	长按

14.1.2 轻拍

要实现轻拍这一手势有两种方法：一种是使用静态的方法实现；另一种是使用动态的方式实现。以下就主要讲解这两种实现方式。

1．静态的方法实现轻拍

要使用静态的方法实现轻拍就是使用拖动的方式。创建好项目后，在 ViewController.xib 文件中，从 Objects 窗口中拖动 TapGestureRecognizer 识别器到用户设置界面，这时就可以实现轻拍的手势了。

【示例 14-1】以下程序使用静态的方法实现轻拍，并且在轻拍过的地方出现一个小星星。操作步骤如下：

（1）创建一个项目，命名为 14-1。

（2）将要显示的图片添加到创建项目的 Supporting Files 文件夹中。

（3）单击打开 ViewController.xib 文件，将 TapGestureRecognizer 识别器拖动到用户设置界面。

（4）将 TapGestureRecognizer 识别器和 ViewController.h 文件进行动作关联。

（5）单击打开 ViewController.h 文件，声明插座变量，程序代码如下：

```
01  #import <UIKit/UIKit.h>
02  @interface ViewController : UIViewController{
03      IBOutlet UITapGestureRecognizer *tapRecognizer;        //声明插座变量
04  }
05  - (IBAction)aa:(id)sender;
06  @end
```

（6）单击打开 ViewController.m 文件，编写代码实现轻拍过的地方出现一个小星星，程序代码如下：

```
01  #import "ViewController.h"
02  @interface ViewController ()
03  @end
04  @implementation ViewController
05  - (void)viewDidLoad
06  {
07      [tapRecognizer setNumberOfTapsRequired:1];             //设置轻拍的个数
08      [super viewDidLoad];
09      // Do any additional setup after loading the view, typically from a nib.
10  }
11  - (void)didReceiveMemoryWarning
12  {
13      [super didReceiveMemoryWarning];
14      // Dispose of any resources that can be recreated.
15  }
16
17  - (IBAction)aa:(id)sender {
18      CGPoint location = [tapRecognizer locationInView:self.view];
                                                               //设置手指在屏幕上的位置
19      CGRect rect = CGRectMake(location.x - 40, location.y - 40, 80.0f,
        80.0f);
20      UIImageView *image = [[UIImageView alloc] initWithFrame:rect];
21      [image setImage:[UIImage imageNamed:@"8.png"]];
22      [self.view addSubview:image];
23  }
24  @end
```

运行结果如图 14.1 所示。

2. 动态的方式实现轻拍

动态的方式实现轻拍，主要是要创建一个 UITapGestureRecognizer 识别器，其创建的语法形式如下：

```
UITapGestureRecognizer *tap=[[UITapGestureRecognizer
alloc]initWithTarget:(id) action:(SEL)];
```

其中，initWithTarget 是指定委托的对象，action 用来指定实现的方法。

图 14.1　示例 14-1 运行结果

【示例 14-2】 以下程序使用动态的方式实现轻拍，并且在轻拍过的地方出现一个小星星，当再次轻拍已拍过的地方，小星星会消失。操作步骤如下：

（1）创建一个项目，命名为 14-2。
（2）将要显示的图片添加到创建项目的 Supporting Files 文件夹中。
（3）单击打开 ViewController.m 文件，编写代码实现轻拍过的地方出现一个小星星，当再次轻拍已拍过的地方，小星星会消失，程序代码如下：

```
01  #import "ViewController.h"
02  @interface ViewController ()
03  @end
04  @implementation ViewController
05
06  - (void)viewDidLoad
07  {
08      UITapGestureRecognizer *tap=[[UITapGestureRecognizer alloc]
        initWithTarget:self action:
09  @selector(tapgesture:)];                //创建 UITapGestureRecognizer 识别器
10      [tap setNumberOfTapsRequired:1];            //设置轻拍的次数
11      [self.view addGestureRecognizer:tap];
12      [super viewDidLoad];
13      // Do any additional setup after loading the view, typically from a nib.
14  }
15  - (void)didReceiveMemoryWarning
16  {
17      [super didReceiveMemoryWarning];
18      // Dispose of any resources that can be recreated.
19  }
20  //实现轻拍某一地方出现图片，再次轻拍轻拍过的地方图片消失
21  -(void)tapgesture:(UITapGestureRecognizer *)recognizer{
22      CGPoint location = [recognizer locationInView:self.view];
23      UIView *hitView = [self.view hitTest:location withEvent:nil];
24      if ([hitView isKindOfClass:[UIImageView class]]){
25          [(UIImageView *)hitView setHidden:YES ];
26      }
27      else
28      {
29          CGRect rect = CGRectMake(location.x - 40,location.y - 40, 80.0f,
            80.0f);
30          UIImageView *image =[[UIImageView alloc] initWithFrame:rect];
31          [image setImage:[UIImage imageNamed:@"8.png" ]];
32          [image setUserInteractionEnabled: YES];
```

```
33              [self.view addSubview:image];
34         }
35    }
36    @end
```

运行结果如图 14.2 所示。

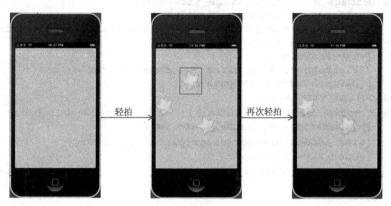

图 14.2   示例 14-2 运行结果

14.1.3   捏

所谓捏，就是使用两个手指实现向里向外张合，从而实现图片的放大和缩小。要实现捏可以有两种方式：一种是静态的方式实现张合；另一种是使用动态的方式实现张合。由于静态的方式只是将 Objects 窗口中的手势识别器拖放到用户设置界面，实现过程是很简单的，所以接下来的手势识别器主要以动态的方式实现。要实现捏的手势，必须要创建一个 UIPinchGestureRecognizer 识别器，其语法形式如下：

```
UIPinchGestureRecognizer *对象名=[ UIPinchGestureRecognizer
alloc]initWithTarget:(id) action:(SEL)];
```

其中，initWithTarget 是指定委托的对象，action 用来指定实现的方法。

【示例 14-3】 以下程序使用 UIPinchGestureRecognizer 识别器实现捏的手势。操作步骤如下：

（1）创建一个项目，命名为 14-3。
（2）将要显示的图片添加到创建项目的 Supporting Files 文件夹中。
（3）单击打开 ViewController.h 文件，进行变量的声明并写入要遵循的协议，程序代码如下：

```
01    #import <UIKit/UIKit.h>
02    @interface ViewController : UIViewController
      <UIGestureRecognizerDelegate>{
03        CGFloat lastScale;
04    }
05    @end
```

（4）单击打开 ViewController.m 文件，编写代码实现捏的手势，程序代码如下：

```
01    #import "ViewController.h"
02    @interface ViewController ()
```

```
03  @end
04  @implementation ViewController
05  - (void)viewDidLoad
06  {
07      UIImage *image=[UIImage imageNamed:@"11.jpg"];
08      UIView *view=[[UIView alloc]initWithFrame:CGRectMake
09  (0,0,image.size.width,image.size.height)];
10      [self.view addSubview:view];
11      UIImageView *im=[[UIImageView alloc]initWithFrame:[view frame]];
12      [im setImage:image];
13      [view addSubview:im];
14      UIPinchGestureRecognizer *pinchRecognizer =
        [[UIPinchGestureRecognizer
15  alloc]initWithTarget:
16  self action:@selector(scale:)];//创建UIPinchGestureRecognizer识别器
17      [pinchRecognizer setDelegate:self];
18      [view addGestureRecognizer:pinchRecognizer];       //在视图上添加识别器
19      [super viewDidLoad];
20      // Do any additional setup after loading the view, typically from a nib.
21  }
22  //实现放大缩小
23  -(void)scale:(id)sender {
24      [self.view bringSubviewToFront:[(UIPinchGestureRecognizer*)
        sender view]];
25      //当手指离开屏幕时,将lastscale设置为1.0
26      if([(UIPinchGestureRecognizer*)sender state] == UIGesture
        RecognizerStateEnded) {
27          lastScale = 1.0;
28          return;
29      }
30      CGFloat scale = 1.0 - (lastScale - [(UIPinchGestureRecognizer*)
        sender scale]);
31      CGAffineTransform currentTransform =
        [(UIPinchGestureRecognizer*)sender view].transform;
32      CGAffineTransform newTransform = CGAffineTransformScale
        (currentTransform, scale, scale);
33      [[(UIPinchGestureRecognizer*)sender view]
        setTransform:newTransform];
34      lastScale = [(UIPinchGestureRecognizer*)sender scale];
35  }
36  - (BOOL)gestureRecognizer:(UIGestureRecognizer *)gestureRecognizer
37  shouldRecognizeSimultaneouslyWithGestureRecognizer:
    (UIGestureRecognizer
38  *)otherGestureRecognizer {
39      return ![gestureRecognizer isKindOfClass:
        [UIPanGestureRecognizer class]];
40  }
41  - (void)didReceiveMemoryWarning
42  {
43      [super didReceiveMemoryWarning];
44      // Dispose of any resources that can be recreated.
45  }
46  @end
```

运行结果如图14.3所示。

在图14.3所示的运行结果中,要想实现捏手势,必须要同时按住Windows+Alt键,这时,在iPhone Simulator模拟器上就出现两个圆圈,代表两个指头。然后拖动鼠标就可以实现捏的手势了。

图 14.3　示例 14-3 运行结果

14.1.4　滑动

用户在手机中看书或者查看照片时，只需要轻轻在屏幕上一划就可以进入下一个内容，这时使用的手势就是滑动的手势。要使用滑动的手势必须要创建一个滑动手势识别器 UISwipeGestureRecognizer，其创建的语法形式如下：

```
UISwipeGestureRecognizer *对象名=[[UISwipeGestureRecognizer alloc]initWithTarget:(id) action:(SEL)];
```

其中，initWithTarget 是指定委托的对象，action 用来指定实现的方法。在手势实现滑动时需要注意，手势可以向左滑、向右滑、向下滑和向上滑，这时需要使用 direction 属性设置滑动的方向，其语法形式如下：

```
UISwipeGestureRecognizer 对象名.direction=滑动的方向;
```

其中，方向有 4 个：分别为 UISwipeGestureRecognizerDirectionRight、UISwipeGesture-RecognizerDirectionLeft、UISwipeGestureRecognizerDirectionDown 和 UISwipeGesture-RecognizerDirectionUp。

【示例 14-4】以下程序使用向右滑动的手势，实现两个图片的切换。操作步骤如下：
（1）创建一个项目，命名为 14-4。
（2）将要显示的图片添加到创建项目的 Supporting Files 文件夹中。
（3）单击打开 ViewController.xib 文件，将 Image View 视图拖放到用户设置界面。
（4）单击打开 ViewController.h 文件，声明插座变量，程序代码如下：

```
01  #import <UIKit/UIKit.h>
02  @interface ViewController : UIViewController{
03      IBOutlet UIImageView *ima;
04      UIImage *im;
05  }
06  @end
```

（5）单击打开 ViewController.m 文件，编写代码实现向右滑动切换图片，程序代码如下：

```
01  #import "ViewController.h"
```

```
02  @interface ViewController ()
03  @end
04  @implementation ViewController
05  - (void)viewDidLoad
06  {
07      im=[UIImage imageNamed:@"3.jpg"];
08      ima.image=im;
09      UISwipeGestureRecognizer *he=[[UISwipeGestureRecognizer alloc]
        initWithTarget:self action:
10  @selector(reportHoriziontalSwipe:)];
                                //创建 UISwipeGestureRecognizer 识别器
11      he.direction=UISwipeGestureRecognizerDirectionRight;
                                //设置滑动的方向
12      [self.view addGestureRecognizer:he];
13      [super viewDidLoad];
14      // Do any additional setup after loading the view, typically from a nib.
15  }
16  //图片的切换
17  -(void)reportHoriziontalSwipe:(UIGestureRecognizer *)recognizer{
18      im=[UIImage imageNamed:@"4.jpg"];
19      ima.image=im;
20      //实现动画效果
21      [UIView beginAnimations:@"flipping view" context:nil];
22      [UIView setAnimationDuration:5];
23      [UIView setAnimationCurve:UIViewAnimationCurveEaseInOut];
24      [UIView setAnimationTransition:
        UIViewAnimationTransitionFlipFromLeft forView:ima
25  cache:YES];
26      [UIView commitAnimations];
27  }
28  - (void)didReceiveMemoryWarning
29  {
30      [super didReceiveMemoryWarning];
31      // Dispose of any resources that can be recreated.
32  }
33  @end
```

运行结果如图 14.4 所示。

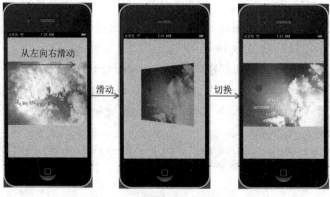

图 14.4 示例 14-4 运行结果

14.1.5 旋转

如果要让 iPhone Simulator 模拟器上的图片进行旋转，就要使用 UIRotationGesture-

Recognizer 手势识别器,其创建的语法形式如下:

```
UIRotationGestureRecognizer *对象名=[[UIRotationGestureRecognizer
alloc]initWithTarget:(id)action:(SEL)];
```

其中,initWithTarget 是指定委托的对象,action 用来指定实现的方法。

【示例 14-5】 以下程序通过使用旋转的手势识别器,让 iPhone Simulator 模拟器上的图片旋转。操作步骤如下:

(1)创建一个项目,命名为 14-5。
(2)将要显示的图片添加到创建项目的 Supporting Files 文件夹中。
(3)单击打开 ViewController.xib 文件,将 Image View 视图拖放到用户设置界面,调整大小,将添加的图片放到 Image View 视图中。
(4)单击打开 ViewController.h 文件,进行插座变量的声明,程序代码如下:

```
01  #import <UIKit/UIKit.h>
02  @interface ViewController : UIViewController{
03      IBOutlet UIImageView *image;
04  }
05  @end
```

(5)将插座变量和 ViewController.xib 文件中拖到用户设置界面的对应视图相关联。
(6)单击打开 ViewController.m 文件,编写代码实现图片的旋转,程序代码如下:

```
01  #import "ViewController.h"
02  @interface ViewController ()
03  @end
04  @implementation ViewController
05  - (void)viewDidLoad
06  {
07      UIRotationGestureRecognizer *rotation=
        [[UIRotationGestureRecognizer
08  alloc]initWithTarget:self action:@selector(rota:)];
                              //创建 UIRotationGestureRecognizer 识别器
09      [self.view addGestureRecognizer:rotation];
                              //将旋转的手势识别器添加到视图中
10      [super viewDidLoad];
11      // Do any additional setup after loading the view, typically from a nib.
12  }
13  //让图片通过手势进行旋转
14  -(void)rota:(UIRotationGestureRecognizer *)recognizer{
15      double i;
16      i=recognizer.rotation;
17      image.transform=CGAffineTransformMakeRotation(i);
18  }
19  - (void)didReceiveMemoryWarning
20  {
21      [super didReceiveMemoryWarning];
22      // Dispose of any resources that can be recreated.
23  }
24  @end
```

运行结果如图 14.5 所示。

在图 14.5 所示的运行结果中需要注意,要实现图片的旋转,需要按住 Windows+Alt 键代表两个手指,再旋转鼠标。

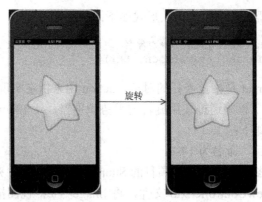

图 14.5　示例 14-5 运行结果

14.1.6　移动

在用手机玩游戏时，可以看到游戏中的事物是用户使用手指进行移动的。要想让手机感应到手指的移动命令，就要创建一个移动的手势识别器 UIPanGestureRecognizer，其创建的语法形式如下：

```
UIPanGestureRecognizer *对象名=[[UIPanGestureRecognizer alloc]
initWithTarget:(id) action:(SEL)];
```

其中，initWithTarget 是指定委托的对象，action 用来指定实现的方法。

【示例 14-6】　以下程序通过使用 UIPanGestureRecognizer 识别器，让 iPhone Simulator 模拟器上的图片通过手指的移动而移动。操作步骤如下：

（1）创建一个项目，命名为 14-6。
（2）将要显示的图片添加到创建项目的 Supporting Files 文件夹中。
（3）单击打开 ViewController.xib 文件，将 Image View 视图拖放到用户设置界面，调整大小，将添加的图片放到 Image View 视图中。
（4）单击打开 ViewController.h 文件，进行插座变量的声明，程序代码如下：

```
01  #import <UIKit/UIKit.h>
02  @interface ViewController : UIViewController{
03      IBOutlet UIImageView *image;
04  }
05  @end
```

（5）将插座变量和 ViewController.xib 文件中拖到用户设置界面的对应视图相关联。
（6）单击打开 ViewController.m 文件，编写代码实现让 iPhone Simulator 模拟器上的图片通过手指的移动而移动，程序代码如下：

```
01  #import "ViewController.h"
02  @interface ViewController ()
03  @end
04  @implementation ViewController
05  - (void)viewDidLoad
06  {
07      UIPanGestureRecognizer *pan=[[UIPanGestureRecognizer alloc]
        initWithTarget:
08  self action:@selector(pann:)];         //创建 UIPanGestureRecognizer 识别器
```

```
09     [self.view addGestureRecognizer:pan];//将移动的手势识别器添加到视图中
10     [super viewDidLoad];
11     // Do any additional setup after loading the view, typically from a nib.
12 }
13 //让图片进行移动
14 -(void)pann:(UIPanGestureRecognizer *)recognizer{
15     CGPoint point=[recognizer locationInView:self.view];
16     [image setCenter:point];
17 }
18 - (void)didReceiveMemoryWarning
19 {
20     [super didReceiveMemoryWarning];
21     // Dispose of any resources that can be recreated.
22 }
23 @end
```

运行结果如图 14.6 所示。

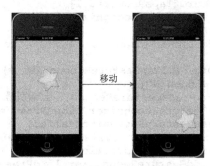

图 14.6 示例 14-6 运行结果

14.1.7 长按

长按是手指轻拍屏幕时停留一段时间。要实现长按的手势需要长按手势识别器 UILongPressGestureRecognizer，其创建的语法形式如下：

```
UILongPressGestureRecognizer *对象名=[[UILongPressGestureRecognizer
alloc]initWithTarget:(id) action:(SEL)];
```

其中，initWithTarget 是指定委托的对象，action 用来指定实现的方法。在长按时还需要设置长按的时间，这时就要对 minimumPressDuration 属性进行设置，其语法形式如下：

```
UILongPressGestureRecognizer 对象名.minimumPressDuration = 时间;
```

【示例 14-7】 以下程序通过使用 UILongPressGestureRecognizer 识别器来实现长按的手势。操作步骤如下：

（1）创建一个项目，命名为 14-7。

（2）将要显示的图片添加到创建项目的 Supporting Files 文件夹中。

（3）单击打开 ViewController.xib 文件，将 Image View 视图拖放到用户设置界面，调整大小，将添加的图片放到 Image View 视图中。

（4）单击打开 ViewController.h 文件，进行插座变量的声明，程序代码如下：

```
01 #import <UIKit/UIKit.h>
02 @interface ViewController : UIViewController{
```

```
03        IBOutlet UIImageView *image;
04     }
05     @end
```

（5）将插座变量和 ViewController.xib 文件中拖到用户设置界面的对应视图相关联。

（6）单击打开 ViewController.m 文件，编写代码实现长按的手势，程序代码如下：

```
01   #import "ViewController.h"
02   @interface ViewController ()
03   @end
04   @implementation ViewController
05   - (void)viewDidLoad
06   {
07       [image setHidden:YES];
08       UITapGestureRecognizer *tap=[[UITapGestureRecognizer alloc]
         initWithTarget:self action:
09   @selector(tapgesture:)];
10       [tap setNumberOfTapsRequired:1];
11       [self.view addGestureRecognizer:tap];
12       [super viewDidLoad];
13       // Do any additional setup after loading the view, typically from a nib.
14   }
15   -(void)tapgesture:(UITapGestureRecognizer *)recognizer{
16       [image setHidden:NO];
17       //创建 UILongPressGestureRecognizer 识别器
18       UILongPressGestureRecognizer *longPress =
         [[UILongPressGestureRecognizer alloc]
19   initWithTarget:self action:@selector(handleLongPress:)];
20       longPress.minimumPressDuration=1.0;    //设置长按的时间，响应长按的方法
21       [self.view addGestureRecognizer:longPress];
22   }
23   - (void)handleLongPress:(UILongPressGestureRecognizer *)sender {
24
25       UIAlertView *alert=[[UIAlertView alloc]initWithTitle:@"this is
         picture" message:@"" delegate:nil
26   cancelButtonTitle:@"OK"otherButtonTitles: nil];
27       [alert show];
28   }
29   - (void)didReceiveMemoryWarning
30   {
31       [super didReceiveMemoryWarning];
32       // Dispose of any resources that can be recreated.
33   }
34   @end
```

运行结果如图 14.7 所示。

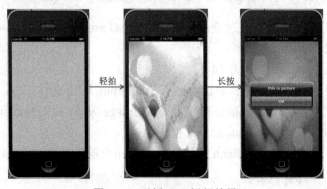

图 14.7　示例 14-7 运行结果

14.2 自定义的手势

在 iPhone 中，除了常用到的手势之外，还有一些不常用到的手势，这些手势就需要大家自己去实现。本节将主要讲解自定义手势。

14.2.1 触摸的常用方法

在使用手势之前，手指必须要触摸到屏幕，这时，就可以使用手势来操作屏幕上的数据了。要实现自定义手势首先要创建一个触摸的对象 UITouch，其创建的语法形式如下：

```
UITouch *对象名=[touches anyObject];
```

其中，anyObject 是用来实现触摸的，创建好触摸对象以后，就可以使用触摸的方法了。触摸分为 4 个阶段，分别为：手指放在屏幕上、移动手指、手指离开屏幕以及取消一个触摸操作。以下主要是根据触摸的阶段所实现的触摸方法。

1. 触摸开始

开始触摸也就是手指放在屏幕上，这时需要一个触发开始的方法 touchesBegan() 来触发触摸，其语法形式如下：

```
- (void)touchesBegan:(NSSet *)touches withEvent:(UIEvent *)event {
    ...
}
```

2. 移动

触摸到屏幕以后，就可以使用手指在屏幕上移动了，这时需要手指移动的方法 touchesMoved() 来实现手指的移动，其语法形式如下：

```
-(void)touchesMoved:(NSSet *)touches withEvent:(UIEvent *)event{
    ...
}
```

3. 离开

当操作完毕以后，就可以将手指离开屏幕了，这时使用的方法是 touchesEnded()，它是手指离开屏幕所调用的方法，其语法形式如下：

```
-(void)touchesEnded:(NSSet *)touches withEvent:(UIEvent *)event{
    ...
}
```

4. 取消

如果在触摸的过程中被突然打断，就要调用触摸被取消的方法 touchesCancelled()，其语法形式如下：

```
-(void)touchesCancelled:(NSSet *)touches withEvent:(UIEvent *)event{
    …
}
```

根据触摸的这几种方法，就可以实现自定义手势了。

14.2.2 应用自定义手势

了解了触摸的常用方法以后，下面来实现一个擦除的手势。操作步骤如下：

（1）创建一个项目，命名为 14-9。

（2）将要显示的图片添加到创建项目的 Supporting Files 文件夹中。

（3）添加一个手势识别器，其操作步骤和添加视图控制器的步骤是一样的，在对新文件的操作对话框中，将基于的类改为 UIGestureRecognizer，如图 14.8 所示。

图 14.8 新文件的操作对话框

（4）单击打开 bar.h 文件，进行变量的声明，程序代码如下：

```
01  #import <UIKit/UIKit.h>
02  #import <UIKit/UIGestureRecognizerSubclass.h>
03  @interface bar : UIGestureRecognizer{
04      bool s;
05      int t;
06      UIView  *viewToDelete;
07
08  }
09  @property (nonatomic, strong) UIView *viewToDelete;
10  @end
```

（5）单击打开 bar.m 文件，编写代码实现擦除的手势识别器的功能，程序代码如下：

```
01  #import "bar.h"
02  @implementation bar
03  @synthesize viewToDelete;
04  - (void)reset {
05      [super reset];
06      s = YES;
07      t = 0;
08      self.viewToDelete = nil;
09  }
10  //触摸开始
11  - (void)touchesBegan:(NSSet *)touches withEvent:(UIEvent *)event {
12      [super touchesBegan:touches withEvent:event];
13      //判断触摸的个数
14      if ([touches count] != 1) {
15          self.state = UIGestureRecognizerStateFailed;
16          return;
17      }
18  }
```

```
19  //移动手指
20  - (void)touchesMoved:(NSSet *)touches withEvent:(UIEvent *)event {
21      [super touchesMoved:touches withEvent:event];
22      if (self.state == UIGestureRecognizerStateFailed) return;
23      //设置当前位置和之前的位置
24      CGPoint nowPoint = [[touches anyObject] locationInView:self.view];
                                                    //设置当前的位置
25      CGPoint prevPoint = [[touches anyObject]
        previousLocationInView:self.view];        //设置之前的位置
26      if (s == YES) {
27          if (nowPoint.y < prevPoint.y ){
28              s = NO;
29              t++;
30          }
31      } else if (nowPoint.y > prevPoint.y ) {
32          s= YES;
33          t++;
34      }
35      if (viewToDelete == nil) {
36          UIView *hit = [self.view hitTest:nowPoint withEvent:nil];
37          if (hit != nil && hit != self.view){
38              self.viewToDelete = hit;
39          }
40      }
41  }
42  //触摸结束
43  - (void)touchesEnded:(NSSet *)touches withEvent:(UIEvent *)event {
44      [super touchesEnded:touches withEvent:event];
45      //判断改变的次数,若大于3次,手势就成功了
46      if (self.state == UIGestureRecognizerStatePossible) {
47          if (t >= 3){
48              self.state = UIGestureRecognizerStateRecognized;
49          }
50          else
51          {
52              self.state = UIGestureRecognizerStateFailed;
53          }
54      }
55  }
56  @end
```

（6）单击打开 ViewController.m 文件,编写代码实现轻拍和擦除的手势,程序代码如下:

```
01  #import "ViewController.h"
02  #import "bar.h"
03  @interface ViewController ()
04  @end
05  @implementation ViewController
06  - (void)viewDidLoad
07  {
08      UITapGestureRecognizer *tap=[[UITapGestureRecognizer alloc]
        initWithTarget:self action:
09  @selector(tapgesture:)];
10      [tap setNumberOfTapsRequired:1];            //设置轻拍的次数
11      [self.view addGestureRecognizer:tap];
12      bar *dele=[[bar alloc]initWithTarget:self action:
        @selector(delet:)];                        //创建bar识别器
13      [self.view addGestureRecognizer:dele];
14      [super viewDidLoad];
15      // Do any additional setup after loading the view, typically from a nib.
16  }
17  //实现轻拍时调用的方法
```

```
18  -(void)tapgesture:(UITapGestureRecognizer *)recognizer{
19      CGPoint location = [recognizer locationInView:self.view];
                                        //设置手指在屏幕上的位置
20      CGRect rect = CGRectMake(location.x - 40, location.y - 40,
        80.0f, 80.0f);
21      UIImageView *image = [[UIImageView alloc] initWithFrame:rect];
22      [image setImage:[UIImage imageNamed:@"8.png"]];
23      [image setUserInteractionEnabled:YES];
24      [self.view addSubview:image];
25  }
26  //实现擦除时调用的方法
27  -(void)delet:(bar *)recognizer{
28      if(recognizer.state==UIGestureRecognizerStateRecognized){
29          UIView *viewDelete=[recognizer viewToDelete];
30          [viewDelete removeFromSuperview];
31      }
32  }
33  - (void)didReceiveMemoryWarning
34  {
35      [super didReceiveMemoryWarning];
36      // Dispose of any resources that can be recreated.
37  }
38  @end
```

运行结果如图 14.9 所示。

图 14.9　应用自定义手势

在图 14.9 所示的运行结果中，当轻拍某一位置，一个小星星就会出现；当在出现的小星星上来回移动，小星星就会被擦除。

14.3　小　　结

本章主要讲解了 iPhone 中常用到的手势以及自定义的手势。本章的重点是 6 种常用手势识别器的创建以及触摸中常用到的 4 种方法。本章的难点是自定义手势的应用。通过对本章的学习，希望读者可以使用 iPhone 中常用的手势，以及会创建一个独特的手势识别器。

14.4　习　　题

【习题 14-1】　请编写代码，此代码实现的功能是当轻拍 iPhone Simulator 模拟器的屏幕时，屏幕上的图片就会进行旋转，运行结果如图 14.10 所示。

【习题 14-2】 请编写代码，此代码实现的功能是当手指向上或向下滑动时，两视图的切换使用的是翻页动画；当手指向左或者向右滑动时，两视图切换使用的是旋转动画。运行结果如图 14.11 所示。

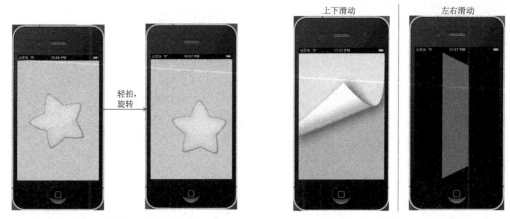

图 14.10　习题 14-1 运行结果　　　　　图 14.11　习题 14-2 运行结果

【习题 14-3】 请编写代码，此代码实现的功能是将 iPhone Simulator 模拟器上的图片通过手势进行旋转（图片读者可以在网上进行下载）。

【习题 14-4】 请编写代码，此代码实现的功能是，首先轻拍 iPhone Simulator 模拟器的屏幕，会在屏幕上出现星星，然后长按屏幕会出现动作表单，单击"删除"按钮，星星会被删除，单击"切换背景"按钮，背景会变为蓝色。运行结果如图 14.12 所示。

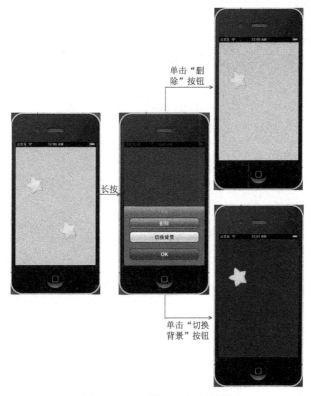

图 14.12　习题 14-4 运行结果